航空发动机基础与教学丛书

航空叶轮机先进扩稳及流动控制技术

（下册）

张皓光 楚武利 吴艳辉 著

U0227966

科 学 出 版 社

北 京

内 容 简 介

全书分为上、下两册。本书为下册,详细地介绍了在航空叶轮机中应用的多种流动控制技术,涉及轴流压气机组合型机匣处理、端壁造型、涡流发生器及离心压气机机匣处理。书中通过丰富的实例、图表阐述了不同流动控制技术的控制机制,给出了微型涡流发生器的优化设计方法,并发展了适用于压气机的经验式端壁造型设计方法。

本书可供航空宇航推进理论与工程专业、流体机械行业的广大科技人员参考,以期在航空叶轮机设计及优化中,进一步提高航空叶轮机的整体性能及气动稳定性。

图书在版编目(CIP)数据

航空叶轮机先进扩稳及流动控制技术. 下册 / 张皓光,楚武利,吴艳辉著. —北京:科学出版社,2021.6
(航空发动机基础与教学丛书)
ISBN 978 - 7 - 03 - 068912 - 2

Ⅰ. ①航… Ⅱ. ①张… ②楚… ③吴… Ⅲ. ①航空发动机—叶轮机械流体动力学—流动稳定性 Ⅳ. ①V263.6

中国版本图书馆 CIP 数据核字(2021)第 100194 号

责任编辑:胡文治 / 责任校对:谭宏宇
责任印制:黄晓鸣 / 封面设计:殷 靓

斜 学 出 版 社 出版
北京东黄城根北街 16 号
邮政编码:100717
http://www.sciencep.com

南京展望文化发展有限公司排版
上海锦佳印刷有限公司印刷
科学出版社发行 各地新华书店经销

*

2021 年 6 月第 一 版 开本:B5(720×1000)
2021 年 6 月第一次印刷 印张:19 1/2
字数:380 000
定价:150.00 元
(如有印装质量问题,我社负责调换)

丛书序

航空发动机是"飞机的心脏",被誉为现代工业"皇冠上的明珠"。航空发动机技术涉及现代科技和工程的许多专业领域,集流体力学、固体力学、热力学、燃烧学、材料学、控制理论、电子技术、计算机技术等学科最新成果的应用为一体,对促进一国装备制造业发展和提升综合国力起着引领作用。

喷气式航空发动机诞生以来的80多年时间里,航空发动机技术经历了多次更新换代,航空发动机的技术指标实现了很大幅度的提高。随着航空发动机各种参数趋于当前所掌握技术的能力极限,为满足推力或功率更大、体积更小、质量更轻、寿命更长、排放更低、经济性更好等诸多严酷的要求,对现代航空发动机发展所需的基础理论及新兴技术又提出了更高的要求。

目前,航空发动机技术正在从传统的依赖经验较多、试后修改较多、学科分离较明显向仿真试验互补、多学科综合优化、智能化引领"三化融合"的方向转变,我们应当敢于面对由此带来的挑战,充分利用这一创新超越的机遇。航空发动机领域的学生、工程师及研究人员都必须具备更坚实的理论基础,并将其与航空发动机的工程实践紧密结合。

西北工业大学动力与能源学院设有"航空宇航科学与技术"(一级学科)和"航空宇航推进理论与工程"(二级学科)国家级重点学科,长期致力于我国航空发动机专业人才培养工作,以及航空发动机基础理论和工程技术的研究工作。这些年来,通过国家自然科学基金重点项目、国家重大研究计划项目和国家航空发动机领域重大专项等相关基础研究计划支持,并与国内外研究机构开展深入广泛合作研究,在航空发动机的基础理论和工程技术等方面取得了一系列重要研究成果。

正是在这种背景下,学院整合师资力量、凝练航空发动机教学经验和科学研究成果,组织编写了这套"航空发动机基础与教学丛书"。丛书的组织和撰写是一项具有挑战性的系统工程,需要创新和传承的辩证统一,研究与教学的有机结合,发展趋势同科研进展的协调论述。按此原则,该丛书围绕现代高性能航空发动机所涉及的空气动力学、固体力学、热力学、传热学、燃烧学、控制理论等诸多学科,系统介绍航空发动机基础理论、专业知识和前沿技术,以期更好地服务于航空发动机领域的关键技术攻关和创新超越。

　　丛书包括专著和教材两部分,前者主要面向航空发动机领域的科技工作者,后者则面向研究生和本科生,将两者结合在一个系列中,既是对航空发动机科研成果的及时总结,也是面向新工科建设的迫切需要。

　　丛书主事者嘱我作序,西北工业大学是我的母校,敢不从命。希望这套丛书的出版,能为推动我国航空发动机基础研究提供助力,为实现我国航空发动机领域的创新超越贡献力量。

2020 年 7 月

前　言

　　旋转失速及喘振、角区失速是航空叶轮机中存在的不稳定流动现象,这些现象的出现将会导致航空叶轮机性能下降,甚至不能正常工作,严重时可能造成叶轮机叶片断裂、零件损坏。因此,对旋转失速、喘振及角区失速的机制研究,发展相应的流动控制技术,一直是叶轮机械研究领域的热点。

　　本书总结了作者所在科研团队多年来在流动控制技术方面的研究成果,给出了大量的流动控制方案,阐述了多种流动控制方案的控制机制。同时还提供了多种流动控制方案的设计经验及优化方法。

　　全书分为上、下两册,上册包括第一章至第四章,分别对应绪论、轴流压气机缝式机匣处理扩稳技术、轴流压气机周向槽机匣处理扩稳技术、轴流压气机自循环机匣处理扩稳技术;下册包括第五章至第八章,分别对应轴流压气机组合型机匣处理扩稳技术、轴流压气机端壁造型流动控制技术、轴流压气机涡流发生器流动控制技术、离心压气机机匣处理扩稳技术。

　　本书得到了国家科技重大专项(No. 2017 - II - 0005 - 0018)、国家自然科学基金(No. 51006084、51576162、51536006)等项目的资助。本书内容涉及曾在研究团队学习过的多位研究生的研究成果,他们分别为高鹏博士、王维博士、李相君博士、马姗博士、李金鸽硕士、刘文豪硕士、王恩浩硕士。在本书的编写过程中,研究团队的刘文豪博士生、董飞扬硕士生、张莎硕士生、郭正涛硕士生、李琪硕士生、杨吉博硕士生、姬田园硕士生、张驰原硕士生、钟心怡硕士生协助整理书稿、插图及校对。在此,对所有在书稿编写及出版过程中付出辛勤劳动的人表示感谢。

　　由于知识水平有限,加之时间匆促,书中不足之处在所难免,敬希读者批评指正。

作　者
2020 年 8 月

目　录

第七章　轴流压气机涡流发生器流动控制技术

第八章 离心压气机机匣处理扩稳技术

第五章
轴流压气机组合型机匣处理扩稳技术

　　机匣处理已成为当今世界上用于扩大压气机稳定工作范围的重要技术之一。它以结构简单、扩稳效果显著而广泛应用于实际发动机中。对于现有的各种传统机匣处理结构,通常能扩大压气机的稳定工作范围,但同时能兼顾失速裕度改进量和效率的机匣处理形式很少。槽式机匣处理在不降低或略微降低压气机的原有效率的基础上,可提高压气机的稳定工作范围,获得的失速裕度改进量绝大部分在10%以内[1-4]。缝式机匣处理一般都能够获得 15% ~ 40%左右的失速裕度改进量(压气机不同,扩稳效果强弱不一样),但也伴随着较大的效率损失[5-10]。文献[11]等对轴向缝与周向槽组合的机匣处理研究表明,组合式前缝后槽机匣处理能够获得介于周向槽与轴向缝之间的裕度提升,效率损失远低于轴向缝机匣处理。相关研究均表明,在略微降低或不降低效率的基础上,自循环机匣处理能有效扩大轴流压气机稳定工作范围。文献[12]的研究也表明自循环机匣处理的扩稳能力强于周向槽机匣处理。文献[13]中在一中等转速压气机转子上进行的自循环机匣处理数值研究表明转子的稳定工作范围提高了 60%左右,同时转子效率基本不变。文献[14]的数值研究结果表明,自循环机匣处理使 NASA Rotor 67 设计转速下的稳定工作范围扩大了近 26.5%,但未提到对效率的影响。文献[15]至文献[17]针对同一压气机转子,在 $n = 0.708$ 换算转速下分别进行了带周向槽机匣处理、自循环机匣处理及轴向倾斜缝机匣处理的数值研究,3 种不同机匣处理获得的失速裕度改进量分别为 6.81%[15]、12%[16]、38.9%[17],同时周向槽机匣处理、自循环机匣处理对效率的影响在 0.5%以内,而轴向倾斜缝机匣处理在 2% ~ 3%范围内降低压气机效率。

　　长期以来,国内外压气机研究者一直在寻找能兼顾效率及失速裕度的机匣处理形式,从上面的叙述可知,缝式机匣处理扩稳能力强,但对效率影响大。自循环机匣处理扩稳能力比周向槽强,影响效率的程度相当。为此,在综合自循环机匣处理、缝式机匣处理各自优点及特点的基础上,形成组合型机匣处理结构。

5.1 亚声速轴流压气机组合型机匣处理研究

本节针对西北工业大学单级轴流压气机转子，设计了自循环机匣处理-缝式机匣处理的组合型机匣处理，并对其进行带组合型机匣处理的全通道非定常数值模拟研究，以期揭示组合型机匣处理对轴流压气机性能及稳定性影响的机制。

5.1.1 机匣处理结构与数值计算方法

组合型机匣处理结构如图 5-1 所示，自循环机匣处理由喷气、桥道及引气结构组成，沿着圆周方向均匀分布 15 个自循环装置，为使引气流更顺畅地从喷气装置流出，引气装置与喷气装置不在同一周向位置。喷气装置在转子叶顶前缘上游约 17%轴向弦长处，引气装置与转子叶顶尾缘的最小轴向坐标基本相同。桥道的下端面到机匣面的平均距离为 18.3%转子叶高，平均高度约为 8.62%叶高。自循环机匣处理喷气装置、引气装置主要几何结构参数见表 5-1，桥道宽度沿着轴向在 33 %~67%叶顶轴向弦长范围内变化。每隔一个叶片通道分布 3 个轴向倾斜缝，沿着整个圆周方向缝的数目为 45 ，缝的径向倾斜角为 60°，中心偏移度约为 0.61，定义为机匣处理中心与转子叶排中心的轴向位置差与叶尖轴向弦长之比。

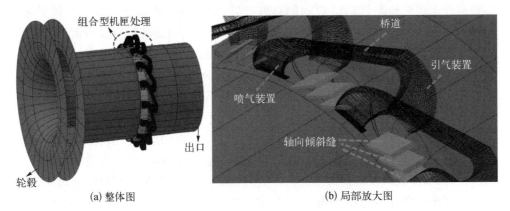

(a) 整体图　　　　　　　　　(b) 局部放大图

图 5-1　组合型机匣处理结构图

表 5-1　自循环机匣处理喷气装置、引气装置主要几何参数

参　数	宽度/叶尖轴向弦长	周向宽度/rad	与周向夹角/(°)
喷气装置出口	0.165	0.139	0
引气装置进口	0.333	0.137	10

计算结合 BL 湍流模型求解三维雷诺时均 N-S 方程，采用中心差分格式进行空间离散。定常计算时采用显式四阶龙格-库塔方法获得定常解。非定常计算采

用隐式双时间方法,转子旋转一周设置 600 个物理时间步,每一物理时间步下的虚拟时间步为 20,全通道计算,共 30 个叶片通道。为了节省计算时间,以收敛的定常计算结果或收敛的非定常计算结果为非定常计算的初场。

　　图 5－2 给出该压气机叶片通道子午面上计算网格图及机匣处理结构简图。计算中进口延伸段、组合型机匣处理设为静止域,转子通道及出口延伸段设为转动域。定常计算时转动域与静止域之间的动静交接面数据采用混合面方法处理,非定常计算时动静交接面数据采用区域缩放方法处理(两侧计算域面积相等)。实壁机匣、仅带自循环机匣处理、仅带轴向倾斜缝机匣处理及组合型机匣处理的全通道数值计算总网格数目分别约为 710 万、753 万、758 万及 801 万。

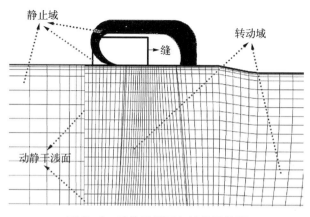

图 5－2　叶片通道子午计算网格图

　　在所有工况计算中,固体壁面均为定绝热无滑移边界条件,压气机延伸段进口总压、进口总温分别为 101 325 Pa、288.2 K,进口气流方向为径向(图 5－1)。压气机出口延伸段端面采用平均静压设置,近失速工况的出口静压最大,当转子进入失速工况时,流量、总压比及效率等参数呈发散趋势,最终计算无法进行。

5.1.2　总性能分析

　　图 5－3 给出了该压气机在 8 130 r/min 转速下的性能曲线分布。由于是全通道模拟,为了节省计算时间,本书中仅对以下 7 个工况进行非定常计算,分别为实壁机匣近失速流量附近的 3 个工况,轴向倾斜缝机匣处理近失速流量对应的 1 个工况、自循环机匣处理近失速流量对应的 2 个工况及组合型机匣处理近失速流量对应的 1 个工况[在图 5－3(b)中注明],图 5－3 中其他工况点取定常计算值。在图 5－3 中可以看到实壁机匣计算得到的压气机特性线在变化趋势及范围上能与试验较好符合。网格数目、湍流模型、测点位置、测试误差等因素使数值与试验得到的特性线存在差异。

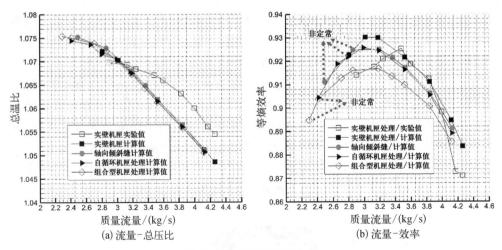

(a) 流量-总压比　　　　　　　(b) 流量-效率

图 5 - 3　压气机性能曲线

从图 5 - 3 可看到轴向倾斜缝、自循环及组合型机匣处理都扩大了压气机转子的稳定工作范围,获得的综合失速裕度改进量分别约为 12.86%、16.47% 及 22.72%,综合失速裕度改进量定义详见第二章。从图 5 - 3(a)可观察到三种不同机匣处理的总压比特性线在大部分流量范围内与实壁机匣在数值及变化趋势上差别很小,但轴向倾斜缝及组合型号机匣处理在小流量范围的总压比略微比自循环机匣处理的高。从效率曲线的对比可看出,与实壁机匣的比较,轴向倾斜缝、自循环机匣处理在一定流量范围内降低了转子效率且降低程度基本相同,效率降低的最大程度约为 0.5%。从失速裕度改进量看,组合型机匣处理的扩稳能力分别是其他两种的 1.77、1.38 倍,但其对实壁机匣转子效率的降低程度较其他两种机匣处理的大,效率降低的最大值约为 1.3%。同时从效率曲线可看到,机匣处理降低效率的程度都是在中等流量范围内较大,在大、小流量范围内降低程度较小,在更小流量下,轴向倾斜缝、自循环机匣处理效率基本与实壁机匣相当。

5.1.3　压气机内部流场分析

在分析组合型机匣处理扩稳机制前,先对自循环机匣处理、轴向倾斜缝机匣处理如何影响压气机内部流场做一定的分析。图 5 - 4 为实壁机匣、轴向倾斜缝及自循环机匣处理时约 99.2% 叶高处三个转子通道内相对马赫数分布图、中间通道内相对速度矢量放大图,图 5 - 4 中还给出了喷气及轴向缝的位置。三种机匣的压气机流量差别不大,此时实壁机匣近失速工况。从图 5 - 4 中可看到,实壁机匣每个叶顶通道内都存在大范围的低能气体区,越往通道上游,低能气体区越靠近叶片压力面,而在通道上游近叶片吸力面处并未出现低能气体区。从图 5 - 4(b)中也可看到,实壁机匣叶顶通道内靠近叶片压力面处前部出现了回流现象[图5-4(b)中圆形标示内],并且部分区域的气流速度方向从下游指向或由叶片吸力面指向叶片压力面前缘[图5-4(b)中用箭头+虚线标示],这两种流动形式最终在叶片前缘处相汇形成了前缘溢流现象,迫使部分进口来流在近前缘处不能流入叶顶通道,气流方向发生转折,产生负的轴向分速,此时叶顶通道内堵塞情况恶劣,如转子出口静压继续增加,前缘溢流现象将会更严重,最后使转子发生失速。当分别采用轴向倾斜缝、自循环机匣处理后,叶顶通道内不再出现大面积的低能气体区,只在部分通道内有很小范围的低能区,这些低能区位于通道的中部或后部,其中自循环机匣处理消除低能流体区的效果最强。

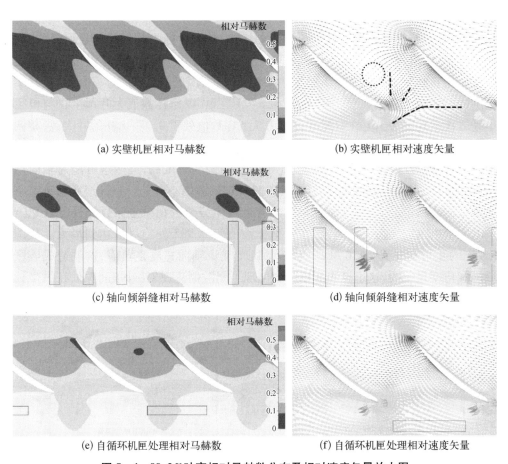

(a) 实壁机匣相对马赫数　　　　(b) 实壁机匣相对速度矢量

(c) 轴向倾斜缝相对马赫数　　　　(d) 轴向倾斜缝相对速度矢量

(e) 自循环机匣处理相对马赫数　　　　(f) 自循环机匣处理相对速度矢量

图5-4　99.2%叶高相对马赫数分布及相对速度矢量放大图

在图5-4(d)、(f)中可观察到两种机匣处理后叶片通道内均无前缘溢流现象,制图时为了清楚地显示速度矢量,对速度矢量箭头等进行放大,所以图5-4(d)、(f)中叶片前缘处部分气流矢量看起来像前缘溢流。对比两种机匣处理通道内气流速度方向及大小可看到,轴向倾斜缝提高了处理缝覆盖范围处的部分气流速度,这是因为在缝的下游端感受到叶顶通道高静压与缝的上游端感受进口上游低静压所形成的静压差作用下,气流在缝后部被抽吸入缝,缝内部分气流在缝前部喷射入叶顶通道内,喷射流从叶顶上游处射入主流时带有切向动量,其切向速度分量的大小取决于径向倾斜角的大小,喷气流与通道主流相互作用,因此使进口上游处的气流速度增大。自循环机匣处理也提高了进口处部分气流速度大小,这是由于从喷气装置流出的喷射流具有较大的轴向分速,喷射流与通道主流相互作用,同样也增加了进口上游处部分气流的速度。这两种机匣处理形成的高速喷射气流对叶顶低能气体产生作用,抑制了前缘溢流现象的发生,使进口来流能顺利地流入/流出叶片通道。

　　图 5-5 给出了三种机匣气流进气角、进口轴向分速沿叶高的部分示意图[周向平均、时均值,气流角度定义为 arctan(气流绝对速度轴向分量与相对速度切向分量之比),机匣处理施加影响范围主要位于叶顶,因此图 5-5 中仅列出靠近叶尖范围的曲线分布],图 5-5 中工况与图 5-4 一致,纵坐标数值为叶顶半径与机匣半径之比。在图 5-5(a)中都可看到在纵坐标数值处于 0.97~1.0 的叶尖区,相同叶高处自循环机匣处理的进气角最大,轴向倾斜缝次之,实壁机匣的最小,这说明自循环机匣处理改善进气角的程度比轴向倾斜缝的程度高,当然这可能与轴向倾斜机匣处理覆盖的周向范围比自循环机匣处理的范围小有关。并且这还意味着实壁机匣的攻角是最大的,气流容易在叶背处发生分离。在纵坐标数值处于 0.99~1.0,实壁机匣进气角为负值,约在纵坐标数值为 0.995 处绝对值达到最大。从图 5-5(b)也可知 0.99~1.0 叶高内,实壁机匣气流轴向速度是负值,这就造成该区域进气角度是负的,这也说明在该区域出现了间隙倒流现象(叶顶间隙处在纵坐标

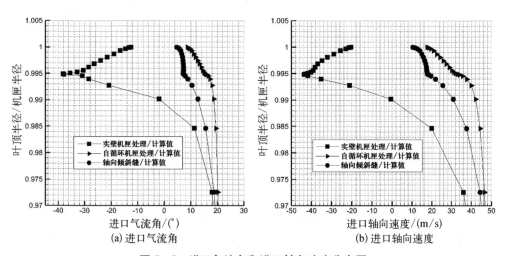

(a) 进口气流角　　　　　　　　　　　(b) 进口轴向速度

图 5-5　进口气流角和进口轴向速度分布图

数值为 0.995~1.0)。从喷气装置或轴向倾斜缝喷出的高速气流与机匣端壁区的低能气团相互作用,提高叶顶端壁处附面层气流的动量,使之在逆压梯度下还能保持正的轴向分速,因此抑制了间隙倒流现象的发生。

下面仅对比分析带自循环机匣处理、组合型机匣处理的压气机内部流场。

图 5-6 给出了 $t=0.369$ ms 时转子通道内若干个近似垂直叶表的截面上相对总压分布,同时还给出叶尖前缘处少许间隙泄漏流线分布,压气机流量近似相等,自循环机匣处理近失速工况。从图 5-6 中可看到自循环机匣处理中通道 1 的部分叶顶间隙流线在前缘处绕流入通道 2 并从该通道流出,而组合型机匣处理并未出现前缘绕流的现象,部分间隙流还被抽吸入缝中。同时还可看到,自循环机匣处理中所有对应截面的低相对总压范围也比组合型机匣处理的大,特别是在截面 4~6 上。由于组合型机匣处理中轴向倾斜缝的存在,抑制了没有受到喷气装置作用的通道内类似前缘绕流的不良流动,进而提高该通道的流通能力,同时从缝内流出的高速气流与通道主流相互作用,因此提高了它们所覆盖叶顶范围处部分气流的相对总压。

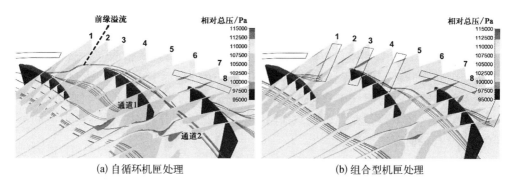

(a) 自循环机匣处理　　　　　　　　(b) 组合型机匣处理

图 5-6　转子通道内相对总压分布图($t=0.369$ ms)

图 5-7 给出了两种机匣处理约 99.2% 叶高处的部分叶顶通道内相对速度矢量示意图,分析工况与图 5-6 中的一致,自循环机匣处理近失速工况。从图 5-7(a) 中可看到,自循环机匣处理时两个叶顶通道内均有较大范围的低速区,叶片吸力面约 60% 弦长处出现气流分离现象,左边通道近叶片吸力面处部分气流的方向近似垂直叶片吸力面[图 5-7(a) 中用箭头+虚线标示],并且左边通道圆形标示区内有明显的回流现象,这种流动状态迫使进口处气流在流入通道时方向发生转折,最后以近似垂直叶片前缘压力面的方向在靠近叶片压力面的狭小区域内流入通道,因此造成叶顶通道堵塞情况严重。尽管右边通道内吸力面处的气流分离仍然很严重,通道下游部分气流流向叶片前缘,这与左边通道对应位置有较大的不同。但右边通道受到喷气装置的作用,进口处流动状态稍微提高,通道内前缘处还有近似垂直叶片压力面前缘的流动现象出现,但该区域气流所处位置更靠近下游且远

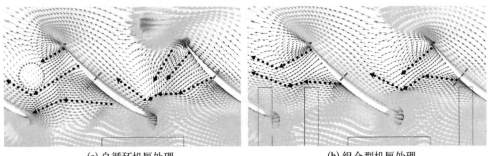

(a) 自循环机匣处理　　　　　　　　(b) 组合型机匣处理

图 5-7　99.2%叶高处相对速度矢量图(t=0.369 ms)

离叶片压力面,进口来流能较为顺畅地流入通道。采用组合型机匣处理后,叶片吸力面气流分离的起始位置并没有明显地改变,图 5-7(b)中用近似垂直叶片压力面的虚线标示了气流分离的起始位置。左边通道由于受到两个轴向倾斜缝的作用,通道进口处流场得到了很大的提高,不再出现近似垂直叶片吸力面的恶劣流动情况,尽管不能消除通道内的气流分离现象,但是能削弱气流分离带来的不良影响。同样地,右边通道由于受到一个轴向倾斜缝的作用,也削弱了叶片吸力面处气流分离的影响,使进口来流更加顺畅地流入/流出叶顶通道。结合图 5-4 及图 5-7 的分析还可以看出,实壁机匣时叶片吸力面的气流分离现象很弱,造成转子失速的主要因素是叶顶间隙泄漏流[15,16]。当采用机匣处理后,在更低的流量下,转子失速主要由叶片吸力面气流分离造成的不良影响引起,当采用自循环机匣处理时,影响流场的区域主要是在进口处,对叶片吸力面处气流分离引起的不良影响的抑制能力没有轴向倾斜缝的强。

图 5-8 给出了两种机匣处理在约 99.2%叶高的进口气流角沿着圆周方向的分布(气流角度定义见图 5-5 分析),图 5-8 中工况与图 5-7 一致,图 5-8 中还给出了两个相邻喷气装置、两组相邻轴向倾斜缝(每组 3 个缝)覆盖的圆周范围。从图 5-8 中可看到两种机匣处理喷气装置覆盖的周向范围内的气流角比其他周向位置的高,自循环机匣处理部分周向范围由于没有机匣处理的作用,进气角度是负值,这表明该区域气流具有负的轴向分速。当采用组合型机匣处理后,原先无机匣处理的周向区域气流受到轴向倾斜缝的作用,进气角有所提高,由负值变成正值。由于从缝中流出的气流具有较大的切向分量,所以造成进气角没有喷气装置覆盖周向范围的大。从图 5-8 中还可以看到,沿着整个圆周方向,每个喷气装置提高进气角的能力基本相当,每组轴向倾斜缝也表现出这样的行为。

图 5-9 为 4 个时刻压气机转子叶顶 50%间隙高度区部分通道的叶顶泄漏流线图,t=0.184 5~0.369 ms 表示转子旋转了一个栅距,图中标示相对速度的色标代表泄漏速度的数值大小。从图 5-9 中可看到自循环机匣处理对应的 4 个时刻,部

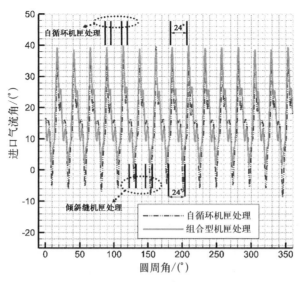

图 5-8　99.2%叶高进口气流角周向分布图($t=0.369\text{ ms}$)

分叶顶通道前缘处间隙泄漏流在流向下游的过程中分成两部分,一部分能顺利地流出通道,另外一部分在通道内转折流向相邻叶片压力面前缘,出现了前缘溢流现象。当喷气装置对准叶片前缘时,前缘溢流得到很好的抑制,如图 5-9(c)、(d)所示。当喷气装置未对准叶片前缘时,如图 5-9(a)、(b)所示,在这两个时刻,图中所有叶片通道都出现了前缘溢流现象。总的来说,受到喷气影响的泄漏流更接近叶片吸力面,而当喷气装置远离叶片通道时,泄漏流又向叶顶压力面移动。当采用组合型机匣处理后,部分叶片通道受到轴向倾斜缝的作用,泄漏流线被抽吸入缝中,因此抑制了前缘溢流的产生,在图 5-9(e)～(h)中还可看到,叶顶间隙泄漏流并不是被每组中同一个缝抽吸,有的时刻一样,有的时刻不一样。以上分析表明,自循环装置与轴向倾斜缝的组合,很好地抑制了叶顶间隙泄漏流造成的前缘溢流现象,进而提高叶顶通道的流通能力,使压气机能在更低的流量下稳定工作。

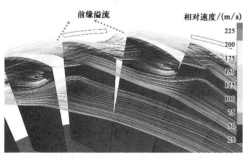

(a) 自循环机匣处理($t=0.1845\text{ ms}$)

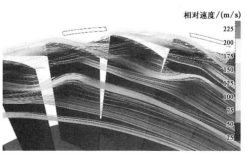

(b) 自循环机匣处理($t=0.2460\text{ ms}$)

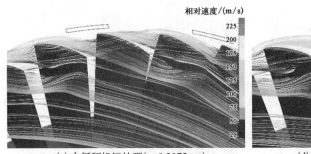
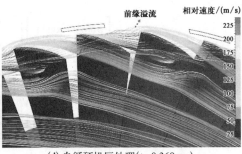

(c) 自循环机匣处理($t=0.3075$ ms)　　(d) 自循环机匣处理($t=0.369$ ms)

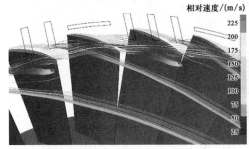
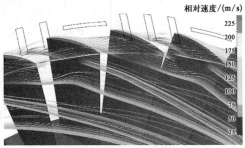

(e) 组合型机匣处理($t=0.1845$ ms)　　(f) 组合型机匣处理($t=0.2460$ ms)

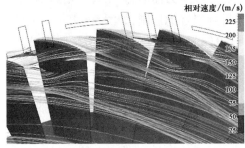
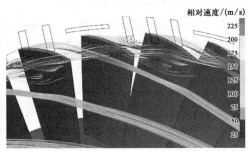

(g) 组合型机匣处理($t=0.3075$ ms)　　(h) 组合型机匣处理($t=0.369$ ms)

图 5-9　50%叶顶间隙泄漏流线图

5.1.4　小结

通过在亚声速单级轴流压气机转子上开展的组合型机匣处理研究,可得到如下结论:

(1) 三种机匣处理都扩大了压气机的稳定工作范围,组合型机匣处理获得的失速裕度改进量分别是轴向倾斜缝、自循环机匣处理的 1.77、1.38 倍,但其降低压气机效率的程度也越大,最大效率下降 1.3% 左右。轴向倾斜缝、自循环机匣处理对效率影响程度基本相同,降低的最大程度约为 0.5%。

(2) 自循环机匣处理时,叶顶吸力面附面层气流分离引起的不良影响是造成转子失速的主要因素。采用组合型机匣处理后,轴向倾斜缝的存在改善了没有受到喷气装置作用的叶顶通道流场,尽管组合型机匣处理不能消除通道内的气流分离现象,但是能削弱气流分离带来的不良影响。

(3) 从喷气装置流出的高速气流抑制了叶顶间隙泄漏流从相邻叶片叶顶前缘溢出的现象,并且当喷气装置对准叶片前缘时,其抑制前缘溢流的效果才是最佳的。同样的,部分叶片通道受到轴向倾斜缝的作用,泄漏流线被抽吸入缝中,也能抑制前缘溢流的产生。

5.2　高负荷跨声速轴流压气机组合型机匣处理研究

亚声速和跨声速压气机的失速类型均为突尖失速中的叶顶堵塞失速,叶顶喷气或组合型机匣处理通过抑制叶顶泄漏涡引起的叶顶堵塞起到了较好的扩稳效果。然而,从高负荷两级半跨声速压气机的研究中发现,该压气机在 90% 设计转速下的失速不是由叶顶泄漏涡引起,而是由叶顶强激波诱发的附面层分离引起,其失速类型为突尖失速中的叶顶过载失速。经实验测试发现,传统的机匣处理无法提升该压气机的失速裕度。这与已有的研究经验是一致的,即只有当压气机为叶顶堵塞失速时,端壁处理等扩稳手段才能发挥出较好的扩稳作用。

本节首先针对该压气机分析了传统机匣处理失效的原因,然后将叶顶喷气应用在该压气机上。研究发现,叶顶喷气也无法改善该压气机的失速裕度。在此基础上,提出一种新型的组合型机匣处理结构(自循环+缝式机匣处理),并通过参数化研究对组合型机匣处理结构进行了优化设计。研究发现,该结构可以有效提升压气机的失速裕度,但压气机的失速触发位置转移至静子。因此,本节还对组合型机匣处理作用下的静子进行了重新设计,讨论了静子"弯掠"及叶型安装角的影响。其目的在于探索出一种可对转子和静子进行联合扩稳设计的方案。

5.2.1　研究对象及存在的问题

选两级半跨声速压气机作为研究对象,该压气机在 90% 设计转速下为典型的叶顶过载失速。该压气机设计过轴向缝机匣处理的测试,机匣处理的几何结构由图 5 - 10 给出。该机匣处理沿周向布置 221 个缝,缝的径向倾斜角为 45°,开放面积为 50%,轴向长度为 60% 叶顶轴向弦长,覆盖转子叶顶 25% 轴向弦长。对于该机匣处理,本书采用商用 CFD 软件 NUMECA 软件包对其进行了单通道定常数值模拟。缝采用 H 型网格拓扑,沿周向、径向和轴向的网格点数分别是 17×45×109,单个通道对应 13 个缝,缝的总网格点数约为 110 万。所有缝与一层很薄的 H 网格块连接,通过该 H 块与主通道间进行数据的传递。主通道和缝的总网格点数约为 510 万。

图 5 - 11 给出了实壁机匣(SC)和轴向缝机匣处理(Slot)实验特性、数值计算结果的对比。由实验数据可知,采用轴向缝机匣处理后,压气机特性线整体向右上

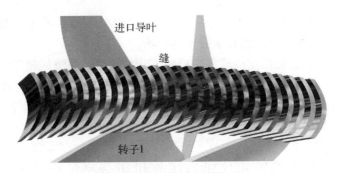

图 5-10　轴向缝机匣处理

方移动,压气机的总压比和最高效率均略有增加。然而,压气机的流量工作范围没有提高。从计算数据来看,无论是实壁机匣还是轴向缝机匣处理,数值模拟得到最大流量均小于实验值,总压比和实验值基本持平,等熵效率高于实验值。从实壁机匣和轴向缝机匣处理计算性能的对比来看,相比于实壁机匣,轴向缝机匣处理的总压比和效率特性线均向右上方移动,压气机的流量工作范围没有增加,这与实验结果是一致的。因此,虽然数值模拟结果与实验值在绝对量上存在一定的差异,但数值模拟准确捕捉到了轴向缝机匣处理对压气机性能的影响。

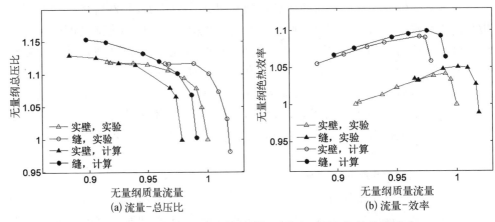

图 5-11　90%设计转速下轴向缝机匣处理对压气机性能的影响

从图 5-11 中轴向缝机匣处理对压气机性能的影响可以看出,该机匣处理没有起到扩稳的作用。该压气机在 90%设计转速下的失速由第一级转子触发,但从触发方式来看,压气机属于典型的叶顶过载失速。从国内外的研究经验来看,传统的机匣处理对于叶顶过载失速无法起到提升失速裕度的效果,实验结果和数值模拟结果也证实了这一点。下面分析其具体原因。

图 5-12 为实壁机匣和轴向缝机匣处理在各自近失速工况下 99%叶高的无量纲相对马赫数分布。与此相对应,图 5-13 给出了叶顶泄漏流流线分布和 99%叶

高的轴向反流区(轴向速度分量 $V_z<0$)。图 5-14 为缝内的相对马赫数(缝是静止的,相对马赫数与绝对马赫数相同)分布和绝对速度的流线分布。下面综合这三张图对机匣处理的影响进行分析。

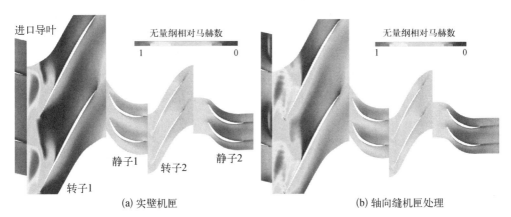

图 5-12　近失速工况 99%叶高的相对马赫数分布

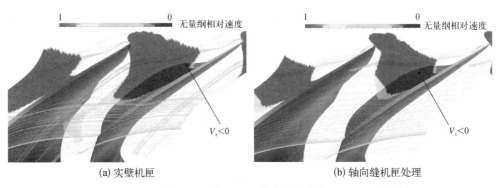

(a) 实壁机匣　　　　　　　　　　　　　(b) 轴向缝机匣处理

图 5-13　近失速工况叶顶泄漏流流线分布和 $V_z<0$ 区域分布

图 5-14　近失速工况缝内的相对马赫数分布和流线分布

在机匣处理的作用下,第一级转子叶顶靠近转子前缘部分的低马赫区有所减小,相应的叶顶反流区也有一定程度的降低。这是由于在机匣处理的作用下,一部分泄漏流被吸入缝内,在缝中形成由下游到上游的流动循环,导致叶顶泄漏流在叶顶前缘附近的"溢流"消失。这体现了机匣处理对叶顶泄漏流的抑制作用。然而，对于该压气机而言，由叶顶泄漏流引起的叶顶堵塞不是影响压气机叶顶流动的主要因素。该压气机的叶顶堵塞主要由叶顶吸力面附面层在激波作用下的分离造成。在机匣处理的作用下，由叶顶吸力面分离造成的低马赫数区没有降低，叶顶堵塞区仍横贯整个通道。这说明机匣处理无法抑制由叶顶吸力面分离造成的堵塞。

以上分析说明，对于叶顶过载失速，传统的机匣处理无法抑制激波作用下的叶顶吸力面附面层分离，无法有效改善叶顶的流动状况，进而无法提升压气机的失速裕度。对于这种失速类型的压气机，需要探索新形式的端壁处理手段来改善其叶顶的流动状况。

5.2.2　组合型机匣处理的设计与参数化研究

将叶顶喷气应用到该压气机中发现，即便使用很大的喷气量也无法有效提高该压气机的失速裕度。这是由于高速射流虽然可以消除部分叶顶堵塞（位于叶顶前缘附近），但强激波引起的附面层分离仍然存在，当喷射速度较大时反而会增强激波强度、降低压气机的失速裕度。

针对该压气机的失速特点，设计了如图 5 - 15 所示的组合型机匣处理结构。该结构由四部分组成：抽吸缝、背腔、桥路和喷嘴。抽吸缝用于抽吸流道中的低速流体、消除叶顶堵塞。抽吸缝沿轴向布置并沿轴向和径向倾斜，其倾斜角分别为 Rec_β 和 Rec_α，这两个参数为参数化研究变量。缝的轴向长度和径向高度分别为 $55\%C_a$ 和 $17\%C_a$（C_a＝叶顶轴向弦长），每个叶片通道对应 9 个抽吸缝。背腔将所有抽吸缝沿周向连接，可以起到平衡各缝压力、减弱抽吸缝对叶片通道非定常影响的作用，同时背腔将抽吸缝中的低速流体集中起来输送至桥路。背腔的轴向长度和径向高度分别为 $55\%C_a$ 和 $11\%C_a$。桥路用于连接背腔和喷嘴，其径向高度与背腔相同。喷嘴的作用一方面用于导出抽吸缝中的低能流体，另一方面可通过调

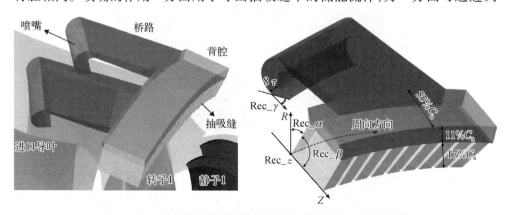

图 5 - 15　组合型机匣处理几何设计示意图及研究参数说明

节喷嘴的偏航角 Rec_γ 改变叶顶攻角。喷嘴的喉部高度为 8 倍叶顶间隙(τ)。

对该组合型机匣处理的 4 个设计参数进行研究。这些参数分别是：周向倾角 Rec_α、轴向倾角 Rec_β、喷嘴偏航角 Rec_γ 和抽吸缝的起始轴向位置 Rec_z。为了降低计算量、屏蔽其他级的影响,选择多级压气机的第一级(带进口导叶 IGV)进行单通道定常数值模拟,用来评估这 4 个设计参数对压气机总压比、效率和失速裕度的影响。

数值计算中的主通道网格将第一级静子出口向后延伸 200% 静子叶顶弦长,相应的轴向网格点数增加 45。为了保证数值模型的准确性,该一级半压气机的主通道网格设置与多级时的设置一致。在自循环机匣处理的网格设置中,抽吸缝的网格设置与图 5-10 中的轴向缝机匣处理一致。背腔采用 H 型网格,沿周向、径向和轴向的网格点数分别是 85×25×45。桥路采用 H 型网格,沿周向、径向和轴向的网格点数分别是 65×25×45。喷嘴采用 H 型网格,沿周向、径向和轴向的网格点数分别是 65×85×25。组合型机匣处理和主通道的总网格点数约为 330 万。

数值计算的设置与上节中对轴向缝机匣处理的数值模拟基本相同。不同之处在于出口边界条件的给定：该模型的出口边界条件给定静压的径向分布,该分布通过对多级压气机的数值计算获得,取设计工况下压气机第一级出口的压力值。在计算压气机的特性线时,将该压力分布乘以一个常数即可得到不同工况下的出口边界条件。

1. 轴向位置 Rec_z 的影响

对于抽吸缝的轴向起始位置 Rec_z 研究了 4 个值,分别为 $-13.9\%C_a$(负号表示位于叶顶前缘之前)、$0\%C_a$、$13.1\%C_a$ 和 $30.6\%C_a$。其他几何参数均相同：周向倾角 Rec_α=45°,轴向倾角 Rec_β=0°,喷嘴偏航角 Rec_γ=15°(与进口导叶方向一致,正预旋)。图 5-16 给出了 4 个轴向位置下组合型机匣处理对压气机性能的

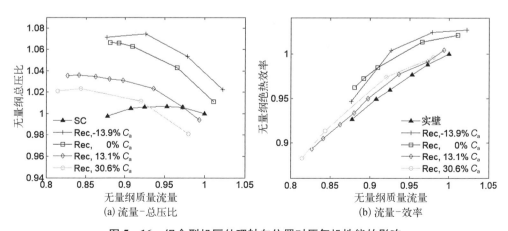

(a) 流量-总压比　　　　　　　　　(b) 流量-效率

图 5-16　组合型机匣处理轴向位置对压气机性能的影响

影响,图中的特性线均以峰值效率工况作为起始点。首先以 $\text{Rec\_}z = 13.1\%C_a$ 处的组合型机匣处理说明其对压气机性能的影响。在组合型机匣处理的作用下,大部分流量范围内压气机的总压比提升,在所有流量范围内压气机的效率提升,而且压气机的稳定工作范围明显增加。从各轴向位置处的组合型机匣处理的对比来看,随着轴向位置的前移,压气机的压比特性线整体向右上方移动,压气机的总压比和效率均增加,但压气机的流量工作范围逐渐降低。

对于组合型机匣处理的评价,除了前文中一直采用的流量裕度外,定义失速裕度改进量 SMI 来评价组合型机匣处理对压气机流量和压比的综合影响,由于在组合型机匣处理的作用下,压气机的特性线会发生较大的平移,因此采用流量工作范围可以更好地评价组合型机匣处理的作用效果。流量工作范围 m_{range} 定义为

$$m_{\text{range}} = \left(\frac{m_{\text{choked, Rec}} - m_{\text{stall, Rec}}}{m_{\text{choked, SC}} - m_{\text{stall, SC}}} - 1 \right) \times 100\% \qquad (5-1)$$

式中,$m_{\text{choked, SC}}$ 为实壁机匣的堵塞流量;$m_{\text{choked, Rec}}$ 为组合型机匣处理的堵塞流量。

组合型机匣处理对压气机效率的影响采用最高效率的相对变化量 $\Delta\eta_{\text{max}}$ 来评价,$\Delta\eta_{\text{max}}$ 的定义为

$$\Delta\eta_{\text{max}} = \frac{(\eta_{\text{Rec, max}} - \eta_{\text{SC, max}})}{\eta_{\text{SC, max}}} \times 100\% \qquad (5-2)$$

式中,$\eta_{\text{SC, max}}$ 为实壁机匣的最高效率;$\eta_{\text{Rec, max}}$ 为组合型机匣处理的最高效率。

表 5-2 给出了抽吸缝轴向位置对压气机性能的定量影响。当抽吸缝位于叶顶前缘及之前时,压气机的流量裕度没有提升,但由于压气机最大工作流量和总压比的增加,压气机失速裕度和流量工作范围均增加。整体来看,随着抽吸缝向下游移动,压气机的流量裕度、失速裕度和循环流量(抽吸量与压气机近失速流量的比值)均增加,但压气机的效率改进量逐渐降低,当 $\text{Rec\_}z = 30.7\%C_a$ 时效率低于实壁机匣。当抽吸缝刚好位于叶顶前缘处($\text{Rec\_}z = 0\%C_a$)时出现"反常"现象,此处压气机的失速裕度改进最低。

表 5-2　轴向位置对压气机性能的定量影响

缝的轴向位置 Rec_z	$-13.9\%C_a$	$0\%C_a$	$13.1\%C_a$	$30.7\%C_a$
流量裕度改进 MSMI/%	0.17	-0.35	5.84	7.28
失速裕度改进量 SMI/%	7.56	6.52	10.23	10.41
流量工作范围改进 m_{range}/%	19.57	6.81	36.83	35.81
最高效率改进 $\Delta\eta_{\text{max}}$/%	2.68	2.09	0.44	-0.41
循环流量 m_{ble}/%	4.16	4.10	5.32	5.98

图 5-17 给出了不同轴向位置的组合型机匣处理和实壁机匣在各自近失速工况(工作流量不同)的叶顶相对马赫数分布,图中给出了相对马赫数为 1(绝对量)的等值线,用于近似表示激波位置。对比实壁机匣中的流动状况可以发现,在组合型机匣处理的作用下,叶顶低马赫数区明显减少,激波的形态也发生了较大的变化。当 $Rec\_z=-13.9\%C_a$ 时,相比于实壁机匣,组合型机匣处理使从前缘"溢出"的激波进入叶片通道内,形成了一道垂直于叶片的正激波。在抽吸缝的作用范围内无明显的低速区,在抽吸缝的下游出现了叶片吸力面附面层分离引起的低速区,总体来看,此时的叶顶堵塞并不严重。随着抽吸缝向下游移动,通道激波的形态逐渐向实壁机匣回归。当 $Rec\_z=30.7\%C_a$ 时,组合型机匣处理中激波的形态与实壁机匣非常接近。然而,即便激波已恢复,在抽吸缝的作用下,叶顶吸力面附面层分离产生的低速区被限制在叶片吸力面表面的很小范围内,叶片通道内无明显的流动堵塞。

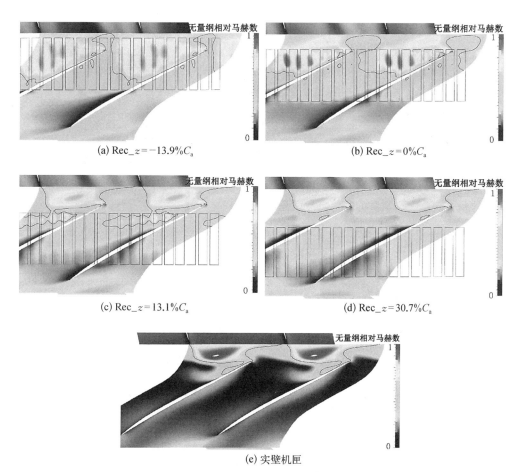

(a) $Rec\_z=-13.9\%C_a$

(b) $Rec\_z=0\%C_a$

(c) $Rec\_z=13.1\%C_a$

(d) $Rec\_z=30.7\%C_a$

(e) 实壁机匣

图 5-17 组合型机匣处理和实壁机匣在近失速工况 99%叶高的相对马赫数分布

　　跨声速压气机中的激波是叶片增压的主要因素,当通道形成正激波时,压气机产生的压比一般较高。因此,当 $Rec\_z = -13.9\%C_a$ 时,组合型机匣处理作用下压气机的总压比最高。随着抽吸缝向下游移动,通道激波的形态逐渐恢复,压气机的总压比也随之恢复至实壁机匣的水平。压气机增压比的提高会直接引起压气机效率的提升,同时叶顶堵塞的减小也降低了叶顶流动损失,进一步提升了压气机的效率。从图 5-17 中的相对马赫数分布来看,无论抽吸缝位于哪个位置,叶片通道中的堵塞均不严重(与实壁机匣相比),此时何种因素导致压气机失速?

　　图 5-18 为组合型机匣处理和实壁机匣在各自近失速工况下静子内的流线分布,图 5-18 中同时给出了 99%、50% 和 2% 叶高以及通道出口截面的相对马赫数分布(静子中相对马赫数与绝对马赫数相等)。由图 5-18 可知,实壁机匣静子中的流动状况良好,没有出现明显的流动分离。应用组合型机匣处理后,当 $Rec\_z = -13.9\%C_a$ 时,静子吸力面出现大范围的集中脱落涡,造成静子通道的堵塞。从流

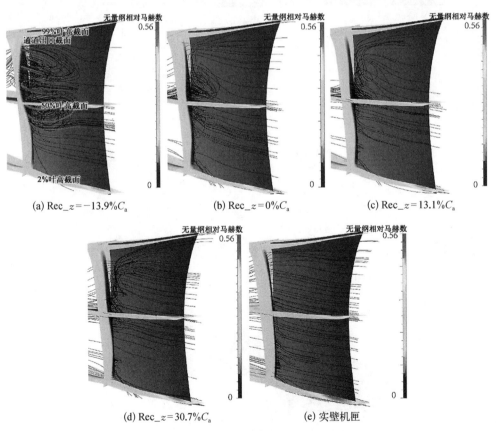

图 5-18　组合型机匣处理和实壁机匣在近失速工况下静子内的
流线分布及部分截面的相对马赫数分布

线的分布特点来看,在50%叶高以下的气流上洗(向上旋绕),与当地吸力面附面层分离相互作用形成了大范围的分离流动。当 $\mathrm{Rec\_}z=0\%C_a$ 时,50%叶高以下流线上洗至50%叶高附近,其程度不及 $\mathrm{Rec\_}z=-13.9\%C_a$,同时,叶顶气流沿叶片尾缘下洗至50%叶高附近,两股气流与当地附面层相互作用形成集中脱落涡。随着抽吸缝继续向下游移动,上洗流动逐渐消失,而下洗流动逐渐增强。按照对各组合型机匣处理作用下的压气机进行失速类型的分析,发现无论抽吸缝处于哪个位置,压气机的失速均由静子叶中触发。

图5-19给出了组合型机匣处理和实壁机匣在近失速工况下的密流之差在子午面的分布。由图5-19可知,在组合型机匣处理的作用下,压气机中流量的径向分布发生了很大改变。压气机叶顶的通流能力明显增强,而其他叶高的通流能力相应减弱。当 $\mathrm{Rec\_}z=-13.9\%C_a$ 时,转子叶顶流量增加,这种增加的趋势向静子叶顶(转子叶顶和静子叶顶均指近机匣面)延伸并且被放大,引起静子内流动分布的巨大改变。随着抽吸缝的后移,组合型机匣处理对转子叶顶的影响程度逐渐降低,

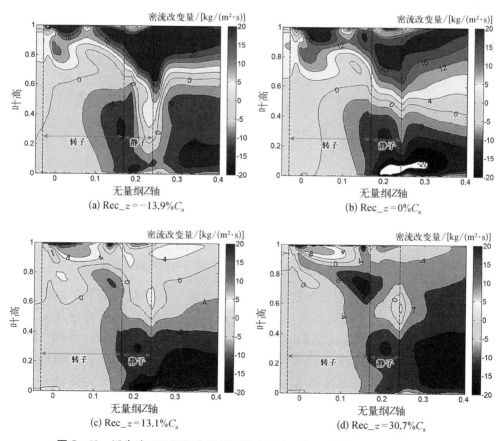

图5-19　近失速工况下组合型机匣处理和实壁机匣的密流之差的子午分布

对静子内流量径向分布的影响程度也随之降低。组合型机匣处理在静子内引起的径向流动分布的改变导致静子流动特性的变化,诱导了静子内气流的下洗和上洗现象,导致静子成为新的失速触发点。同时我们也看到,通过调节组合型机匣处理抽吸缝的位置,可改变组合型机匣处理对静子的影响程度。通过将抽吸缝向下游迁移,减弱了组合型机匣处理对静子的影响,使压气机的失速裕度有了较大的提升。

因此,对于组合型机匣处理的设计,在抑制转子叶顶堵塞的同时,需要兼顾其对静子内流动的影响,或者在压气机静子设计的初始阶段就考虑组合型机匣处理的影响,在组合型机匣处理的作用下设计静子。这样,对于高负荷压气机的扩稳设计才能"顾此不失彼"。

2. 周向倾角 Rec_α 的影响

对于组合型机匣处理的周向倾角 Rec_α 研究了 3 个值,分别为 0°、45°和 60°。其他几何参数均相同: $Rec\_z = 13.1\% C_a$、$Rec\_\beta = 0°$、$Rec\_\gamma = 15°$。图 5-20 给出了 3 个周向倾角下组合型机匣处理对压气机性能的影响。由图 5-20 可知,随着周向倾角的增加,压气机总压比、效率和最大工作流量逐渐增加。

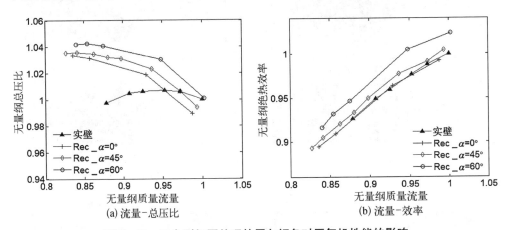

图 5-20　组合型机匣处理的周向倾角对压气机性能的影响

表 5-3 给出了组合型机匣处理周向倾角对压气机性能的定量影响。从表 5-3 中可以看出,当周向倾角为 45°时,压气机的流量裕度、失速裕度及流量工作范围均达到最大。当 $Rec\_\alpha = 0°$时,压气机的最高效率较实壁机匣降低。随着周向倾角的增加,压气机的最高效率不断增加。当 $Rec\_\alpha = 60°$时,压气机效率达到最大。抽吸量随周向倾角的增加而增加,周向倾角由 0°到 45°时抽吸量变化不大,由 45°到 60°时抽吸量变化显著。这主要是因为抽吸缝沿周向偏转后,压气机通道中的低速流体更容易进入抽吸缝。综合周向倾角的影响来看,周向倾角应大于 45°。

表 5 - 3　周向倾角对压气机性能的定量影响

周向倾角 Rec_α/(°)	0	45	60
流量裕度改进 MSMI/%	4.82	5.84	4.350 947
失速裕度改进量 SMI/%	8.84	10.23	9.168 856
流量工作范围改进 m_{range}/%	24.50	36.83	33.252 13
最高效率改进 $\Delta\eta_{max}$/%	−0.80	0.44	2.339 376
循环流量 m_{ble}/%	5.30	5.32	5.95

3. 轴向倾角 Rec_β 的影响

对于组合型机匣处理的轴向倾角 Rec_β 研究了 4 个值,分别为 0°、45°、60°和 75°。其他几何参数均相同: $Rec\_z = 13.1\% C_a$, $Rec\_\alpha = 45°$, $Rec\_\gamma = 15°$。图 5 - 21 给出了 4 个周向倾角下组合型机匣处理对压气机性能的影响。由图 5 - 21 可知,随着轴向倾角的增加,压气机总压比逐渐增加。当 Rec_β 由 0°增加至 60°的过程中,压气机效率逐渐增加;Rec_β 由 60°增加至 75°时,压气机效率回落至实壁机匣水平。

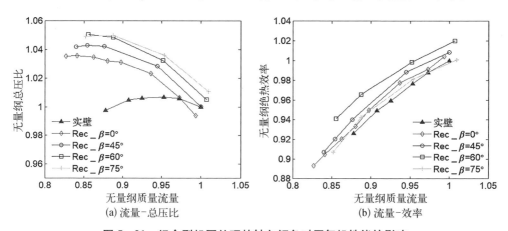

(a) 流量-总压比　　　　　(b) 流量-效率

图 5 - 21　组合型机匣处理的轴向倾角对压气机性能的影响

表 5 - 4 给出了轴向倾角对压气机性能的定量影响。从表 5 - 4 中可以看出,当轴向倾角为 0°时,压气机的流量裕度、失速裕度及流量工作范围均达到最大。当 $Rec\_\beta = 60°$ 时,压气机的最高效率及抽吸流量达到最大。抽吸缝的前倾角主要影响组合型机匣处理对转子叶顶堵塞的抽吸程度。转子叶顶堵塞的轴向速度朝向压气机进口,在离心力的作用下又具有径向速度分量,抽吸缝前倾后更容易对准叶顶反流。从研究结论来看,当 $Rec\_\beta = 60°$ 时的抽吸量最大,说明此时的轴向抽吸角刚好对准叶顶反流。对叶顶反流的抽吸会极大降低叶顶流动损失,使压气机效率产生较大的提升。对于组合型机匣处理轴向倾角的设定需根据压气机的具体需要进行选择。

表 5 - 4　轴向倾角对压气机性能的定量影响

轴向倾角 Rec_β/(°)	0	45	60	75
流量裕度改进 MSMI/%	5.84	4.37	2.56	2.98
失速裕度改进量 SMI/%	10.23	9.24	8.08	8.41
流量工作范围改进 m_{range}/%	36.83	31.49	24.24	29.25
最高效率改进 $\Delta\eta_{max}$/%	0.44	0.85	2.01	0.11
循环流量 m_{ble}/%	5.32	5.68	6.15	5.27

4. 喷嘴偏航角 Rec_γ 的影响

对于组合型机匣处理的喷嘴偏航角 Rec_γ 研究了两个值,分别为 15° 和 45°。其他几何参数均相同: Rec_z = 13.1%C_a, Rec_β = 0°, Rec_α = 45°。图 5 - 22 给出了两个周向倾角下组合型机匣处理对压气机性能的影响。当 Rec_γ = 15°,喷嘴方向与进口导叶方向一致,此时为转子提供正预旋,增加 Rec_γ 值有利于降低转子叶顶攻角和叶顶负荷。从图 5 - 22 中可以看出,提高喷嘴偏航角后,压气机的压比降低,效率也随之降低,这体现了对压气机的降载作用。然而,压气机的失速裕度并没有增加。这说明叶顶负荷的降低不是提升压气机失速裕度的主要原因。

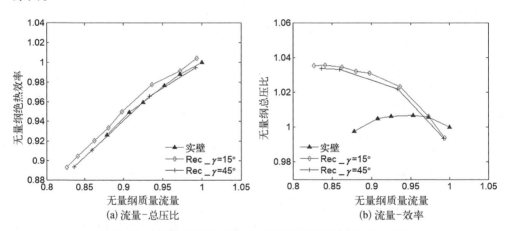

(a) 流量-总压比

(b) 流量-效率

图 5 - 22　组合型机匣处理的喷嘴偏航角对压气机性能的影响

5.2.3　组合型机匣处理的非定常流动分析

通过上文对组合型机匣处理的参数化研究,可得到研究范围内的最优结构。本节对优化的组合型机匣处理进行非定常数值模拟来研究组合型机匣处理的作用机制。组合型机匣处理的设计参数如下:轴向位置 Rec_z = 13.1%C_a、周向倾角 Rec_α = 45°、轴向倾角 Rec_β = 45°、喷嘴偏航角 Rec_γ = 15°。在非定常模拟中,将转子数目由 18 调整至 17,静子数目为 51 保持不变。为保证转子和静子的周向覆盖比例相同,需将静子复制两个通道。进口导叶、转子和静子的网格设置均与上文中的定常计算相同。非定常计算的物理时间步给定 51,每个物理时间步下虚拟时间步为 20。

　　图 5-23 给出了组合型机匣处理对压气机性能影响的定常和非定常结果。由图 5-23 可知,无论是实壁机匣还是组合型机匣处理,总压比和效率的非定常计算值均高于定常值。无论是定常结果还是非定常结果均显示,组合型机匣处理的总压比和效率高于实壁机匣。在组合型机匣处理的作用下,压气机的总压比、效率和失速裕度均有了明显的提升,这是传统的机匣处理很难做到的。采用非定常数值模拟结果进行计算,压气机的流量裕度、失速裕度和流量工作范围分别提升了 6.74%、10.96% 和 49.3%,最高效率提升了 0.54%,使用的循环流量为压气机近失速流量的 6.35%。

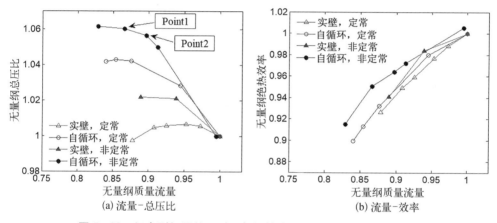

图 5-23　组合型机匣处理对压气机性能影响的定常和非定常结果

　　图 5-24 为任意时刻组合型机匣处内的马赫数分布和流线分布。从图 5-24 可以看出,压气机通道中的气流经抽吸缝进入背腔,顺着桥路通过喷嘴进入进口导叶所在流道。部分抽吸缝中的气流除了进入背腔外,在缝中形成由下游到上游的流动循环。抽吸缝将转子叶顶通道的低速流体抽吸至导叶通道,极大改善了转子叶顶的流动状况。从前一节的分析可知,喷射流引起的进口攻角的降低对压气机失速裕度的提升无明显作用。因此,对于该组合型机匣处理而言,对转子叶顶的抽吸作用是提升压气机失速裕度的主要原因。

　　图 5-25 给出了组合型机匣处理在近失速工况 99% 叶高的相对马赫数分布,图 5-25 中给出的两个时刻代表转子和静子不同的相对位置关系。从图 5-25 可以看出,在组合型机匣处理的作用下,转子叶顶的低速区几乎完全消失,说明组合型机匣处理通过流动循环消除了转子叶顶的通道堵塞。在不同的时刻,转子叶顶

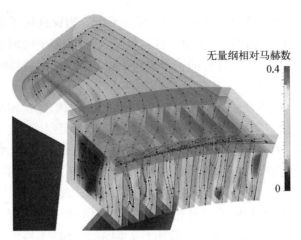

图 5 - 24 组合型机匣处理内的马赫数分布和流线分布

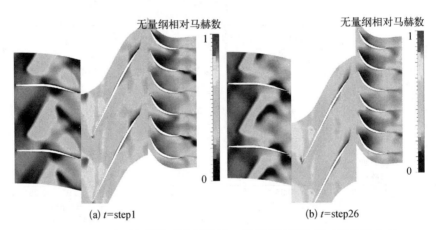

(a) t=step1 (b) t=step26

图 5 - 25 组合型机匣处理在近失速工况 99%叶高的相对马赫数分布

通道内的流动差异不大,这主要是因为组合型机匣处理的抽吸缝数目较多,在转子叶顶引起的流动非定常性较低。静子压力面附近出现了低速区,这是由于抽吸缝将转子叶顶低能流体抽吸后,造成转子出口气流角即静子进口攻角降低引起的。在导叶通道内,可以清晰分辨出喷射流的轨迹。

图 5 - 26 为组合型机匣处理在近失速工况 50%叶高的相对马赫数分布和熵分布。从相对马赫数分布来看,转子通道内的流动状况较好。然而,静子通道内叶片吸力面附近出现大范围的低速区,而且这些低速区在各叶片通道中的分布是不均匀的。在 t=step26 时刻,静子叶片 1 的吸力面,仅在尾缘部分出现了小范围的附面层分离;在静子叶片 2 的吸力面,低速区从叶片吸力面前缘开始几乎充满整个通道,通道严重堵塞;在静子叶片 3 的吸力面,前缘附近出现了局部小范围的低速区但很快被限制在叶片表面附近,通道内的流动堵塞很小。在 t=step26 时刻,静子叶

片3的吸力面的低速区略有增加,其他叶片通道内的流动分布变化不大。从熵分布来看,静子通道中与低速区相对应的部分出现了高熵区,说明此时静子通道内的流动损失很大。在静子通道内可以清楚分辨出转子尾迹引起的熵增,从其分布形式来看,转子尾迹与静子通道2(叶片2吸力面对应的叶片通道为通道2,以下分析中均如此约定)中高熵区无直接关系。因此,静子通道内的流动分离不是由转子尾迹诱导的。

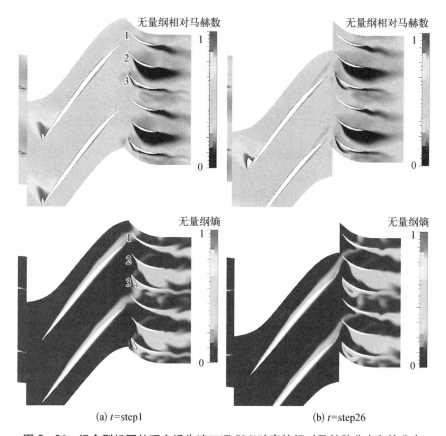

(a) *t*=step1　　　　　　　　　　(b) *t*=step26

图 5－26　组合型机匣处理在近失速工况 50%叶高的相对马赫数分布和熵分布

　　由于两个时刻的流动差异不大,选择 *t*=step1 时刻对静子内的流动进行具体分析,图 5－27 给出了静子1%、50%和99%叶高的相对马赫数分布及流线分布。

　　在1%叶高,叶片2吸力面的50%弦长附近出现了一个螺旋节点,这意味着在静子通道的轮毂区出现了集中脱落涡,集中脱落涡是由于壁面(叶片或轮毂)的附面层无法承受逆压梯度而从壁面脱离形成的[18]。在叶片3的吸力面,静子进口的局部马赫数大于1引起了附面层分离,但该分离很快再附,没有引发通道堵塞。在50%叶高,叶片2的吸力面尾缘附近出现了一个明显的螺旋节点,其周围的回流区

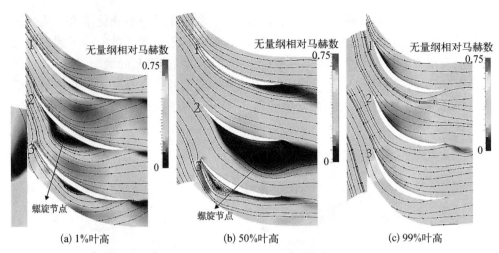

(a) 1%叶高   (b) 50%叶高   (c) 99%叶高

图 5 - 27　近失速工况下静子内各叶高的相对马赫数分布和流线分布

在周向占据 60%的横向通道范围，对通道造成严重的堵塞。叶片 3 的吸力面在 20%弦长附近出现了一个螺旋节点，与 1%叶高类似，该处的流动分离是由静子通道内的激波造成的。在 99%叶高，静子通道内流动状况良好。

　　然而，通道 2 内的大范围流动分离是如何形成的，为何这种流动分离在通道 1 和 3 中没有出现？为分析这一问题，图 5 - 28 给出了 $t=$ step1 时刻静子 50%轴向弦长附近的相对马赫数分布以及三维流线分布，图中同时描绘了三个叶片吸力面表面的极限流线和静压分布。由图 5 - 28 可知，通道 2 中 30%~80%叶高内存在较大范围的低速区。三维流线由叶片 2 叶顶（近机匣面）附近发出，从该部分流线的走向以及叶片 2 吸力面表面的极限流线来看，静子叶顶附近的气流下洗，与叶片吸力面的附面层相互作用形成集中脱落涡，这从吸力面表面的螺旋节点①也可以看出。由叶片 2 叶根发出的流线在 20%弦长附近形成一个较小的螺旋节点②，说明此处形成了集中脱落涡。该集中脱落涡向下游发展过程中向上迁移，在逆压梯度的作用下与吸力面附面层分离相互作用又形成了一个不是特别明显的螺旋节点③，围绕该螺旋节点的回流区范围很大，一直延伸至 50%叶高附近。

　　通道 1 和 3 内的流动状态与通道 2 有很大不同。这两个叶片吸力面表面，仅在叶顶附近存在一个螺旋节点，叶片 1 中的螺旋节点更靠近叶片前缘，导致叶片 1 通道内的流动分离相对较大。叶片 3 在尾缘附近出现了一条普通的分离线，这是叶片吸力面尾缘附近的附面层在黏性力和逆压梯度作用下以片状的形式脱离下来造成的，是强度较弱的开式分离。在叶片 1 和 3 的叶根附近没有发现代表集中脱落涡的螺旋节点。从叶片表面的静压分布来看，叶片 2 吸力面的静压值要高于叶片 1 和 3，尤其在叶片前缘附近，这导致通道 2 内的吸力面附面层分离更加严重，与

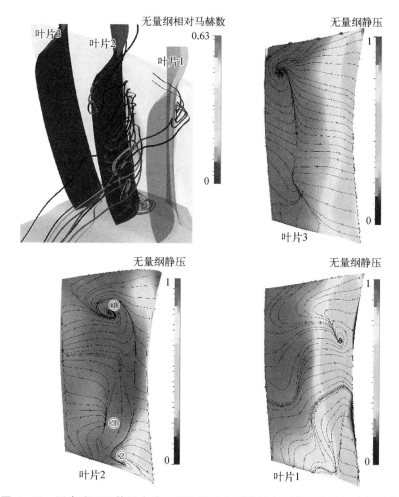

图 5 - 28　近失速工况静子内的三维流线分布以及吸力面表面的极限流线分布

通道内的集中脱落涡相互作用形成了大范围的堵塞区。

图 5 - 29 给出了近失速工况静子 50%轴向弦长附近的相对马赫数分布以及三维流线分布,图中给出了 3 个不同时刻。由图 5 - 29 可知,通道 2 中存在的大范围的流动堵塞一直存在,堵塞面积基本不变。而在通道 1 中,吸力面附近的集中脱落涡的大小会随时间变化,但该脱落涡造成的通道堵塞远小于通道 1 中的堵塞。这说明,通道 2 内的堵塞区已发展成熟并稳定存在,当该堵塞区进一步发展就会诱发压气机进入失速状态。

图 5 - 30 给出了近失速工况的前 1 个工作点(图 5 - 23 中的 Point1)静子 50%轴向弦长附近的相对马赫数分布以及三维流线分布。由图 5 - 30 可知,在 $t=$ step1 时刻,通道 1 内 50%叶高附近形成一个较大的集中脱落涡,该脱落涡在通道中造成了大范围的流动堵塞,通道 2 和 3 内的流动状况相对良好。在 $t=$ step26 时刻,通道

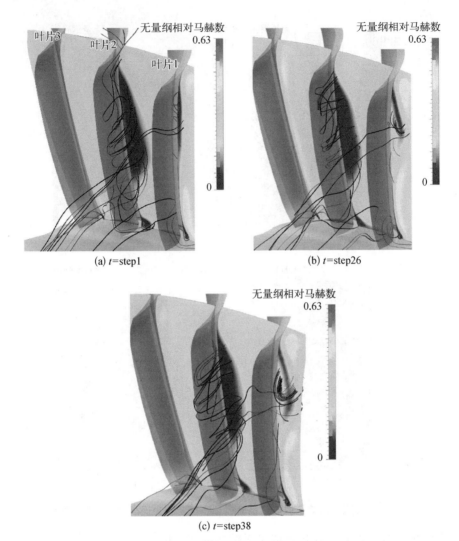

(a) t=step1　　　　　　　　(b) t=step26

(c) t=step38

图 5-29　近失速工况静子内的三维流线分布以及相对马赫数分布

1 内的脱落涡变小,通道内的堵塞也随之减小,叶片 3 吸力面附面层分离较前一个时刻有所增加。在该工况,静子通道内的流动表现出一定的非定常性,通道堵塞的大小呈周期性变化。

图 5-31 给出了近失速工况的第 2 个工作点(图 5-23 中的 Point2)静子 50%轴向弦长附近的相对马赫数分布和三维流线分布。由图 5-31 可知,在 t=step1时刻,通道 1 内 50%叶高附近形成一个较小的集中脱落涡,通道 2 和 3 内的流动状况良好。在 t=step26 时刻,通道 1 内的脱落涡几乎消失,而通道 2 的叶顶附近出现了一个小的脱落涡。在该工况,静子通道内的流动堵塞很小,但通道内流动的非定常性较强。

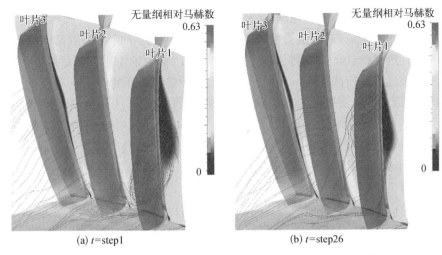

图 5 - 30　Point1 工作点静子内的三维流线分布以及相对马赫数分布

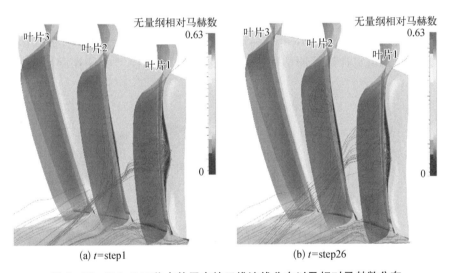

图 5 - 31　Point2 工作点静子内的三维流线分布以及相对马赫数分布

综合图 5 - 29~图 5 - 31 可以看出,静子通道内的堵塞并不是平均分布在每一个静子通道中,而是集中到一个静子通道中,这与转子叶顶的失速团有些类似。而且,静子通道内的堵塞并不是集中在某一个通道固定不变,而是随着运行工况的不同而发生变化。在距离失速边界较远的工况点,静子通道内流动的非定常性较强,此时分离涡形成的低速区无法完全堵塞通道,压气机可以正常工作。当压气机运行至近失速工况时,静子通道内的堵塞区相对固定下来,转子或其他因素施加的非定常作用力无法引起静子通道内低速区的非定常变化,即静子通道已完全堵塞。随着压气机的进一步节流,该堵塞区必将诱发压气机失速。

5.2.4　组合型机匣处理作用下静子的改型设计

从上文的分析可知，在组合型机匣处理的作用下，转子叶顶的流动状况得到了极大改善。然而，当压气机逼近流量边界时，静子通道内出现了巨大的堵塞，成为新的触发压气机失速的因素。因此考虑在组合型机匣处理的作用下对静子进行一定的优化，探索组合型机匣处理和静子同时设计的可行性，为压气机提供更宽广的工作范围。本节对静子的改型设计主要考虑"弯掠"以及叶型安装角的影响。通过调整"弯掠"规律控制静子内的径向流动平衡，通过调整叶型安装角使转、静子更加匹配，最终达到控制静子通道内分离涡、抑制通道堵塞的目的。

1. 静子"掠"的影响

静子的积叠线在子午面的分布由图 5-32 给出，图中同时给出了实壁机匣（前掠）和 SP4（后掠）的静子叶片。积叠线由简单贝塞尔曲线构成，通过调节控制点 SP_O 和控制角度 SP_$\beta1$ 和 SP_$\beta2$ 实现对积叠线的改型。本节共研究了 4 种积叠线下的静子对带有组合型机匣处理的压气机性能的影响，分别为直线型前掠 SP1、直叶片 SP2、直线型后掠 SP3 和弯曲后掠 SP4。组合型机匣处理的抽吸缝位置 Rec_z=13.1%C_a，周向倾角 Rec_α=45°，轴向倾角 Rec_β=0°，喷嘴偏航角 Rec_γ=15°。采用单通道定常计算评估静子"掠"的影响，所有模型的计算网格和计算设置均一致。

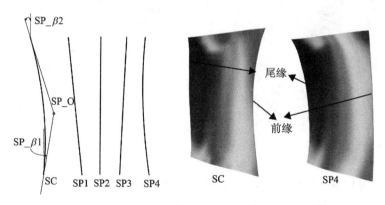

图 5-32　静子积叠线在子午面的分布及静子三维叶片

图 5-33 给出了静子"掠"对带有组合型机匣处理的压气机性能的影响。总体来看，调节静子的"掠"型对压气机性能产生了很大影响，压气机的总压比较 Rec（组合型机匣处理+原始静子）均有不同程度的降低。直线型前掠 SP1 和弯曲后掠 SP4 两者性能相差不大，均较大程度地降低了压气机的总压比和效率。直线型后掠 SP3 降低了压气机的总压比，但对效率的影响不大，同时较大地拓展了压气机的稳定工作范围。直叶片 SP2 使压气机的总压比、效率和稳定工作范围均产生不同程度的降低。

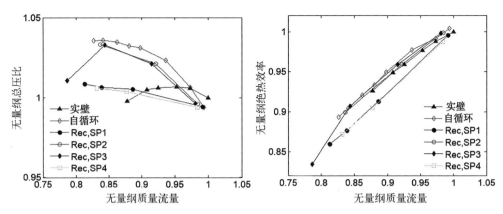

图 5-33　静子"掠"对带有组合型机匣处理的压气机性能的影响

表 5-5 给出了不同"掠"型对压气机性能的定量影响。从失速裕度和压气机效率来看,原始静子叶片最佳。从流量裕度和流量工作范围来看,直线型后掠 SP3 最优。下面对不同"掠"型下静子内的流动特性进行分析,找出静子"掠"型对压气机性能影响的原因。

表 5-5　静子"掠"的定量影响

"掠"	Rec	SP1	SP2	SP3	SP4
流量裕度改进 MSMI/%	5.84	7.41	4.70	10.38	5.33
失速裕度改进量 SMI/%	10.23	9.16	8.67	13.04	6.50
流量工作范围改进 m_{range}/%	36.83	46.02	20.93	58.98	25.04
最高效率改进 $\Delta\eta_{max}$/%	0.44	-0.43	-0.15	-0.17	-1.27
循环流量 m_{ble}/%	5.32	5.68	6.15	5.27	5.48

图 5-34 给出了不同"掠"型对静子内流动分布的影响,图中给出了三维流线分布和 2%、50%、99% 叶高以及静子出口截面的相对马赫数分布。由图 5-34 可知,不同"掠"型下静子内的流动分布发生了很大变化。从上一节的分析可知,Rec 中静子的失速是集中脱落涡在叶中附近引起的堵塞造成的。当静子的"掠"型改变后,静子中的堵塞区位置发生了明显改变。静子由实壁机匣的弯曲前掠改为直线型前掠 SP1 后,静子在叶片吸力面和轮毂交接处形成了大范围的流动分离,该分离以脱落涡的形式充满静子通道,造成大范围的流动堵塞。从该流动特点来看,随着压气机的节流,静子将发生轮毂角区失速。弯曲后掠 SP4 中的流动与 SP1 类似。对于直叶片 SP2 和直线型后掠 SP3,静子叶顶形成脱落涡造成大范围的流动堵塞,随着压气机的节流,静子将发生机匣角区失速。SP3 中的流动堵塞更为严重,这是因为 SP3 在更小的流量点工作。整体上看,静子叶根向前倾斜时,静子容易发生叶

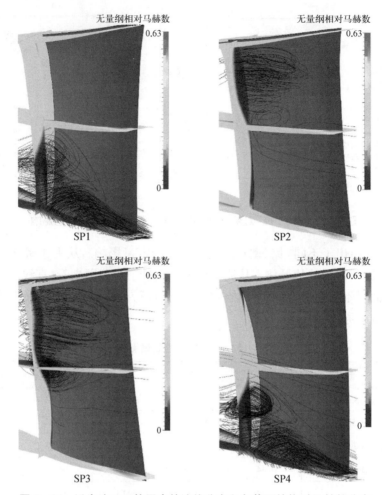

图 5 - 34　近失速工况静子内的流线分布和各截面的相对马赫数分布

根角区失速;而静子叶根为径向或向后倾斜时,容易发生叶顶角区失速。

　　静子"掠"的影响主要在于改变静子通道内流动的径向平衡。如在实壁机匣中,弯曲型前掠使叶片两端更早地接触到气流,在相同的轴向位置,叶片两端的压升会更高些。这样就迫使气流向下游流动过程中向叶中靠拢,最终在叶中附近形成脱落涡。改变静子"掠"型后就破坏了这种流动平衡,使通道中的堵塞区向端区靠拢。另外,静子内局部超声速流动产生的激波也会对通道内的流动分离产生很大影响。调整"掠"型后,静子通道内的激波位置会发生相应改变,这也会造成静子通道内流动的巨大改变。

　　以上分析说明,调整静子"掠"型后,静子内的堵塞区向叶片两端移动。根据静子"掠"型的不同,在轮毂角区或在机匣角区形成大范围的流动分离堵塞静子通道。这对于压气机中静子失速的控制是有利的,因为端区的流动堵塞可用非轴对称端壁、涡流发生器和端壁抽吸等手段来消除,而实壁机匣在叶中附近的流动堵塞是很难消除的。对于静子"掠"型改变后端区流动的控制需要进一步的研究,由于这方面的内容超出了本书的研究范围,在此不作探讨。

2. 静子"弯"的影响

静子的积叠线沿周向的分布由图 5-35 给出,图中同时给出了实壁机匣(正弯,叶片向吸力面方向弯曲)和 LN2(尖部反弯根部正弯)的三维静子叶片。积叠线由简单贝塞尔曲线构成,其调节方法与"掠"是相同的。本节共研究了 3 种弯曲叶片对带有组合型机匣处理的压气机性能的影响,分别为反弯叶片 LN1、尖部反弯根部正弯叶片 LN2 和直叶片 LN3。组合型机匣处理的抽吸缝位置 $Rec\_z = 13.1\%C_a$,周向倾角 $Rec\_\alpha = 45°$,轴向倾角 $Rec\_\beta = 0°$,喷嘴偏航角 $Rec\_\gamma = 15°$。采用单通道定常计算评估静子"弯"的影响,所有模型的计算网格和计算设置均一致。

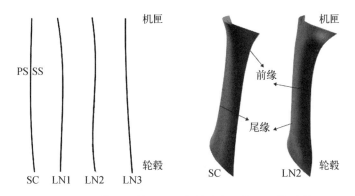

图 5-35　静子积叠线沿周向的分布及静子三维叶片

图 5-36 给出了静子"弯"型对带有组合型机匣处理的压气机性能的影响,表5-6 给出了定量分析结果。总体来看,调节静子的"弯"型对压气机性能产生了很

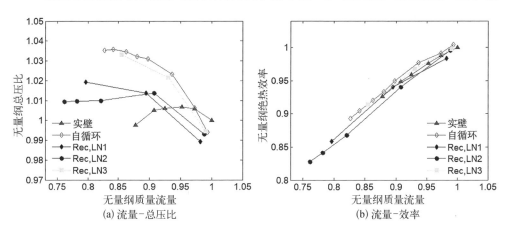

(a) 流量-总压比　　　(b) 流量-效率

图 5-36　静子"弯"对带有组合型机匣处理的压气机性能的影响

大影响,压气机的总压比和效率均有不同程度的降低。与 Rec 相比,反弯叶片 LN1 提升了压气机的流量裕度、失速裕度和流量工作范围,但降低了压气机的总压比、效率和最大工作流量。尖部反弯根部正弯叶片 LN2 与 LN1 的影响类似,但对压气机失速裕度的提升程度更大,对效率的影响也更小。直叶片 LN3 降低了 Rec 的失速裕度,但对压气机效率的影响最小。

表 5-6　静子"弯"的定量影响

"弯"	Rec	LN1	LN2	LN3
流量裕度改进 MSMI/%	5.84	9.31	13.29	2.61
失速裕度改进量 SMI/%	10.23	12.65	16.68	6.34
流量工作范围改进 m_{range}/%	36.83	52.35	86.16	11.08
最高效率改进 $\Delta\eta_{max}$/%	0.44	-1.63	-0.43	-0.17
循环流量 m_{ble}/%	5.32	5.90	6.69	5.11

图 5-37 给出了不同"弯"型对静子内流动分布的影响,图中给出了三维流线分布和 2%、50%、99% 叶高以及静子出口截面的相对马赫数分布。由图 5-37 可知,不同"弯"型对静子内的流动分布影响很大。静子由实壁机匣的正弯改为反弯 LN1 后,静子在叶片吸力面和轮毂交接处形成了大范围的流动分离,该分离以脱落涡的形式充满静子通道,造成大范围的流动堵塞,静子将发生轮毂角区失速。尖部反弯根部正弯叶片 LN2 中流动与 LN1 类似。直叶片 LN3 中的流动状况与实壁机匣的正弯类似,都是在叶中附近形成集中脱落涡堵塞叶片通道。

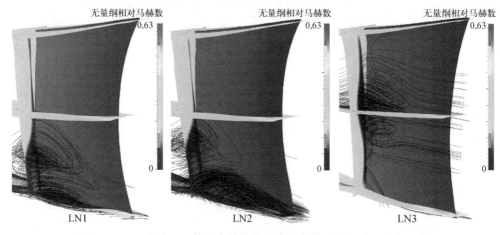

图 5-37　近失速工况静子内的流线分布和各截面的相对马赫数分布

以上分析说明,与静子"掠"的影响类似,调整静子"弯"型可使静子内的堵塞区向轮毂区移动,但没有在静子近机匣区发现通道堵塞。改变静子"弯"型后,可在端区实施非轴对称端壁、涡流发生器等手段来消除叶片通道内的堵塞。

3. 叶型安装角的影响

组合型机匣处理引起压气机流量沿径向的重新分布,这种影响必然会引起静子进口攻角沿径向的变化。图 5-38 给出了组合型机匣处理和实壁机匣在近失速工况绝对气流角之差的子午分布,两者工作在相同的流量工况。由图 5-38 可知,在组合型机匣处理的作用下,转子叶顶的绝对气流角(气流与轴向的夹角)明显减小。受此影响,静子叶顶进口气流角也相应减小。而在 80% 叶高以下,静子进口气流角有不同程度的升高。因此,在组合型机匣处理的作用下,静子的叶型安装角(叶片的弦与轴向的夹角)应做相应的调整来适应组合型机匣处理作用下转子出口的流动分布。

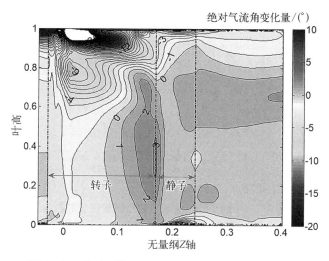

图 5-38　组合型机匣处理和实壁机匣在近失速工况
绝对气流角之差的子午分布

将静子由叶根到叶尖等距分成 15 个基元截面,在各个截面上调节静子的叶型安装角,表 5-7 给出了静子叶型安装角的调节规律。本节共研究了两种叶型安装角的调节规律,Stator1 按照图 5-38 中组合型机匣处理对压气机内流动分布的影响来调节,Stator2 在叶中附近增加了 Stator1 中的调节程度,叶根和叶尖与 Stator1 保持一致。

表 5-7　静子叶型安装角的调节规律

截面	1	2	3	4	5	6	7	8	9	10	11	12	13	14	15
Stator1	0	+1	+2	+2	+3	+3	+3	+3	+3	+2	+1	0	-1	-2	-4
Stator2	0	+1	+2	+3	+4	+5	+6	+6	+5	+3	+1	0	-1	-2	-4

图 5-39 给出了静子叶型安装角对带有组合型机匣处理的压气机性能的影响,表 5-8 给出了定量分析结果。与 Rec 相比,Stator1 对压气机的总压比影响不

大,但降低了压气机的最高效率和最大工作流量,提升了压气机的流量裕度、失速裕度和流量工作范围。由于静子叶型安装角是按照组合型机匣处理对近失速工况的影响进行调节的,所以该调节规律并不适用于设计工况点,导致压气机的最高效率降低。从 Stator1 对压气机性能的影响可以看出,在组合型机匣处理作用下,调节静子的叶型安装角可以使转、静子间更加匹配,有助于提高压气机的失速裕度。过大调节静子的叶型安装角使压气机的总压比上升,效率基本保持不变,但降低了压气机的失速裕度。因此,对于静子叶型安装角的调节需严格按照组合型机匣处理的影响规律来进行。

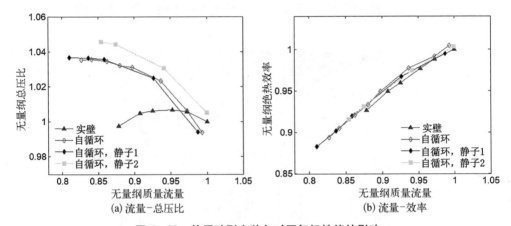

(a) 流量-总压比　　　　　　　　(b) 流量-效率

图 5-39　静子叶型安装角对压气机性能的影响

表 5-8　静子叶型安装角压气机性能的定量影响

叶型安装角	Rec	Stator1	Stator2
流量裕度改进 SMI/%	5.84	7.73	4.44
失速裕度改进量 SMI/%	10.23	12.62	8.76
流量工作范围改进 m_{range}/%	36.83	45.65	25.77
最高效率改进 $\Delta\eta_{max}$/%	0.44	−0.51	0.33
循环流量 m_{ble}/%	5.32	5.81	6.06

　　图 5-40 给出了不同叶型安装角对静子内流动分布的影响,图中给出了三维流线分布和 2%、50%、99% 叶高以及静子出口截面的相对马赫数分布。由图 5-40 可知,按照 Stator1 中的规律来调节静子的叶型安装角,静子内的流动分布形式与 Rec 类似,叶中附近出现集中脱落涡引起通道堵塞。在叶中附近加深对叶型安装角的调节程度,Stator2 中的流动发生了很大改变,在叶片吸力面和轮毂交接处形成了大范围的流动分离,该分离以脱落涡的形式充满静子通道,造成大范围的流动堵塞,静子将发生轮毂角区失速。

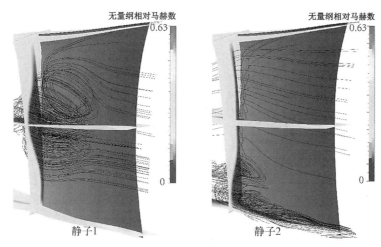

图 5-40　近失速工况静子内的流线分布和各截面的相对马赫数分布

通过本节的分析可知,对转子应用组合型机匣处理后,转子出口的流动参数沿整个展向都会发生改变。静子的叶型安装角应根据组合型机匣处理的影响做出相应的调节,使转、静子间更加匹配。

4. 组合型机匣处理与"弯"静子组合的非定常流动分析

从上文对静子的"掠""弯"和叶型安装角的研究结果来看,在组合型机匣处理作用下,改变静子的设计规律可以进一步提升压气机的失速裕度。从定量分析结果可知,采用前面提到的尖部反弯根部正弯叶片 LN2 使压气机的流量工作范围有了巨大的提升。本小节对组合型机匣处理和 LN2 的组合进行非定常数值模拟,旨在揭示两者相互作用对压气机内流动的非定常影响。

图 5-41 为组合型机匣处理(Rec)和组合型机匣处理+"弯"静子(Rec+LN2)对压气机性能影响的非定常数值模拟结果。在组合型机匣处理的作用下,静子采用 LN2 设计后,与 Rec 相比,压气机总压比和效率均有所降低,但与实壁机匣相比基本持平,同时进一步提升了压气机的失速裕度。"LN2+Rec"的流量裕度、失速裕度和流量工作范围较实壁机匣分别提升了 11.1%、12% 和 80.2%,较单独的组合型机匣处理分别提升了 4.3%、1.1% 和 30.9%。

图 5-42 给出了"Rec+LN2"在近失速工况下静子内的瞬态流动分布。图中给出了位于 50% 弦长附近的垂直截面和近轮毂面的相对马赫数分布、静子近轮毂处的三维流线分布以及叶片表面和近轮毂表面的极限流线分布。在 $t=$ step1 时刻,静子通道近轮毂面的气流由静子出口流向进口,在整个通道内形成了反流区。一部分反流顺着转子转动方向进入下一个叶片通道,这与转子内的叶顶失速团有些类似;另一部分反流在距离轮毂较远位置回流至通道出口,在通道中形成一个很大的漩涡,沿周向和径向均造成了巨大的堵塞。在 $t=$ step26 时刻,各截面的相对马赫数

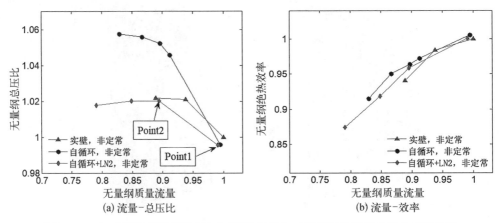

(a) 流量-总压比　　　　　　　　　　(b) 流量-效率

图 5－41　组合型机匣处理及其与"弯"静子组合对压气机性能影响的非定常结果

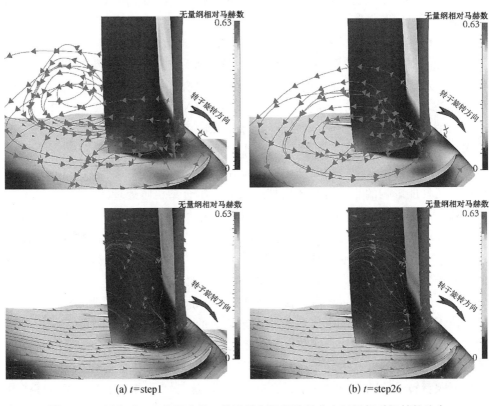

(a) t=step1　　　　　　　　　　(b) t=step26

图 5－42　近失速工况静子内的三维流线和极限流线分布以及相对马赫数分布

分布与 $t=\text{step1}$ 类似,叶片通道在近轮毂位置被完全堵塞。从流线分布来看,绝大多数近轮毂处的反流在本叶片通道内形成漩涡,沿周向顺着转子转动方向横跨叶片的流动相对较少。总体来看,距离轮毂 20% 叶高左右的静子通道被完全堵塞,该堵塞区随时间的变化很微弱,随着进一步的节流必将触发压气机失速。

图 5-43 给出了 Point1 和 Point2(图 5-41)两个工况下静子内的瞬态流动分布,图中给出了静子近轮毂处和叶片吸力面的极限流线分布以及位于 50% 弦长附近的垂直截面和近轮毂面的相对马赫数分布。在 Point1 工作点的 $t=\text{step1}$ 时刻,静子吸力面前缘近轮毂附近出现了局部超声速流动,激波打在叶片吸力面上引发附面层分离,激波打在轮毂壁面上引起轮毂表面的附面层分离,两者相互作用形成角区分离涡。在 $t=\text{step26}$ 时刻,通道进口速度有所降低,激波强度随之下降,通道内近轮毂面的低速区也略有减小。随着压气机的节流,在 Point2 工作点的 $t=\text{step1}$ 时刻,静子通道内低速区明显增加。在近轮毂面的通道进口处出现一个明显的螺旋节点,围绕该螺旋节点的回流区几乎充满整个叶片通道,部分回流沿着转子转动方向进入下一个静子通道。同时,角区分离涡沿径向的分布范围较 Point1 工作点有

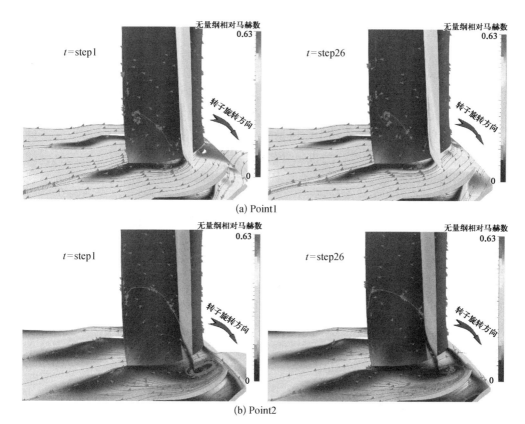

(a) Point1

(b) Point2

图 5-43　不同工况下静子内的极限流线分布以及相对马赫数分布

了明显的增加。在 $t=\text{step}26$ 时刻，围绕螺旋节点的回流区明显变小，叶片通道内的低速区也有所降低。当压气机进一步节流至近失速工况时，叶片通道内近轮毂面上的螺旋节点消失（图 5-43），轴向反流充满叶片通道。

从以上分析可知，在组合型机匣处理的作用下，改变静子的"弯"型后，静子通道近轮毂区出现了较大的低速区，该低速区是由静子吸力面局部超声速引起的。静子通道内的激波打在叶片吸力面和轮毂上形成角区分离涡，随着压气机的节流，角区分离涡逐渐增大并最终充满静子通道，诱发压气机进入失速状态。

5.2.5 小结

本节针对某高负荷多级轴流压气机的叶顶过载失速的特点，分析了传统机匣处理失效的主要原因，并在此基础上进行了新型组合型机匣处理设计的探索。针对这种新型组合型机匣处理，选取了四个设计变量进行了参数化设计与优化。针对优化的组合型机匣处理进行了非定常计算，对压气机内的非定常流动机制进行了具体分析。在此基础上，针对组合型机匣处理影响下压气机内的流动特点，对静子进行了改型设计。改型包括调整静子的"弯""掠"规律以及修改静子叶型安装角，并对"'弯'静子+组合型机匣处理"的组合结构进行了非定常数值研究。主要结论如下：

（1）高负荷多级轴流压气机在 90% 设计转速下的失速由第一级转子叶顶触发，失速的类型为典型的叶顶过载失速。传统的机匣处理无法有效消除由强激波引起的吸力面附面层分离堵塞，因此无法起到提升压气机失速裕度的作用。

（2）新型组合型机匣处理主要以抽吸转子叶顶低能流体为手段来改善转子叶顶的流动状况，合理选择组合型机匣处理的设计参数可以在显著提升压气机失速裕度的同时提高压气机的总压比和效率。经非定常计算发现，优化后的组合型机匣处理使压气机的失速裕度提高 10.96%，设计点效率提升了 0.54%。在组合型机匣处理的作用下，压气机的失速不再由转子触发，而是由静子叶中集中脱落涡引起的通道堵塞引起。静子中的通道堵塞不是平均分布在所有通道中，而是集中到某一静子通道里，这与转子叶顶的失速团类似。

（3）组合型机匣处理中的抽吸缝位置对压气机性能具有很大影响。当抽吸缝的起始位置位于叶顶前缘或前缘之前时，组合型机匣处理可以显著提升压气机的总压比和效率，但对流量裕度的帮助不大。这是因为压气机内流量的径向分布在组合型机匣处理的作用下发生了极大的改变，导致静子在叶中附近出现集中脱落涡诱发的静子通道堵塞。当抽吸缝位于通道中间时，压气机的失速裕度得到了极大的提升。这是由于此时抽吸缝不仅可以抽吸掉转子叶顶的低能流体，同时对压气机内流量的径向分布的影响较小，推迟了静子的失速。

（4）对抽吸缝周向倾角研究了三个值：0°、45°和 60°。研究发现，当周向倾角为 0°时,压气机的最高效率降低;当周向倾角大于 45°后,可以显著提升压气机的最高效率,而且周向倾角越大对压气机的总压比和效率越有利;当周向倾角为 45°时,压气机的失速裕度提升量最大。总体来看,抽吸缝的周向倾角应大于 45°。

（5）抽吸缝前倾角主要影响组合型机匣处理对转子叶顶反流的抽吸程度。当抽吸缝前倾角为 60°时,压气机设计点效率最高,过大或过小的前倾角均会降低压气机的效率（仍高于实壁机匣）。当前倾角为 0°时压气机的失速裕度最高。因此,对于抽吸缝轴向倾角的设定需根据压气机的具体需要进行选择。

（6）静子在子午面的“掠”型改变后,静子的失速触发位置发生变化。整体上看,静子叶根向前倾斜时,静子容易发生轮毂角区失速;而静子叶根为径向或向后倾斜时,容易发生机匣角区失速。当静子为直线型后掠时,可在组合型机匣处理的基础上进一步提升压气机的失速裕度。

（7）静子沿周向的“弯”型改变后,静子的失速触发位置多发生于叶根角区。静子尖部（近机匣面）反弯根部正弯时,可在组合型机匣处理的基础上进一步提升压气机的失速裕度。

（8）组合型机匣处理使转子出口气流角沿整个展向均发生不同程度的改变,根据这种改变调整静子的叶型安装角可改善转、静子间的匹配关系,进一步提升压气机的失速裕度。

通过非定常计算发现,“尖部反弯根部正弯的静子+组合型机匣处理”的流量裕度、失速裕度和流量工作范围较实壁机匣分别提升了 11.1%、12%和 80.2%,较单独的组合型机匣处理分别提升了 4.3%、1.1%和 30.9%。此时,压气机的失速由静子近轮毂位置的通道堵塞触发。

5.3 本 章 小 结

本章采用全通道非定常计算方法研究了轴向倾斜缝、自循环机匣处理及两者形成的组合型处理机匣对亚声速轴流压气机稳定性的影响,数值结果表明三种不同处理机匣获得的失速裕度改进量分别为 12.86%、16.47%及 22.72%,其中组合型处理机匣扩稳效果最强,自循环机匣处理次之。通过详细地分析压气机内部流场表明,组合型处理机匣削弱了叶片吸力面气流分离带来的不良影响。从喷气装置流出的高速气流抑制了叶顶间隙泄漏流从相邻叶片叶顶前缘溢出的现象,部分叶片通道受到轴向倾斜缝的作用,泄漏流线被抽吸入缝中,也能抑制前缘溢流的产生。

本章还对超高负荷多级压气机开展了组合型机匣处理的数值仿真研究,由于该压气机在 90%设计转速下的失速类型为典型的叶顶过载失速,传统的机匣处理和叶顶喷气均无法有效消除由强激波引起的吸力面附面层分离堵塞。组合型机匣处理以抽吸转子叶顶低能流体为手段来改善转子叶顶的流动状况，使压气机的综合裕度提高 10.96%，设计点效率提升了 0.54%。在组合型机匣处理的作用下，压气机的失速不再由转子触发，而是由静子叶中附近的集中脱落涡引起的通道堵塞触发。通过对静子的重新设计，进一步提高了压气机的失速裕度。

参考文献

［1］ 楚武利,卢新根,吴艳辉.带周向槽机匣处理的压气机内部流动数值模拟与试验[J].航空动力学报,2006,1:100-105.

［2］ Azimian A R, Elder R L, McKenzie A B. Application of recess vaned casing treatment to axial flow fans [J]. ASME Journal of Turbomachinery, 1990, 112(1): 145.

［3］ Rabe D C, Hah C. Application of casing circumferential grooves for improved stall margin in a transonic axial compressor [C]. Amsterdam: ASME Turbo Expo 2002, 2002.

［4］ Wilke I, Kau H P. A numerical investigation of the influence of casing treatments on the tip leakage flow in a HPC front stage [C]. Amsterdam: ASME Turbo Expo 2002, 2002.

［5］ 楚武利,朱俊强,刘志伟.折线斜缝式机匣处理的实验研究及机理分析[J].航空动力学报,1999(3):3-5.

［6］ Lin F, Ning F, Liu H. Aerodynamics of compressor casing treatment part 1: Experiment and time-accurate numerical simulation [C]. Berlin: ASME Turbo Expo 2008, 2008.

［7］ Fujita H, Takata H. A study on configurations of casing treatment for axial flow compressors [J]. Bulletin of JSME, 1984, 27(230): 1675-1681.

［8］ Brignole G A, Danner F C T, Kau H P. Time resolved simulation and experimental validation of the flow in axial slot casing treatments for transonic axial compressor [C]. Berlin: ASME Turbo Expo 2008, 2008.

［9］ Wilke I, Kau H P, Brignole G. Numerically aided design of a high-efficient casing treatment for a transonic compressor [C]. Reno-Tahoe: ASME Turbo Expo 2005, 2005.

［10］ Danner F C T, Kau H P, Muller M M, et al. Experimental and numerical analysis of axial skewed slot casing treatments for a transonic compressor stage [C]. Orlando: ASME Turbo Expo 2009, 2009.

［11］ Li J, Du J, Li F, et al. Stability enhancement using a new hybrid casing treatment in an axial flow compressor [J]. Aerospace Science & Technology, 2019, 85: 305-319.

［12］ Weichert S, Day I, Freeman C. Self-regulating casing treatment for axial compressor stability enhancement [R]. British Columbia: ASME Turbo Expo 2011, 2011.

［13］ Hathaway M D. Self-recirculating casing treatment concept for enhanced compressor performance [C]. Amsterdam: ASME Turbo Expo 2002, 2002.

［14］ Iyengar V, Sankar L, Niazi S. Assessment of the self-recirculating casing treatment concept applied to axial compressors [C]. Reno: AIAA Aerospace Sciences Meeting and Exhibit, 2005.

［15］ 楚武利,张皓光,吴艳辉,等.槽式处理机匣开槽数目对扩稳效果的影响[J].推进技术,2008,29(5):598-603.

［16］ 张皓光,楚武利,吴艳辉,等.压气机端壁自适应流通延迟失速的数值分析［J］.推进技术,2009,30(2):202-208.

［17］ 张皓光,楚武利,吴艳辉.缝式处理机匣轴向位置对压气机特性影响的机理［J］.航空动力学报,2011,26(1):92-98.

［18］ 罗钜.高性能风扇/压气机三维叶片气动设计与实验研究［D］.南京:南京航空航天大学,2013:1-149.

第六章

轴流压气机端壁造型流动控制技术

本章首先介绍了端壁造型这一被动流动控制方法目前的一些发展概况及研究进展。相比于传统的叶片弯掠,端壁造型技术可通过构造凹凸不平的端壁型面达到对端区流动规律的细致调控。其次,通过对一典型高负荷轴流压气机叶栅进行端壁造型设计,对比了传统经验式设计与新型方法的造型效果优劣。此外,运用相关性分析、自适应神经网络对端壁造型数据库进行数据挖掘,以期获得适用于典型高负荷压气机端区流场的流动控制规律,为经验式端壁造型法积累了设计经验。然后,依托于压气机的端区流动特征,运用理论推导建立了一套端区流动简化模型,并在此基础上发展出用于反向设计压气机端面的全新方法,旨在避免经验式造型中由于局部壁面起伏过于剧烈导致的分离恶化现象,同时解决优化造型法的耗时问题。最后,以某高负荷带串列静子的压气机级为研究对象,进一步探讨端壁造型在串列静子中的流动控制规律与级间干涉问题。

6.1 端壁造型技术发展概况

随着压气机设计负荷的提升,端区流动问题成为压气机中的突出问题。其中角区分离则是压气机端区的主要损失源,由角区分离引发的堵塞易导致压气机通流变化,影响级间匹配及其气动稳定性。因此,近年来各国研究人员均在端区流动控制方面投入精力,期望在高负荷的设计要求下最大可能提升压气机性能。

按照已有研究可将端区流动控制技术分为主动控制与被动控制两大类。其中主动控制方案需要外界提供能源并相应地控制回路,常见方案包括端区附面层抽气、附面层吹除、复合射流技术、端区间隙控制、等离子体控制等。由于压气机端区流动随转速、节流程度不断变化,主动控制法更加易于设计配合流场变化的控制方案,从而在多种工况下提升压气机的性能。相比于主动控制方案,被动控制方案控制装置简单、成本低廉、易于实现,常见的端区流动被动控制方案包括机匣处理、端壁造型、端壁翼刀、涡流发生器等。由于没有针对压气机节流程度与转速变化的可控变量,被动控制方案对端区流场的作用效果随压气机运行工况的变化而变化,通常只能针对个别工况优化压气机的性能,并不能保证其在全工况内对压气机的作用效果。

6.1.1　端壁造型技术原理与早期研究

端壁造型是一种通过在端壁面上构造凹陷与起伏型面,从而控制近端壁流动方向与强弱的被动流动控制技术。狭义上的端壁造型如图 6-1 所示,其原理在于通过调整压力分布控制端区流动。当高速流体流过凹凸起伏的壁面时,流体的连续性迫使其在凹陷位置减速,在凸起位置加速,根据伯努利方程,流体在局部的减速与加速将致使动压下降或上升,静压因此与流动速度的平方呈反相关变化。随着端壁面的静压分布发生变化,其驱动力将对端壁附面层内低速流动产生作用,从而改变其流动方向与流速快慢。狭义的端壁造型控制流动理论与管道流动十分相似,因而其端壁要求设计为光滑端壁,以尽量减小流动损失。

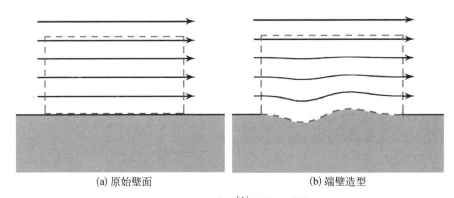

(a) 原始壁面　　　　　　　　　　　　(b) 端壁造型

图 6-1　狭义端壁造型[1]及其流动控制机理

广义的端壁造型技术则指凡依靠在端壁面造型控制端区流动损失的结构。这类端壁造型不拘泥于光滑起伏的凹凸壁面,常见的类型除狭义的端壁造型,还包括叶根-端壁造型技术[2,3]、叶根导圆技术[4]、涡流发生器[5]、端壁肋片[6]等,见图 6-2。相比于狭义的端壁造型,叶根-端壁联合造型、叶根导圆技术生成的端壁型面与狭义端壁造型特征并无显著的差别,但其作用机制并非通过端壁压力场间接控制端区流动,而是直接从三维流动的角度控制端区流动。涡流发生器依靠几何形体引发涡流结构,与端区的原生涡系相互作用,控制角区分离;端壁肋片则直接依靠几何型面阻挡端区的横向二次流动。

本节的端壁造型是指狭义端壁造型,也是最传统意义上所指的端壁造型技术。相比于图 6-2 所示的诸多端壁造型方式,这类端壁造型在针对性上有所不及,但由于其从全局流动的角度影响端壁面内的流动,型面对流动控制灵活性更突出,更具应用潜力。

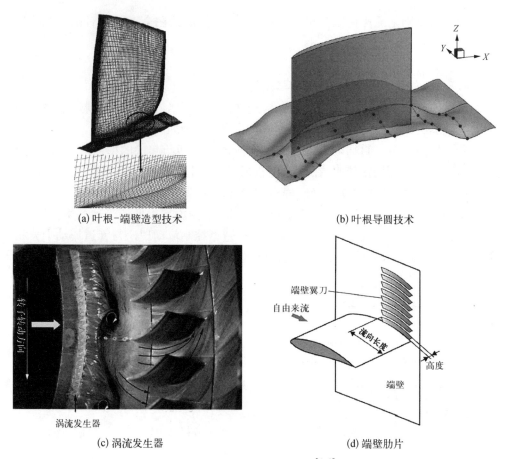

(a) 叶根-端壁造型技术

(b) 叶根导圆技术

(c) 涡流发生器

(d) 端壁肋片

图 6-2　多种端壁造型方式[1-5]

端壁造型的概念最早在涡轮中提出并应用。但由于对端区流动结构与端壁造型作用机制缺乏认识，当时的端壁造型虽有少数获得性能提升的先例[7]，但不少尝试均使流动损失增加[8,9]。除控制二次流损失以外，早期的涡轮端壁造型还被用于抑制导流叶片出口的不均匀压力场[10]。2000 年前后，涡轮端壁造型取得标志性进展：Rose、Harvey 等先后在 Durham 叶栅[11,12]与 Trent-500[13,14]高压涡轮上开展端壁造型研究，前者将二次流掺混损失减小 34%，后者则将涡轮效率提升 0.4%。由于意识到端壁造型技术的巨大潜力，该技术逐渐升温为研究热点，成为端区流动控制的主流技术之一。

为了总结近年来的端壁造型研究，图 6-3 给出了端壁造型关键技术组织图。按照不同的侧重点，有关端壁造型的研究成果无外乎造型目的、造型方法、流动控制规律三个方面。以压气机为例进行说明。端壁造型目的无疑是要提升压气机性能，但由于压气机可工作于不同的流量和转速，设计点下期待压气机效率更高，迫近边界点则更强调气动稳定性,受限于设计手段与对流场的认识,压气机在设计点与边界点性能提升的权衡是该方面的重点。造型方法则主要是指设计端壁型面的方法。正如设计压气机叶型一样,端壁造型面理论上可按无限可能变形,但为了保证其有效性,必须根据已有的气动常识将端壁造型设计为特定的形状。按照生成型面的方法,现有端壁造型技术研究可分为三大类,即经验式端壁造型、优化端壁造型与反向设计端壁造型。造型方法将在一定程度上决定端壁型面的特征。流动控制方法则代表了端壁造型对压气机流动的规律,它对于端壁造型研究的作用是双向的。一方面,端壁造型方法需要依托流动控制方法来确定具体的造型参数,另一方面,端壁造型的研究与流动机制的归纳与总结将有助于端壁造型流动控制方法的归纳。在近20年间的研究进程中,造型方法与流动控制规律两个方面的技术突破一直是研究的主题,下面将首先对造型方法进行介绍。

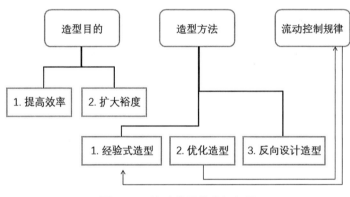

图6-3　端壁造型技术组织图

6.1.2　端壁造型方法

端壁造型方法包括经验式造型法、优化端壁造型技术与反向设计方法三种。

1. 经验式造型法

端壁造型方法中应用最早的方法是经验式造型法。经验式端壁造型起源于涡轮,属于正向设计方法,由设计者根据气动原理与经验给定端壁造型的凹凸分布规律,并借助数值计算或实验评价实际造型效果。经验式端壁造型依据的气动原理需假定流体贴壁流动,由于流场中的凸起端壁会弱化局部压力,凹陷端壁则会增大局部压力,因此经验式端壁造型需要在设计以前预判端壁面压力变化的趋向,并由此确定端壁造型的总体凹凸起伏方案。在具体生成端壁造型面的时候,常通过参数化定量规定起伏位置、幅值及造型面形状。已有研究中最常用的参数化方法包括三角函数法、傅里叶级数法、衰减函数法等,式(6-1)以三角函数法为例,给出了其典型的端面流动控制方程:

$$z(x, y) = A\cos\left[\frac{\pi}{b-a}\left(x-\frac{b-a}{2}\right)\right]^n \sin\left[\frac{\pi}{d-c}\left(y-\frac{d-c}{2}\right)\right] \quad (6-1)$$

式中的 x、y、z 坐标代表端壁展开面的横向、轴向与起伏方向坐标，式中 A 显然为全局幅值，公式中的前后两部分则分别代表型面起伏规律在横向、轴向的分布，借助各自初项、周期与正弦三角函数图形自身的凹凸分布的对应关系，即可保证在端壁面光滑的前提下以极少的参数控制型面变化。

经验式端壁造型方法设计周期短，设计所需的流动细节一般较少，因此极易融入压气机的设计之中。必须强调的一点是，确保经验式端壁造型有效提升压气机性能的前提是对端面压力变化的恰当预判，即必须依靠端壁造型经验规定造型起伏的总体趋势。在具体确定造型参数时，常借助设计-检验迭代或实验设计法在一定程度上提升其作用效果。

2. 优化端壁造型技术

优化端壁造型是与经验式端壁造型截然不同的设计方法，该方法的兴起及广泛应用与 21 世纪初计算机技术的发展关系密切。图 6-4 先给出了端壁造型优化设计的一般思路。优化设计的第一步是对端壁型面进行参数化，使用若干控制参数，结合一定的构造方法，生成凹凸起伏的端壁型面。压气机的端壁型面需借助代理模型辅助优化设计。设计循环一般包括一个内层循环与一个外层循环。在内层循环，压气机端壁造型参数与目标函数的对应关系由代理模型关联，优化算法通过代理模型计算得到内圈循环最优参数；外层循环中控制变量与目标函数的关系则依靠数值计算建立，程序按照内层循环的最优算例生成端壁造型，并通过数值计算得到与之对应的性能参数，该计算结果将用于判断计算是否收敛，并对上一轮循环所用的代理模型进行更新。优化程序即进入下一个内循环，如此反复，直至优化结果收敛。

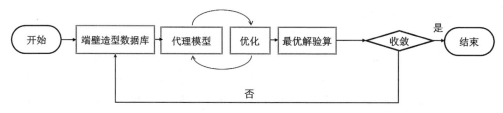

图 6-4　优化端壁造型流程图

优化设计不需要预判造型后静压分布，作为代价，优化设计法必须依赖大量的计算资源与设计周期，通过计算机预测并判断端壁造型设计方案的好坏。作为数值优化方法与端壁造型的结合，这种设计法与大多数优化问题一样，同样面临优化速度慢、无法保证全局寻优等方面的问题，算法的好坏、流程的设计与是否能取得全局最优及计算耗时有直接关系。除设计周期长以外，优化设计的另一个特点在于其强烈的针对性。好的方面而言，这将导致作为优化结果的端壁造型特别适于改善某些工况下的流动性能;但不利的一面是,造型结果有可能具有一些对别的工况下极为不利的流动因素,这一点目前并没有特别好的防范方法。另外,由于优化造型代表一定条件限制下的最优端壁造型方案,优化方法的另一个用途是用于总结端壁流动控制规律。在进行经验总结时需考虑到优化方法的针对性从而有选择地进行概括。

3. 反向设计方法

对于端壁造型设计而言,反向设计方法的出现比以上两种更晚。所谓反向设计,是指在设计前预先确定设计目标,随后依照流动模型反推造型几何的设计思路,如图 6-5 所示。与经验式方法的不同之处在于,反向设计法对型面参数的确定需要借助设计目标与流动模型定量计算得到,而非仅依靠设计经验与反复尝试决定。这就使反向设计方法在参数定量化方面具有显著的优势,且并不依赖于大量的造型经验。

图 6-5　反向设计端壁造型法一般流程

对反向设计方法起到决定性作用的是与方法关联的流动模型。该模型必须用较少的参数反映端壁流动的主要特征,并在造型参数与设计目标参数之间建立定量关联。此外,设计目标的选择与确定也非常关键,在流动模型已经确定的前提下,设计目标将与造型参数一一对应,因此设计目标给定的方式将直接决定造型结果的好坏。

反向设计法需要以更多的流动细节与流动规律为依托,因此避免了经验式设计方法依托大量设计经验与反复尝试的弊端。虽在大多数情况下效果不及优化设计法,但该方法比优化设计的周期更短。反向设计法的不足之处在于无法约束设计结果,由于端壁造型必须考虑其物面连续性、通道尺寸限制等约束,而这些因素往往在流动模型与设计目标中无法顾及,不当的求解过程易产生不满足物理限制矛盾解。

以上总结了三种端壁造型方法各自的特点。三种端壁造型方法提出时间不同,依赖的技术不同,各自的优势与常用场合也有明显差异。下面将结合各类端壁造型方法对与之相应的流动控制规律与近年压气机端壁造型的研究进展进行总结。

6.1.3　端壁造型应用研究与流动控制规律

如前文所述,经验式端壁造型法是最早应用的端壁造型方法。前文介绍的 Duham 叶栅与 Trent 500 高压涡轮端壁造型设计均为经验式端壁造型方法在涡轮中的应用范例。由于涡轮端区的主要损失源在于吸压力面压差所致的二次流现象,因此,涡轮中经验式端壁造型所依据流动控制规律在于弱化吸压力面之间的二次流强度。考虑到流场中凸起端壁会弱化局部压力,凹陷则会增大局部压力,端壁造型的总方针通常是使端壁二次流从压力面至吸力面流动时沿"下坡"减速流动。通过弱化端区二次流强度而获得性能收益。该理论为涡轮端壁造型中的经典流动控制准则,Ingram 等[15-18]在涡轮叶栅端壁上的系列研究与李国君等[19-22]在涡轮叶栅上的系列研究中均验证该原则可有效减弱端区流动损失。为表述方便起见,后文称这种弱化横向压力梯度与端区二次流的方法为"二次流抑制法"。

经验式端壁造型结合二次流抑制在涡轮中的应用得到广泛应用与肯定,该思路也被借鉴入压气机的研究中。胡淑珍曾在借助上述流动控制规律与经验式造型法设计一轴流压气机转子的端壁造型,吸压力面型面坡度由正弦函数控制,流向幅值则使用三次方余弦函数控制[23]。数值计算显示该端壁造型方案有效控制了端区二次流动强度与涡流强度,峰值效率被提升超过 0.45%。然而,相比于涡轮研究中经验式端壁造型方法的大量应用,有关压气机经验式造型方法的研究甚少,除胡淑珍的研究外鲜有公开发表的研究成果。

伴随计算机技术的发展,优化端壁造型逐渐成为在涡轮和压气机中广泛应用的端壁造型技术。由于优化造型不需要依托既有造型经验与流动控制法,故对其流动控制机制的认识往往在设计出最优端壁造型结果之后。不少优化设计结论均支持上述二次流抑制法,如吴吉昌等[24]在一高负荷压气机叶栅进行数值优化端壁造型设计,研究发现最优端壁造型的确在通道中构造了由吸力面侧至压力面侧的"上坡式"端壁,如图 6-6 所示,并依靠其对二次流动的弱化减小端区损失。刘波

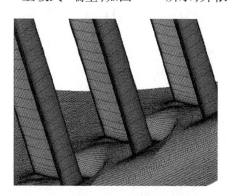

图 6-6 轴流压气机优化端壁造型结果中的"上坡式"端壁造型[24]

等[25]在 Rotor 35 中研究了轮毂端壁造型的作用。虽然研究环境为跨声速,且转子轮毂受到来流附面层倾斜的作用,其最优端壁造型的形状、最大凹陷/凸起点的位置皆与吴吉昌的研究结论十分相似,该造型结果在全功况范围内提升效率约 0.31%,压比也大致被同幅度提升。结果分析说明端壁造型使叶根端区负荷下降,这一点与吴吉昌的研究结论相符合,但分析同时指出端壁造型通过后推端区激波弱化激波-附面层干涉,从而减小端区流动损失。

此外尚有不少研究得出了与二次流抑制法控制思路相左的端壁流动控制结论。

如 Harvey 等[26,27]在压气机线性叶栅与多级轴流压气机上的研究,前者最优造型在通道中部区域形成凹陷,并于吸力面叶表形成凸起结构。经过数值模拟发现

端区横向流动在通道后区显著增强,并将分离低速区沿径向输运至较高叶展区域,如图 6-7(a)所示。减小总压损失达到 7%,并减小出口预旋角达到 1.5°。在 6 级高压压气机典型级的端壁造型优化设计发现最优造型在通道上游区域靠近吸力面局部形成显著凹陷,而在通道后区形成显著的凸起端壁面。流场分析发现端壁造型促进吸力面支马蹄涡向吸力面运动并尽早脱离端壁面,如图 6-7(b)所示,对流场的作用方式与三维叶片造型十分的相似。端区损失系数最大减小约达到 4%。

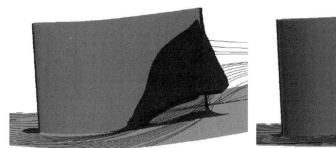

(a) 优化端壁造型对叶栅三维角区分离作用(左:造型前;右:造型后)

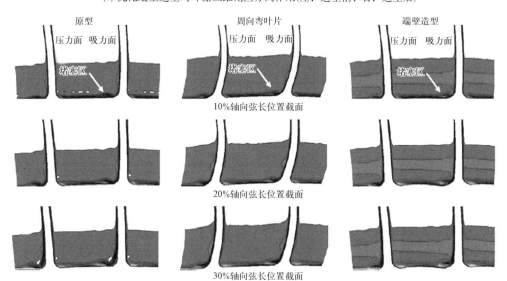

(b) 压气机中未造型、三维叶片造型、优化端壁造型对流动作用分析

图 6-7　Harvey 等优化端壁造型研究[26,27]

赵伟光等[28]在低速叶栅中的结论与 Harvey 的研究十分类似,其端壁型面起伏幅值约为全局叶高的 5%。最优端壁型面的最大凹陷点位于靠近前缘的吸力面角区外围端壁,凸起点则位于通道后区全周向,以靠近吸力面的尾缘的区域为最大突起点。研究发现优化后端壁造型使吸压力面压差明显增大,但有效抑制了原型叶栅中的角区分离现象。后期的实验亦定性验证了其造型效果。端壁造型控制损失

的关键在于其将分离低速区沿吸力面展向输运出端壁区域。

　　Reising 等[29,30]的研究在同一级压气机的转子与静子中均进行端壁造型,却在转子和静子中分析得到相反的流动控制规律。其在压气机静子中的结论与二次流抑制法不符,最优端壁凹陷区域位于压力面侧,而凸起区域位于通道中区,吸力面角区外围亦存在小幅下降的端壁,其共同作用效果使端区下游附近二次流强度增加,抑制了角区分离的发展,如图6-8(a)所示。转子中的造型形状虽与静子类似,在压力面生成下陷结构,但是数值模拟显示却因为压力梯度的横向分量下降而抑制角区分离的发展,如图6-8(b)所示。研究同时在静子端壁造型中发现了端壁造型对于稳定性的影响,由于静子轮毂端壁造型缓解了叶根区域的流动堵塞,从而使同流量下机匣端区的堵塞加重,迫使上游转子叶顶过早发生失速,必须通过在静子叶顶区域的端壁造型才可使稳定裕度得到恢复。

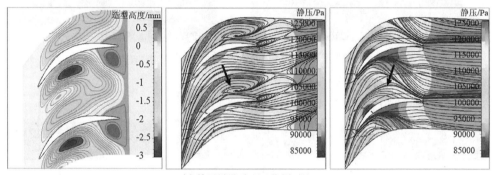

(a) 静子端壁造型及作用对比

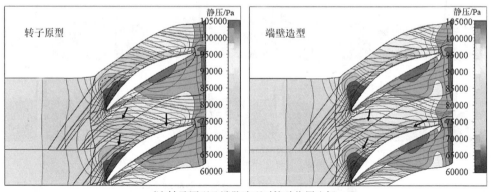

(b) 转子原型及端壁造型对流动作用分析

图6-8　Reising 等优化端壁造型设计及分析[29,30]

　　Lepot 等[31]在其研究中联合优化静子叶型与端壁造型,发现如此亦对端壁造型结果产生影响。在先后优化静子叶片与轮毂端壁造型的研究中,端壁造型的结果与 Reising 在静子中得到的研究结论一致,端壁造型均通过增强端区二次流控制角区分离损失;然而在端壁与压气机静叶同时进行端壁造型的时候却发现,最优叶型与端壁分开优化的结果不同,端壁造型对端区流动的控制与经典的二次流抑制法流动控制结论贴近。

除上述针对吸压力面压差的研究以外,Reutter 等[4]和 Dorfner 等[32,33]的研究着重探索了端壁造型对通道流动的直接影响。Dorfner 的研究在高负荷压气机叶栅中构造了称为"气动分离器"的结构,其在流场中生成一道反向旋涡,使端区横向流动在前往吸力面角区的途中提前沿端壁面发生分离,数值与实验研究均发现其抑制角区分离的积极影响,如图 6-9(a)所示。Reutter 虽针对叶片导圆结构开展优化端壁造型,但是其研究在吸力面角区外围构造下陷的端壁造型面,数值模拟中的极限流线图同样确认了端壁二次流靠近吸力面前沿壁面分离的现象,如图 6-9(b)所示。

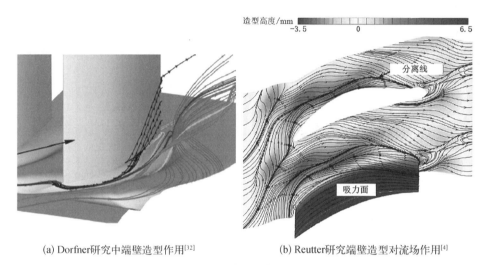

造型高度/mm　-3.5　0　6.5

(a) Dorfner研究中端壁造型作用[32]　　　　(b) Reutter研究端壁造型对流场作用[4]

图 6-9　端壁造型的气动分离作用

2015 年,Mahesh[34]的研究使用尽可能多的控制点生成端壁造型面,以期望增大端壁造型的设计自由度,造型结果在通道中部生成吸力面至压力面的上坡型端壁造型,但端壁区域同样生成了大量的"小岛"状凸起与凹陷,如图 6-10 所示。这些流动结构均为压气机的端壁面流动带来影响,使得最有利于压气机端区的端壁型面结构与流动控制方法变得难以概括与分析。

纵观上述研究,优化端壁造型是一种适应性很强的方法,在压气机中的运

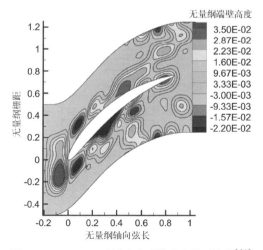

图 6-10　Mahesh 的"多岛装"端壁造型结构[34]

用可扩展至多个部位,通过与不同的技术耦合运用,从不同角度提升压气机的性能。从另一个角度,根据优化端壁造型结论分析得到的流动控制方法,可以充分地看到压气机中用端壁造型控制损失的复杂机制。经典的二次流抑制法单纯从全局角度对二次流进行控制,这一点已经不能满足压气机中的应用需要。

　　三种端壁造型方法的最后一种,反向设计法起源于最近五年在涡轮中的应用。Schobeiri 等[35]曾针对高压涡轮提出一种名为连续扩压法的端壁造型设计方法,如图 6-11 所示。该方法对端壁的设计基于连续扩压管道模型,将涡轮端区吸压力面压差与端区流动联系起来,旨在通过设计端壁造型使出自压力面角区的横向流动减速扩压并无法抵达吸力面。由此计算出端壁造型下陷的确切尺寸。该方法经验证既可避免了优化方法的耗时计算,又可避免经验式造型法中通过反复尝试决定端壁造型的盲目过程,造型结果对端区损失的控制也比普通的经验式造型结果更具优势。反向设计法尚属最新兴起的端壁造型方法,由于压气机复杂的端区流

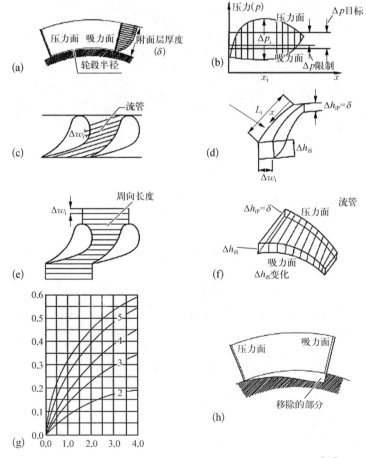

图 6-11　Schobeiri 等发展的涡轮端壁造型反向设计法[35]

动特征,该方法在压气机中的应用实例目前尚不多见。但该方法的显著优势使之极具发展潜力。

6.1.4　压气机端壁造型研究总结

根据上述有关压气机端壁造型的研究综述可以知道,从性能改进的角度,多例研究显示压气机端壁造型技术可在压气机全功况范围内提升压气机的性能,在提升设计点效率的同时,兼具调整叶高方向流动分布的功能。虽然与之对应的端壁流动控制规律尚不明确,但此特点使端壁造型技术比大多数被动流动控制法额外具有控制压气机稳定性与级间匹配的功能。这相当于增加了端壁造型流动控制的自由度,也就为端壁造型在多工况下兼容提升压气机性能创造了可能性。

从造型方法的角度,压气机端壁造型的发展主要体现在优化造型这一块,在经验式造型与反向设计造型这一领域则基本没有进展。考虑到优化造型过长的设计周期,后两种耗时较短的端壁造型技术是端壁造型技术融入压气机设计体系的必须环节。上述技术储备方面的残缺将不利于端壁造型技术在压气机中的应用,特别是在压气机设计时对端区流动控制的融入,而仅能作为一种补救措施,在多级环境下难以避免端壁造型所致的级间影响。

阻碍经验式造型方法与反向设计方法发展的原因在于对端壁流动控制方法的缺乏。根据已有的端壁造型优化设计研究结论可以发现:单从对横向端壁二次流作用机制的角度来讲,最优端壁造型流动控制法在不同的研究中、统一研究的不同部位,甚至不同组合优化方式均会有所差异。压气机流场中对于横向二次流的控制似乎并不像涡轮中一样存在宏观、有效的通用流动控制法。

压气机中流动控制的复杂性与其损失源有关。由于压气机中导致损失的主要原因并不在于二次流本身,而在于由二次流与逆压梯度联合引发的角区分离现象。角区分离的复杂结构与外部影响因素已在前文有过仔细分析,在此不予赘述,而端区横向流动只是影响角区分离的内部流动中的一部分。端壁造型在弱化横向二次流的同时,亦会引发分离局部压力梯度、涡流结构、壁面极限流动方向及强度的变化,这将影响角区分离的生成;另一方面,对于已存在的角区分离低速区域,二次流对其高损失区域(分离区与高速主流的交界区域)的作用亦会对角区分离所致的损失造成影响,这使得端区流动损失控制在压气机中成为一个多元化的复杂问题。已有的经验式端壁造型与相应的流动控制法无法顾及上述诸多因素,加之角区分离对局部流动控制规律的极度敏感性,这使得经验式端壁造型法无法有效控制角区分离损失。这说明,适用于压气机端壁造型的经验式方法必须放弃涡轮中从宏观定位到逐步调整的思路,必须寻找适用于压气机端区流动控制的方法,全局流动控制与局部流动控制并重。以全方位的端区流动控制为切入点,发展应用于压气机中的经验式端壁造型方法。借助优化造型分析有效的流动控制法的同时,其分析结论也将有助于在压气机中探索应用经验式造型与反向设计造型方法。

6.2　经验式端壁造型设计方法

6.2.1　引言

为了将端壁造型这一流动控制技术融入压气机的设计,发展可靠、适用于压气机的经验式端壁造型设计方法十分关键。在高负荷轴流压气机中,设计端壁造型的主要目的是为了抑制通道中的三维吸力面角区分离。然而,在角区分离生成与发展的过程中,端壁面对其造成影响的方式过于复杂,这要求端壁造型设计思路不能再像涡轮中一样从宏观定位到逐步调整,必须考虑多区域端壁流动的配合。

已发表的文献中有关压气机端壁造型技术的多数应用研究结论尚未取得共识。这是由于角区分离及其发展、控制的复杂性,增大了从已有研究结果中提取端壁造型通用法则的难度,因此也成为在压气机中发展经验式端壁造型技术的瓶颈。但反过来看可以发现,经验式端壁造型方法的研究绝少提出从多区域流动控制的角度设计端壁造型的算法。一般控制端壁形状的方程使用正弦或余弦函数。这样端壁造型控制流动的思路在于从全局的范围进行统一的流动控制,对于角区分离十分重要的局部流动控制却并未被顾及。因此,在寻找适用于压气机的端壁造型流动控制方法的同时,针对角区分离的特点,发展有可能在局部区域控制近端壁流动的端壁造型思路是推进端壁造型经验式设计必须顾及的问题。

针对上述问题,将围绕"适用于局部流动控制"这一思路,探索一套便于控制角区分离的端壁造型法。

6.2.2　数学基础及实现方法

1. 造型面数学模型

已发表的文献[19]提供了构造端壁造型的数学模型的典范。常用的端壁造型参数化方法如式(6-2)所示:

$$\begin{cases} x(y,z) = A(z)\sin\left[\dfrac{\alpha\pi}{d-c}\left(y - \dfrac{d-c}{2}\right)\right] \\ A(z) = \displaystyle\sum_{i=1}^{3} C_i \cos^3\left[\dfrac{\pi}{b-a}\left(z - \dfrac{b-a}{2}\right)\right] \end{cases} \tag{6-2}$$

式中,x,y,z 为叶高方向、周向及轴向坐标;A 为幅值函数;a,b,c,d 为控制端壁型面的初项与周期参数;C_i 为权重参数。

端壁造型在横向范围内的起伏由正弦函数控制,借助参数 c、d 的不同取值,可以调整端壁面的峰值、谷值在横向范围内的分布。通常使波峰与波谷分布在压力面与吸力面,这样可以最大限度地减小吸压力面横向压差,从而控制端壁横向二次流的发展。沿流向的控制则使用立方余弦函数,以横向控制参数振幅的形式出现在式(6-2)中。通过合理调整参数 a、b 及权重 C_i 的取值,可以控制最大幅值的分布位置与起伏量大小。上述控制方程原理简单且能保证型面的光滑性,但其横向范围内的壁面起伏规律 $X(y,z)$ 在全流向范围内保持一致,且函数周期、初项的调整并不能实现任意曲面的设计。

为抑制高负荷压气机的角区分离现象,必须使端壁造型具备局部流动控制的功能,实现全局与局部造型的布置。为增加端壁造型的自由度,涡轮经验式端壁造型曾借助三阶以内傅里叶级数构造吸力面至压力面端壁型面,辅助以 B 样条曲线连接形成流向端面走势[6]。该方法优点在于保证壁面光滑性,且借助函数叠加思想可灵活调控局部造型;不足之处则在于缺乏流向不同位置造型面的配合,型面控制参数亦无法与近端壁三维流动的控制建立清晰的关联性。本书发展的经验式端壁造型法亦借助了函数叠合的思想,但考虑到压气机中角区分离对于壁面流向、横向压力梯度变化敏感,新的经验式造型将在上述方法基础上进行推广:不再将流向控制与轴向控制分割开来考虑,而是从构造二维面内造型单元入手,对不同的造型单元进行叠合,逼近目标端壁造型的型面。图 6-12 给出了这种叠加方法的示意图。图 6-12 中在使用叠加方法时,不同的二维单元面实际对应着不同端壁区域的造型设计,全局端壁造型则是若干端壁造型单元的整合,即

$$X(y, z) = \sum_{i=1}^{n} C_i f_i(y, z) \qquad (6-3)$$

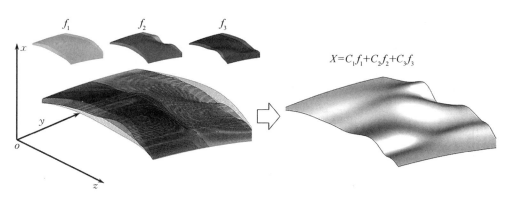

图 6-12　单元叠合法示意图

式(6-3)中求和的每一个项 $f_i(y,z)$ 均代表构成端壁造型的一个单元,该单元在端壁面的造型范围内有意义,且函数光滑、连续;C_i 为第 i 个型面控制单元的叠合权重。通过合理地调整各个单元控制参数与其叠合权重,即可实现其造型部位在位置与形式上的变动。这样生成的端壁造型继承了傅里叶级数法的优点,各单

元的光滑连续自然保证了整体端壁造型的光滑连续；从理论上说，通过组合无限多基本造型单元，该叠合方法可以得到任意形状的端壁型面。另外，结合端壁造型流动控制特点，式（6-3）中的各个单元应与二次流的强弱变化相关联。由已有的研究成果可以知道，当端壁造型面出现坡度时，压力分布会沿上坡方向减小，因此可以通过构造三类造型单元来实现端壁型面的合成。

1）全局正弦函数曲面单元

这种造型单元参考了文献[23]中构造端壁型面的思路，是传统经验式端壁造型设计中最为常用的端壁几何面控制方法，后文简称其为"全局单元"，如图6-13所示。为了方便表述，图6-13将常规的压气机通道 $\theta-z$ 端壁面映射至 1×1 标准空间，设 x、y、z 分别代表压气机通道的径向、横向和流向；$z=0$、$z=1$ 代表前、尾缘线，$y=0$、$y=1$ 则代表吸力面和压力面，则该造型单元的控制方程可以表达为

$$f(y, z) = A(z)F(y) = \cos[\pi(z-0.5)]\sin[-\pi(y-0.5)] \qquad (6-4)$$

显然，流向控制函数 $A(z) = \cos[\pi(z-0.5)]$ 扮演了横向控制函数 $F(y) = \sin[-\pi(y-0.5)]$ 的振幅的角色，造型起伏最大位置位于 $z=0.5$ 处。轴截面控制曲线一律按照正弦函数 $F(y)$ 进行设计。为了进一步光顺造型曲面，在实际构造这一单元时，取轴向位置 $C_a = \{0, 0.3, 0.5, 0.7, 1.0\}$ 五个典型轴截面（图6-13中的半透明截面，截面0.0至截面1.0），按照式（6-4）生成这些轴截面内的正弦型面曲线，而后沿轴向使用 Bezier 拟合法构造编织曲面。

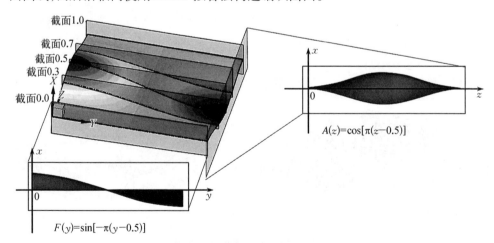

图6-13　正弦函数曲面单元构成示意图

该曲面单元映射至轴流压气机端壁后，将以 $0.5C_a$（轴向弦长位置）为中心使通道吸力面侧下陷、压力面侧上浮。根据端面起伏与压差变化对应关系，端区吸力面侧流向压力梯度将由前缘至中部增大再至尾缘下降，压力面侧压力梯度变化趋势与之相反，吸压力面横向压差减小。

2) 压差正弦函数曲面单元

第二种曲面单元的构造方法参考了李国君等[19-22]在涡轮中的研究成果,后文以"压差单元"简称。压差单元与全局单元的区别在于不使用幅值函数 $A(z)=\cos[\pi(z-0.5)]$ 将最大型面起伏位置置于通道中部,而是使用吸压力面压差拟合幅值函数,在吸压力面压差越大的位置,构造越大的横向起伏量,如图 6-14 所示。

$$f(y, z) = A(z)F(y) = fit(\Delta p, z) \cdot \sin[-\pi(y-0.5)] \qquad (6-5)$$

式中,p 为静压,PS 和 SS 分别表示叶片压力面和吸力面。$A(z)=fit(\Delta p)$,即按照吸压力面的无量纲静压差拟合的分布函数,$\Delta p \in [-1, 1]$。在实际构造这一单元时,与之前对全局正弦函数曲面单元的处理方法类似,取 11 个典型轴位置 $C_a = \{0, 0.1, 0.2, \cdots, 1.0\}$ 上的截面曲线,如图 6-14 所示。用 Beizier 拟合构造编制曲面,以保证生成曲面的光滑性。

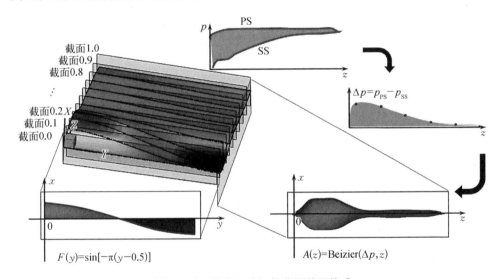

图 6-14　压差正弦函数曲面单元构成

根据李国君等[19-22]在涡轮中的造型研究得知,由于端壁二次流源于吸压力面压差,应用压差分布控制端壁造型起伏量可有效地控制端壁二次流及其引发的耗散损失。该曲面单元比全局单元用到了更多的流场信息,实际应用压差单元时亦会沿端面下陷、上升方向引发流向压力梯度增强与减弱,吸力面侧及压力面侧的流向压力梯度则随压差值分布相应变化。

3) 局部流动控制曲面单元

这种曲面单元是为了便于在多区域控制角区分离特别提出的一种曲面单元,后文简称为"局部单元",如图 6-15 所示。造型的流向起止位置 z_1、z_2,横向起止位置 y_1、y_2 均需给定。

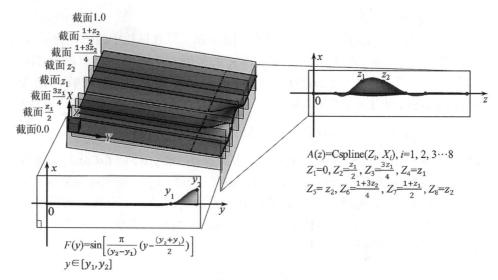

$$A(z)=\text{Cspline}(Z_i, X_i), i=1, 2, 3\cdots 8$$
$$Z_1=0, Z_2=\frac{z_1}{2}, Z_3=\frac{3z_1}{4}, Z_4=z_1$$
$$Z_5=z_2, Z_6=\frac{1+3z_2}{4}, Z_7=\frac{1+z_1}{2}, Z_8=z_2$$

$$F(y)=\sin\left[\frac{\pi}{(y_2-y_1)}\left(y-\frac{(y_2+y_1)}{2}\right)\right]$$
$$y\in[y_1, y_2]$$

图 6－15　局部流动控制曲面单元构成

局部造型法的曲面的控制方程是

$$f(y, z) = F(y, y_1, y_2)A(z, z_1, z_2) \tag{6-6}$$

其中，

$$A(z, z_1, z_2) = \text{Cspline}(Z_i, X_i)$$

$$\{Z_i, X_i\} = \left\{(0, 0), \left(\frac{z_1}{2}, 0\right), \left(\frac{3z_1}{4}, 0\right), (z_1, 1), (z_2, 1), \right.$$
$$\left.\left(\frac{1+3z_2}{4}, 0\right), \left(\frac{1+z_2}{2}, 0\right), (1, 0)\right\}$$

$$F(y, y_1, y_2) = \begin{cases} \mp 1 + k, y < y_1 \\ \sin\left[\pm\dfrac{\pi}{y_2-y_1}\left(y-\dfrac{y_1+y_2}{2}\right)\right] + k, y_1 < y < y_2 \\ \pm 1 + k, y > y_2 \end{cases}$$

$$k = \left\{k \left| \int_{y_1}^{y_2} F(y, y_1, y_2) = 0\right.\right\}$$

A 是由集合 $\{Z_i, X_i\}$ 经样条拟合生成的幅值函数，k 为调零因子，为了使 $F(y)$ 在横向 $y=[0, 1]$ 上积分为 0，从而保证通道截面积不发生变化。特别说明的是 $F(y)$ 表达式中"±"对应于不同的局部变化，取"+"时，$[y_1, y_2]$ 内端壁面向 x 轴正向翘曲,构成"上坡",取"−"时反之。显然,局部流动控制曲面单元在构造横向坡度的同时也会伴随造成流向坡度,根据端区流动与压强关系,当$\{(z,y)\mid z\in[z_1,z_2]$且$y\in[y_1,y_2]\}$区域下陷时,由外至内压力梯度增强,对应方向的端区流动在局部被抑制;反之压力梯度下降,对应方向流动在局部被强化。局部流动控制单元的流动控制方法十分灵活,可通过调节参数在不同位置生成增强/弱化端壁二次流的端壁造型面,图6−16给出了几种不同取值的$\{z_1,z_2,y_1,y_2\}$对应的造型面单元。

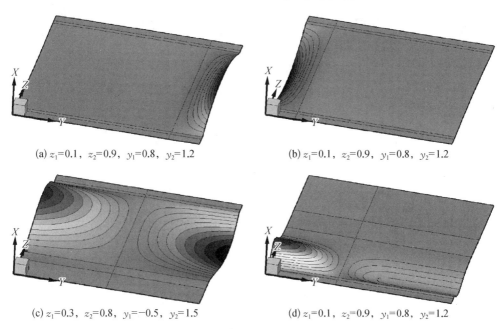

(a) $z_1=0.1$, $z_2=0.9$, $y_1=0.8$, $y_2=1.2$　　　(b) $z_1=0.1$, $z_2=0.9$, $y_1=0.8$, $y_2=1.2$

(c) $z_1=0.3$, $z_2=0.8$, $y_1=-0.5$, $y_2=1.5$　　　(d) $z_1=0.1$, $z_2=0.9$, $y_1=0.8$, $y_2=1.2$

图6−16　不同参数的局部流动控制单元

2. 造型方法的物理意义

上述的三种端壁造型单元按照式(6−3)进行组合,即可得到在标准造型区间内的端壁造型面。由于端壁造型依靠轴流压气机中端壁面走势的变化控制二次流,且上述各造型单元均具备沿流向、横向强化或弱化端区流动的功能,因此依照式(6−3)对各个造型单元进行组合的物理意义在于将各个造型单元内不同功能的流动控制进行叠加,使得到的最终端壁造型结果具有对端壁二次流动的综合控制效果。如果端壁造型方案含有n个曲面单元f_1至f_n,则按照式(6−7),可生成曲面:

$$X = C_1 f_1 + C_2 f_2 + C_3 f_3 + \cdots + C_n f_n \qquad (6-7)$$

式中,C_i分配代表了最终造型结果中对于各种流动控制方法的不同侧重。图6−17以标准造型空间中全局正弦函数曲面单元和局部流动控制曲面单元叠合为例对权重的影响进行说明。根据前文全局单元和局部单元的定义方式,前者可在全局范围内抑制横向二次流动,在吸力面侧上游及压力面侧下游抑制流向运动、在吸力面侧下游及压力面侧上游加速流向运动;后者的意图则是在靠近吸力面角区的局部区域促进横向流动,在凸起壁面上游沿流向加速端区流动,在其下游沿流向减速端区流动。

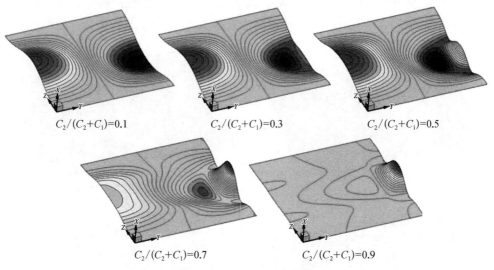

$C_2/(C_2+C_1)=0.1$　　　　$C_2/(C_2+C_1)=0.3$　　　　$C_2/(C_2+C_1)=0.5$

$C_2/(C_2+C_1)=0.7$　　　　$C_2/(C_2+C_1)=0.9$

图 6 - 17　权重系数对造型影响

由图 6-17 可知:调整叠合权重 C_i 所引发的变动是十分显著的。当 $C_2/(C_2+C_1)$ 由 0.1 变化到 0.9 时,整个端壁面上的曲面起伏逐渐弱化,吸力面角区局部造型越发突出。虽然上述两种端壁型面单元的线性叠合并不严格对应于其流动控制意图的线性组合,但由最终得到的端壁面型面特征可以知道在吸力面角区局部端壁造型对于横向及流向运动的影响随 C_2/C_1 增加而逐渐增大。

3. 造型面的生成

按照式(6-7)组合不同的曲面单元并生成了定义在标准空间 $\{(x,y,z) \mid x\in[-1,1], y\in[0,1], z\in[0,1]\}$ 内的非轴对称端壁造型之后,下一个问题就是如何将其应用于压气机中。这里参考了 Nagel 等[36] 在涡轮中采用的方法,借助空间对应关系将标准端壁造型面直接映射至轴流压气机的三维端壁区域。

如图 6-18 所示的轮毂端壁造型,设压气机端壁区坐标系为 (r', θ', z')。令压气机端壁的前缘、尾缘额线分别与标准造型空间的 $z=0$、$z=1$ 相对应,构成通道的相邻叶片吸、压力面则与 $y=0$、$y=1$ 相对应。若造型面起伏量已经给定为 $\pm A$ 以内,则实际压气机中的端壁造型面与标准造型区间内的型面坐标应存在下面的映射关系:

$$\begin{cases} r' = x(r'_A - r'_0) + r'_0 \\ z' = z(z'_{TE} - z'_{LE}) + z'_{LE} \\ \theta' = y(\theta'_{SS} - \theta'_{PS}) + \theta'_{PS} \end{cases} \quad (6-8)$$

式中, r'_A、 r'_0 为最高起伏量 A 与未造型时端壁面所处的半径位置; z'_{LE}、 z'_{TE} 为前缘额线与尾缘额线的轴向坐标; θ'_{PS}、 θ'_{SS} 为压力面与吸力面的周向角度坐标。

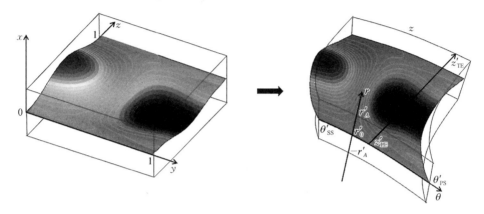

图 6-18　空间映射示意图

上述六个变量完全由轴流压气机的几何参数确定。由于通道型线随轴坐标 z' 变化,故 r'_A 与 r'_0 均为 z' 的函数;同理,由于叶片带有扭转,其前尾缘 z'_{LE} 与 z'_{TE} 是 r' 的函数;吸压力面的角向坐标 θ'_{PS}、 θ'_{SS} 则为 r' 与 z' 的函数。求解 (r', θ', z') 坐标时,须优先联立求解 r'、 z',之后代入角向坐标的方程中求出 θ'。这样就可实现从标准造型区间到实际压气机柱面坐标内的映射。

6.2.3　经验式端壁造型软件

为实现 6.2.2 节介绍的叠层造型法,借助微软集成化平台"Windows Visual Studio 2010"开发了非轴对称端壁造型软件 PEW。该软件的主要功能是用经验式方法对给定几何结构的轴流压气机或叶栅进行非轴对称端壁设计。PEW 带有对压气机或叶栅进行端壁造型的功能,具有图形界面,也支持通过编制脚本的方法直接调用软件的后台程序,因此可以根据需要直接在图形界面上进行端壁造型或将其应用于第三方的程序之中。

图 6-19 给出了应用 PEW 的图形界面进行端壁造型的主要流程及软件运行界面。程序由三个基本模块组成,按照其运行顺序分别是工程目录、压气机拟合模块、端壁造型模块。其中拟合模块需要输入压气机端壁与叶型信息,造型模块则主要用于规定造型叠层数量、造型单元类型、造型参数及权重系数,并最终向 CAD 软件输出端壁型面。

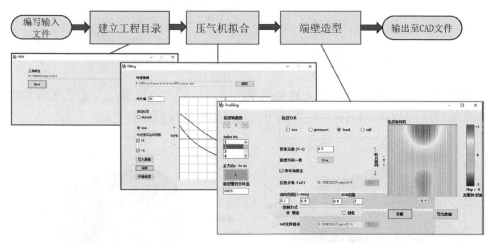

图 6-19　PEW 运行流程及示意图

6.2.4　端壁造型设计实例及效果评估

为评估本章发展的经验式端壁造型方法,本节将借助 PEW 对一线性压气机叶栅进行端壁造型设计,用数值方法分析其流场、性能变化,并对其参数设置问题进行探讨。

1. 研究对象与数值计算方法

研究对象是一大尺度高负荷低速压气机线性叶栅。Akcayoz 等[37]已经在该叶栅上开展过详细的实验研究,获得了有关总/静压、气流角度、端壁面油流图线在内的一系列实验数据。这为接下来要进行的数值验证与研究提供了可靠的研究基础。

图 6-20 给出了叶栅的基元示意图,表 6-1 列出了其主要设计参数。叶栅基元采用圆弧叶型:设计弯角为 50°,扩散系数达到约 0.5。图 6-21 给出了张燕峰在带附面层低速来流下的油流实验结果,根据绪论中有关角区分离拓扑的讨论,该线性叶栅的吸力面角区在设计攻角下($i = -1°$)会出现大面积第二类闭式角区分离,张燕峰认为分离拓扑为高负荷压气机中的典型模式,其成因主要与端壁附面层以及在吸压力面巨大压差作用下的横向二次流相关。选取该压气机叶栅为研究对象,一方面考虑到了其详尽的流场实验基础,这将提供详尽的校准数据从而提升数值计算的可靠性;另一方面,也是最重要的一点,相比于一般压气机,该叶栅的叶型沿展向均匀,进口气流无畸变,且无间隙泄漏流动现象,因此可以保

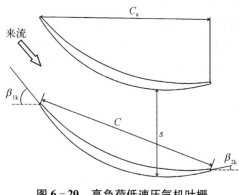

图 6-20　高负荷低速压气机叶栅

证研究结论避开上述诸多复杂现象的干涉,仅针对角区分离现象的控制,这在一定程度上反而更具有普遍意义。结合其流场特征,由于叶栅流场中无离心力与科氏力,且无附面层倾斜,该实验结论可直接比拟于压气机静子叶尖部位的理想端壁流动状况;与实际流动不同之处在于其忽略了沿叶展方向的负荷与攻角不均匀性。

表 6-1　主要设计参数

参　数	数　值
叶高,span	0.2 m
轴向弦长,C_a	0.107 m
稠度,C/s	2.14
前缘几何角,β_{1k}	52°
尾缘几何角,β_{2k}	12°
安装角,γ	20.5°
扩散因子,DF	0.5

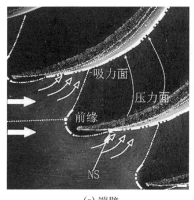
(a) 端壁

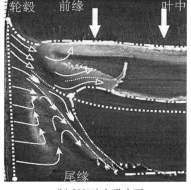
(b) 50%叶高吸力面

图 6-21　设计攻角下三维角区分离的油流实验结果

图 6-22 给出了计算使用的网格及节点分布。该网格由商用软件 AutoGrid5 生成,由于采用周期性假设与对称假设,仅对单通道的端壁至 50%叶高区域生成结构化网格,作为本研究的计算域。网格的进、出口段均使用 H 型网格,由前缘向上游延伸至 1.2 倍轴向弦长位置作为计算域进口,该位置与实验时进口测量站的位置保持一致;出口由尾缘向下游延伸至 2 倍轴向弦长位置,以此保证计算时出口气流的充分掺混,使计算结果易于收敛。为保证网格质量,在基元平面内网格采用"O4H"拓扑,并在环叶区域加密,全局网格数量约 154 万,壁面与叶表的平均 y^+ 小于 1。

计算域进口边界沿径向给定均匀攻角及速度分布,速度分布与湍流强度依据实验测量的结果给定,进口附面层厚度约占到 12.5%叶高;出口给定均匀大气压

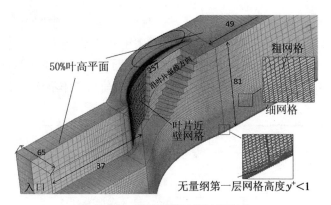

图 6-22　单通道半叶高计算网格

力。该叶栅设计攻角为-1°,根据文献[38]中提到的失速判据,叶栅约在 $i = +7°$时发生角区失速现象。计算域的求解借助了商用代码 EURANUS。使用 RANS 方法求解 N-S 方程,涡黏性系数的估算使用 $k-\omega$ Wilcox 湍流模型。空间离散采用有限体积法并选取 Jameson 的二阶格心格式;时间推进则使用了四步四阶龙格-库塔格式。数值计算以全局残差下降至 10^{-6} 作为收敛标准。在改变叶栅进口攻角时,上述计算方法在全工况内收敛性良好,未出现显著的数值波动。计算还采用了多重网格法与局部时间步长法以加速收敛。

2. 数值方法的精度验证

图 6-23 对比了数值计算与实验下展向损失与出口气流角的分布,其中损失定义是

$$Loss = \frac{pt - pt_{in, m}}{pt_{in, m} - p_{in, m}} \qquad (6-9)$$

式(6-9)对总压损失的定义以叶中进口的流动状况作为基准,分母为叶展中部的进口动压,分子则为出口总压与基准总压的差值;下标 m 表示叶展中部的参数。根据该损失系数的定义方式可以知道,高损失分布的区域应分布有大量的低能流体。图 6-23 中的气流角定义为气流方向与轴线方向的夹角。由于叶栅为去预旋设计,符合设计状态下的出口气流角应为 0°,因此图中出口气流角为正值代表欠偏转,负值代表过偏转。曲线图的纵坐标为叶根至叶中的无量纲叶高,图 6-23 中黑色曲线与实心矩形分别代表设计工况($i = -1°$)下的数值结果与实验结果,标记为原型 1。相比于实验结果,数值计算得到的总压损失系数在全叶高范围内过预估了损失与气流角,但对其分布趋势计算十分准确:端区 10% 叶高以内的"S"型凹凸位置与实验几乎一致,说明计算准确地反映了端壁二次流动与角区分离的相互作用;进口气流角的欠偏转峰值的准确定位则反映出了预测得到的低能流体的堆积位置与实验接近。除设计点流动以外,图中额外给出了进口边界层厚度在

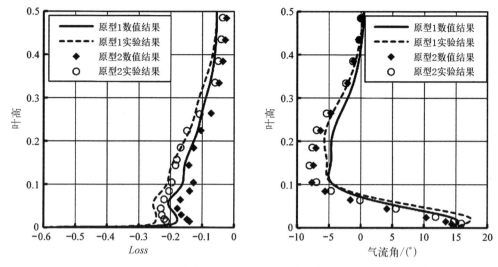

图 6 - 23　尾缘下游 0.4C_a 平均损失系数($Loss$)与气流角的径向分布

22.5%叶高时损失与气流角的数值结果,标记为原型 2。当进口附面层增厚时,端区损失出现显著扩展,欠偏转峰值略向高叶展区域提升;损失和气流角的计算值与实验值存在数量上的差异,但其相对于设计工况下的变化与实验值的变化相比十分吻合。这证明本书所用的 CFD 方法在叶栅分离区域发生变化时,可以准确地捕获到分离的变化及其对于总性能带来的影响。

图 6 - 24 给出了数值模拟得到的壁面流动。对比图 6 - 21 可以知道数值模拟对于端壁流动的预测十分准确。计算得到的叶片角区分离起始点(NS)几乎与实验结果处于同一个轴向位置,下游方向的分离区域也只是比实验略有增大;由于采用全湍流假设,吸力面并未预测得到发起自 0.2C_a 的转捩分离泡,但对于端壁至 10%叶高以下的二次流爬升、反流以至于在 10%叶高附近的低速流动汇聚现象,数值计算得到的结果几乎与实验结果一致。必须明确的一点是,叶栅转捩现象对于低雷诺数下的叶栅二维分离现象非常重要,且会在很大限度上影响其性能。忽略转捩现象,使得尾缘附近的二维流动分离起始位置由 0.95C_a 提前至 0.85C_a,与二维分离融为一体的吸力面三维分离区在轴向与展向范围上也比实验中考虑转捩的情况下有所增大,这解释了计算在全叶高范围内过预估损失与气流角的原因。然而,本节的研究目的在于探讨端壁流动与三维分离对叶栅性能的影响。对三维分离的生成、发展而言,起到决定作用的是端壁、叶根区二次流及压力分布,并非转捩现象[43]。由上述数值与实验的对比结果可以知道,数值计算十分准确地预测出了端壁面的二次流动,虽然对损失的计算存在定量误差,但其对三维分离在近端区的流动轨迹、损失随分离发展而增长的程度的计算结果与实验保持一致。考虑到本节的研究实际上更加注重个体之间损失的相对变化,而非其绝对数值,因此认为由

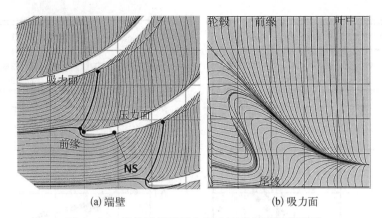

(a) 端壁　　　　　　　　　　　　　　　(b) 吸力面

图 6 - 24   数值模拟端壁与吸力面的壁面极限流动

全湍流假设所致的计算偏差作为全局研究的共同基准而不会对结论产生影响。

考虑到基元面的网格密度曾在以往的计算中得到过验证[38]，且在本例中充分证实了基元面内数值方法对流动预测的准确性，网格无关性的研究通过加密叶高方向的网格来进行。图 6 - 25 给出了具体的加密方法，其中节点数总量约为 150 万的 G2 网格是当前计算中使用的网格，该网格在 G1 基础上于叶根附近径向加密，进一步沿全叶高方向加密网格得到 G3 网格。表 6 - 2 列出了各组网格数值计算总性能随网格加密的变化情况，其中 $Loss_{out}$ 为全局总压损失，定义为

$$Loss_{out} = \frac{pt_{in} - pt_{out}}{(pt - p)_{in}} \qquad (6 - 10)$$

表 6 - 2 中 Vo 代表尾缘截面的平均流向涡量，ske 则是参考了文献[30]，定义为尾缘截面的二次流强度。表中 G2 与 G3 之后的一列各自代表网格加密后各性能参数的相对变化。图 6 - 26 给出了与 Vo 与 ske 对应的尾缘位置流向涡与二次流强度云图分布。结合数值计算结果可以知道，当网格密度由 G2 加密至 G3 时，网格密度将不再对计算结果产生显著影响。由于 G2 网格的计算精度已经得到验证，这说明本节的 CFD 结果随网格加密、离散误差减小将逐渐收敛至与实验结果接近的程度，且在网格数量为 G2 时已经具有网格密度无关性。

表 6 - 2   总性能网格无关性验证

性能参数	设计点($i=-1°$)					近失速点($i=7°$)				
	G1	G2	$\frac{F_{G2}-F_{G1}}{F_{G1}}$	G3	$\frac{F_{G3}-F_{G2}}{F_{G2}}$	G1	G2	$\frac{F_{G2}-F_{G1}}{F_{G1}}$	G3	$\frac{F_{G3}-F_{G2}}{F_{G2}}$
$Loss_{out}$	0.096 4	0.091 5	5.1%	0.091 5	0.0%	0.169 9	0.162 4	−4.4%	0.161 5	−0.55%
ske	1.761 9	1.823 2	3.5%	1.817 4	−0.33%	1.791 0	1.592 0	−11.1%	1.589 0	−0.02%
Vo	125.10	131.19	4.9%	130.83	−0.31%	115.31	113.38	−1.7%	113.77	0.35%

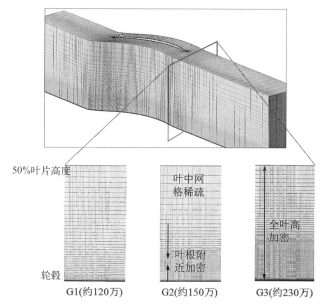

50%叶片高度

叶中网格稀疏

全叶高加密

轮毂

叶根附近加密

G1(约120万)　　　G2(约150万)　　　G3(约230万)

图 6 - 25　网格无关性验证加密方式

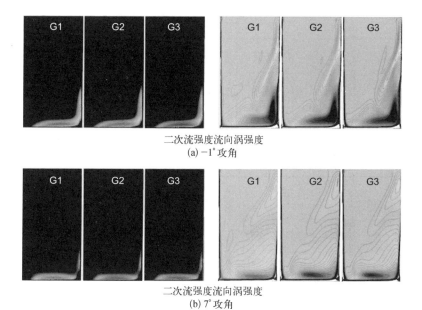

二次流强度　流向涡强度
(a) −1°攻角

二次流强度　流向涡强度
(b) 7°攻角

图 6 - 26　尾缘截面二次流强度与流向涡量分布云图

3. 端壁造型效果评价

本节用借助造型软件 PEW,应用叠层法设计了 3 组不同的端壁造型方案,并借助数值计算分析其改善叶栅流动的效果。表 6 - 3 给出了各组端壁造型方案的主要造型参数,其中第一例造型与文献[19]、[20]中的端壁造型方法类似,单纯使用了正弦单元控制造型面,代表经典的正弦造型法的设计思路,命名为造型2.1;第二例与第三例均采用了正弦造型单元+局部造型单元的方法构成端壁造型,其设计思路综合参考了文献[26]、[29]中的结论,在全局范围内抑制横向二次流,同时于吸力面尾缘附近的角区增强端壁横向流动、增强其沿径向输运低能流体的能力。二者的不同之处在于正弦造型单元与局部造型单元的权重系数,第二例造型的局部流动控制单元权重更大,意味着比第三例更加倾向于在吸力面角区局部增强二次流的作用。第二例、第三例分别命名为造型2.2、造型2.3以示区别。运行造型软件PEW.exe,将造型参数输入后即可得到对应的端壁造型几何。图6-27分别给出了三例端壁造型在标准造型区间内的预览,以及在压气机叶栅中的三维示意图,图中无量纲参数$\bar{H}$表示端壁造型高度与叶高的比值。

表6-3 端壁造型参数

造　型	造型单元层数	造型单元参数			型面起伏量（叶高）
		类　型	权　值	造型思路	
造型2.1	1	正弦造型	1		2.5%
造型2.2	2	正弦造型	0.5		2.5%
		局部造型	0.5		
造型2.3	2	正弦造型	0.33		2.5%
		局部造型	0.67		

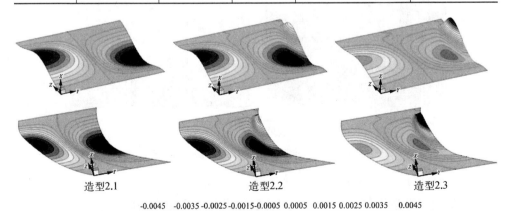

造型2.1　　　　　造型2.2　　　　　造型2.3

-0.0045　-0.0035 -0.0025 -0.0015 -0.0005 0.0005 0.0015 0.0025 0.0035　0.0045

$\bar{H}$

图6-27 标准造型单元与端壁造型面预览

使用6.2.4.1 小节介绍的数值方法进行计算,即可得到压气机叶栅在端壁造型作用下的总性能与流场。图6-28 给出了原型与三类端壁造型的全局总压损失 $Loss_{out}$ 随进气攻角变化规律,其进口附面层厚度保持为12.5%,设计点进气攻角 $i=-1°$。相比于造型2.1,造型2.2 与造型2.3 均在设计点改善了压气机叶栅的性能。造型2.2 改进量很小,造型2.3 使全局损失下降约0.13%;按照经典的正弦法端壁造型反而使设计点损失略有增大。随攻角增大,端壁造型对叶栅性能的改善作用逐渐丧失,但三个造型方案的气动收益排序基本不变;当攻角超过+3°时,包括造型2.3 在内的三个端壁造型方案均使损失上升。

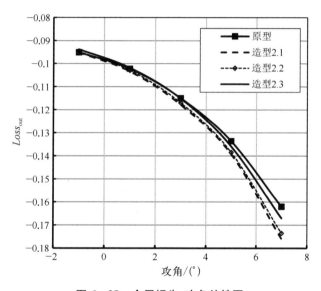

图6-28 全局损失-攻角特性图

与总性能对应,图6-29 给出了尾缘下游40%轴向弦长位置的损失系数与气流角分布曲线。在设计点[图6-29(a)显示],三例端壁造型均在5%叶高位置减小了损失,这说明三类端壁造型对于5%叶高处的低能流体聚集的抑制程度大致相当;其区别主要在于8%~15%叶高,造型2.1、造型2.2 损失比原型偏大,造型2.3 损失系数大致与原型相当。虽然出口气流角并未在8%~15%叶高显示出明显不同;但在靠近轮毂区域,原型的过偏转现象比造型后更加强烈,这说明三类端壁造型均弱化了近端壁区的二次流。注意这里的现象:减少损失最多的造型2.3 却并未对应地将过偏转减小至最小,使损失增加的造型2.1 反而最好地控制了端区横向流动。随来流攻角逐渐增大,5%叶高位置端壁造型带来的收益逐渐下降,但在8%~15%叶高端壁造型方案相比于原型压气机的损失增量越发显著。当来流攻角大于3°时,端壁造型不再能够显著影响5%叶高处的损失分布,且该现象持续至近失速点;在8%~15%叶高内,端壁造型加剧损失的程度则随攻角显著增大。在

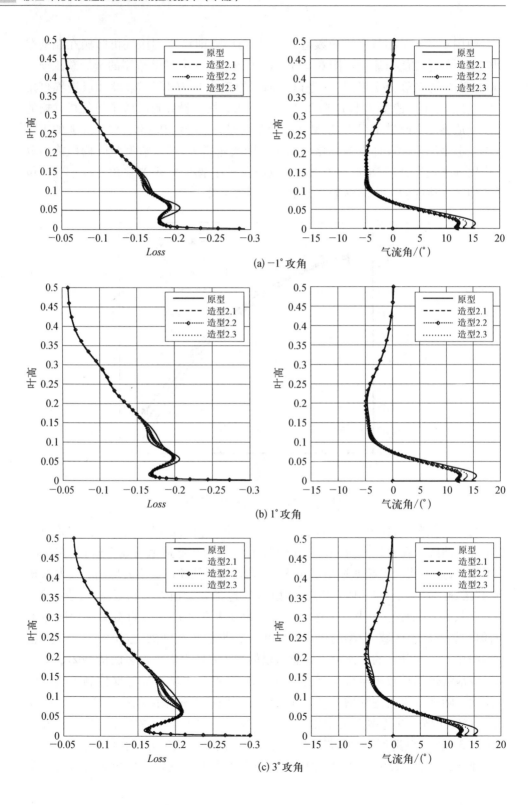

(a) -1°攻角

(b) 1°攻角

(c) 3°攻角

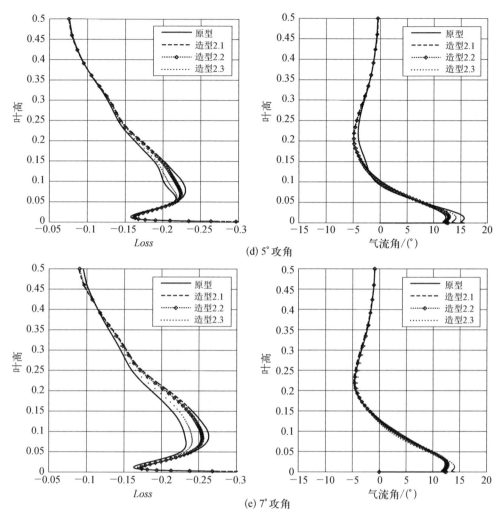

图 6-29　周向平均损失系数(*Loss*)与出口气流角分布(尾缘下游 0.4C_a)

攻角变化的全过程中叶栅出口气流角的变动不显著。

由此可以知道,端壁造型对叶栅性能的影响主要分布在两个区域:① 距端壁 5%叶高内,端壁造型对低能区的抑制作用是其减小叶栅损失的关键,各端壁造型差异不大,且这一气动收益随攻角增大而逐渐消失;② 距端壁 8%~15%叶高则在不同程度上增大损失,造成各端壁造型方案的差异,该处损失随攻角增高,导致大攻角时端壁造型叶栅性能显著下降。因此,端壁造型必然在通道内流场引发了某种影响力而使得聚集于尾缘下游 0.4C_a 处的低速流动显著不同,且由这种影响力引发的损失抑制现象对二次横向流动的抑制效果完全对应。有必要借助三维流场对于该现象做出进一步解释。

图 6-30 特别给出了端壁造型在设计点的近端壁区三维流场,图中白色透明

区域为 $V_z = 0.2V_{mid}$（V_{mid} 为入口截面 50% 叶高位置处来流速度）的等值面，用来指示角区分离的发展；云图显示尾缘轴截面内的 μ_t/μ（流体的湍流黏度与动力黏度的比值），其数值越大代表当地由分离导致的剪切损失越强；图 6 – 30 中彩色曲线为近端壁区域三维流线，颜色表示其速度大小。在端壁面及叶片表面绘出静压系数 C_p 云图，C_p 定义为

$$C_p = \frac{p - p_{in}}{(pt_{in} - p_{in})} \qquad (6-11)$$

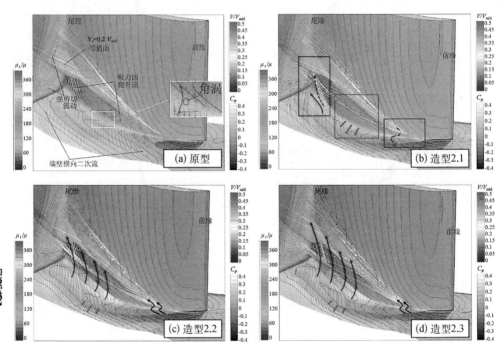

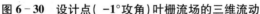

图 6 – 30　设计点（ –1° 攻角）叶栅流场的三维流动

首先分析设计点。相比于未进行端壁造型时的情况，造型 2.1 对端区流动的影响与预期结果定性相符。该造型使端壁面横向流动的趋势显著弱化，端区流场发生变化的位置主要体现在三个部位。

其一是在距前缘 $0.2C_a$ 至 $0.4C_a$ 附近的吸力面角区 [图 6 – 30(b) 中最右侧黑色线框内]，根据流线显示此处恰为角区分离开始的位置。静压系数云图说明端壁造型在吸力面的下陷使得角区逆压力梯度显著增大，因此逆流现象加剧，角区靠近叶根聚集处有更多的低能流体，这一方面将增加局部的剪切损失，另一方面将促进角区分离的发展。

其二，在中弦至后弦的吸力面角区（位于通道中部红色线框内），吸力面的爬升二次流强度弱化，在更加外围的区域端壁横向流动趋势减弱（如红色箭头所

示），这一点是由吸力面的下陷导致的。稍外围区域横向流动趋势减弱将有可能抑制低能流动向吸力面聚集，因此有利于抑制损失。

其三，在靠近吸力面尾缘的位置（左侧蓝色线框内），由端区压力系数等值线密度可以知道此处流向压力梯度比原型显著减轻，这一点由吸力面角区局部的端面上升所致。该作用使端区流动（实线蓝色箭头所示）及其碰撞吸力面后的爬升运动（虚线蓝色箭头所示）的流向动量均有所增强。根据尾缘截面的 μ_t/μ 云图可以知道，端区附面层内流向动量增加一方面可弱化其与主流的剪切作用，另一方面，爬升流动的流向动量增加使之与吸力面分离低速区掺混后的流向动量增加，因此这种"预掺混"作用减小了分离区与主流发生掺混时的剪切作用，有利于控制损失。

图 6-29 中端壁造型 2.1 于 5% 叶高以内的损失下降与 8%~15% 叶高的损失增加是由上述三种作用综合导致的。值得注意的是尾缘低能流动与上游的关联性，根据流线图，尾缘截面较低叶展区域的低能流动与叶栅后半通道的角区二次流有关，高叶展处的低能流动则来自上游角区分离起始时沿吸力面的爬升流动，而造型 2.1 在此使分离损失加剧。这说明图 6-29 中端壁造型 2.1 使低叶展区损失系数减小归功于后半通道角区对端壁二次流的削弱和在尾缘局部对流向运动的促进，高叶展损失系数增加的主要原因是其在分离起始位置对流场的恶化。相比之下，造型 2.2、2.3 两例端壁受到叠层的影响，在吸力面下陷程度均比造型 2.1 减轻。在前缘 $0.2C_a$ 至 $0.4C_a$ 附近的吸力面角区，压力系数等值线的疏密变化提示吸力面角区逆压力梯度比造型 2.1 弱化，这使得造型 2.2 与 2.3 引发的局部逆流比造型 2.1 减轻（如黑色箭头所示），因此发展到尾缘高叶展位置的低速流动堆积也有显著的减轻。同样受到叠层影响的是吸力面中弦至尾缘的角区，尽管近吸力面角区附近的端面凸起，使得端壁对横向二次流的弱化比造型 2.1 不足，因此不利于控制角区分离，但局部单元的存在同样使端区流动，特别是吸力面尾缘附近的爬升流动明显加速且向下游扫略（如蓝色箭头所示），与文献[19]、[20]中最优端壁的流动控制结论相一致。这股爬升的二次流一方面将角涡中低速流动消除，更主要的是这将强化前文提到的二次流与角区低能流动的"预掺混"效果，故而在此处比造型 2.1 更有优势，从尾缘截面 μ_t/μ 云图上也可看出此时局部剪切损失比造型 2.1 更加小。其中造型 2.3 相比于造型 2.2 的全局流动控制单元权重更小，因此在上游角区对压力梯度的控制与尾缘附近对二次流预掺混的强化均比造型 2.2 显著，其减小损失效果也因此更加显著。

其次对大攻角的情形进行讨论，此处仅给出近失速点的角区三维流场图作为代表，如图 6-31 所示。对比设计点的情形，造型 2.1 与原型流场的不同之处与设计点总结得到的结论十分类似。但主要差别在于，此时叶栅前缘区的角区分离比设计点严重得多。这放大了端壁造型方案在距前缘 $0.2C_a$ 至 $0.4C_a$ 附近对叶栅性能的负面影响,因此 μ_t/μ 云图显示:当分离低速区发展至尾缘时造成了比原型高得多的剪切损失。造型 2.3、2.2 相比于造型 2.1 的优势依然显著。在局部造型叠层的影响下,造型 2.3、2.2 上游角区反流比造型 2.1 减轻,下游对分离区的掺混作用更剧烈。因此对分离损失的控制也更出色。造型 2.3 因局部叠层权重系数比造型 2.2 大而成为造型方案中导致损失增加最小的一个。

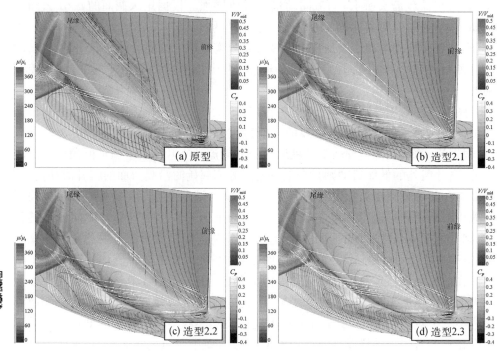

图 6 – 31　近失速点(7°攻角)叶栅流场的三维流动

6.2.5　小结

本节主要论述了一种新的经验式端壁造型设计法。该方法将对流场的控制抽象成带有不同流动控制功能的造型单元,然后将带有不同流动控制功能的各个造型单元进行"叠合",使得到的最终端壁造型结果具有对端壁二次流动的综合控制效果。

相比于传统的经验式端壁造型设计思路,这种叠合端壁造型方法具有以下优势:① 通过模块化设计,以较少的控制参数实现对端壁流动的多尺度、多方位、多元控制;② 造型控制参数物理意义明确,便于在数值计算协助下进行优化调整;③ 造型设计与流动控制机制紧密结合,便于从研究文献中吸收、验证流动控制经验。

基于"叠合造型"方法,开发了与之对应的端壁造型软件 PEW。该软件兼有压气机拟合与端壁造型的功能,支持图形界面及后台脚本操作,可适用于大多数叶栅、轴流压气机,并对其轮毂或机匣端壁进行非轴对称端壁造型设计。本书通过对一典型高负荷轴流压气机叶栅进行端壁造型设计,对比了传统经验式设计与新型方法的造型效果。数值分析证实了新型端壁造型方法可在一定限度上提升压气机叶栅性能,并比传统方法显示出优越性。研究显示角区分离的弱化不仅需要依靠全局流场范围内对端壁横向流动的抑制,端壁造型在局部对于压力梯度的影响更有可能发挥重大的作用。这充分说明了压气机端壁造型相比于涡轮中端壁造型思路的差异。在涡轮中,控制二次流的发展即意味着控制损失、提升性能;而在压气机端壁造型中,对于横向二次流的抑制仅仅是手段,对于角区分离的控制才是抑制损失、提升效率的核心。

6.3 端壁流动控制规律的数据挖掘
分析及端壁造型优化设计

6.3.1 引言

发展经验式端壁造型方法有助于在设计阶段考虑端区流动控制技术的影响,从而提升压气机的设计水平。应用提出的造型方法与造型软件可按照设计需要快速地实现对压气机端壁进行非轴对称造型,但这只满足了端壁造型的"硬要求"。若要将该经验式程序与压气机设计相结合,必须在一定程度上保证所用端壁造型的有效性,也就是说,所给定的经验造型参数必须有助于压气机的气动性能改进。仅仅有造型工具是不够的,还需要与之相适应的造型流动控制经验。因此,探索在压气机中普遍适用的端壁造型控制规律是为实现上述研究目标所必需的环节。

图 6-32 的递进关系解释了端壁造型控制压气机性能的方式。一般而言,端壁造型最优先影响的是压气机的端区压力与近端壁流动。由端区流动导致压气机通道内的堵塞、涡流、分离、泄漏流等二次流动结构发生显著变化。压气机的性能随之发生变化。图 6-32 的逆向过程则是设计压气机端壁造型的一般思路,压气机端壁造型多以控制流动损失为设计目标,由设计目标关联到对流动结构、端区流动的控制,最后再借助流体力学的原理设计出对应的几何型面。

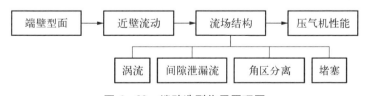

图 6-32 端壁造型作用原理图

近年来的研究成果指出了用端壁造型技术控制端区流动过程中面临的难题,端壁流动与流动结构的关系有可能随压气机的来流条件而发生变化;由于流场结构自身的复杂性与其之间的相互作用关系,已有研究未能取得太多共识。这是困扰压气机中端壁造型设计的问题所在。压气机端壁造型似乎并无统一的规律,各人的研究结果也存在比较大的差异；相比于涡轮中应用端壁造型技术的情形，压气机中端壁流动控制的线索不明确。造成这种现象的原因概括起来大致包括以下三点：

（1）压气机的类型与端壁造型的部位不同，端壁区流动特点有所差异，对应的最佳流动控制规律也会有所差异；

（2）局部端壁型面变化会导致多种流动结构的改变，端壁造型必须兼顾剪切、分离、涡流等各方损失的平衡折中并使整体损失最小化，而且各类损失变化与端壁型面之间的量化关系并不明确；

（3）角区分离成因复杂，且发展过程对局部压力变化极为敏感，难以控制。

上述三点原因也是在探索压气机端壁流动控制规律的过程中必须面对的三个问题。特别是问题（1），需要在多种类型的压气机端壁造型设计中不断积累经验，并非朝夕之功。针对发生于压气机中的典型端区流动分离现象，探索端壁造型对于包含角区分离在内的多种损失源的控制与平衡规律。根据图 6-32 中所列的层次关系及上述存在难题，研究目标如下：

（1）端壁造型原则：阐释压气机通道中涡流、二次流、分离等多种流动结构的相互作用关系，确定它们与损失的关联性，并给出端壁造型控制损失的一般原则；

（2）造型关键位置：确定端壁造型面上与压气机性能提升最为有关的位置，这些位置的型面与流动控制要求将在折中设计端壁型面时被优先考虑；

（3）流动控制方法：确定对压气机性能有益的端壁流动控制方案。

事实上，尽管已经对研究问题进行了具体化，由于涉及多变量之间的交互作用，这仍然是一个十分复杂的问题。已有的优化造型研究由于无法权衡型面特征的定量效果而难以确定有益于压气机的通用端壁造型规律，因此考虑通过数值计算构造关于端壁造型的数据库，并借助数据挖掘技术为上述问题寻找答案。

所谓数据挖掘（data mining）技术，是指借助数据分析算法从大量、冗杂的数据中提取潜在信息的研究技术[39]。数据挖掘的概念早期与统计学分析相关。近年来，随计算机技术的发展，该技术开始涉及人工智能、信息检索、优化等一系列领域。在工程技术方面也有不少成功应用的先例，常用的方法有：相关性分析（relativity analysis，RA）、方差分析（analysis of variance，ANOVA）、自适应神经网络（self-organizing map，SOM）等几大类。其中相关性分析法源于统计学中的协方差分析，该方法分析理论成熟，便于应用，但无法反映三个或更多变量之间的相互关联，且不善于处理高度非线性的问题；方差分析借助统计方法用于显示输出变量对某一输入变量的敏感性，但不便于处理自变量较多的情形，且对数据库的设计及样本分布要求较高；自适应神经网络属于聚类分析的应用范畴，借助数据库训练的神经网络拓扑可以通过对数据进行分离、映射，反映数据内部的关联性，可以处理复杂的非线性问题，虽然应用广泛，但缺点在于理论尚不完善。

以端壁流动控制规则为研究内容。端壁造型自变量多，但重要的目标函数不外乎是损失、出口气流角、均匀度几大类;端壁附近不同区域的流动相互作用,以高度非线性的方式,综合导致压气机整体性能的变化。鉴于上述各种数据挖掘方法的优劣,对于研究目标中的第(1)、(2)部分,拟用相关性分析法得到流动结构参数、造型参数与损失之间的相互关系;而对于研究目标中的第三部分,考虑到问题的高度非线性,则借助自适应神经网络揭示壁面流动控制规律。

6.3.2　端壁造型数据库

按照统计学的概念,所谓对"数据库"的"数据挖掘"分析,实际上是对端壁造型"样本集(或称总体)"进行的一次统计学观测。因此,建立端壁造型数据库应首先明确定义样本中所覆盖的研究范围。为完成所定的研究目标,端壁造型样本所涵盖的观察单位应包含图 6-32 中所示的不同层次中的信息。下文依次对其进行详述,公式定义中设计叶栅空间坐标 (x, y, z) 均同式(6-2)中定义,分别指叶高、额线与轴线方向的几何坐标。

1. 几何信息

压气机端壁的几何特征一方面与压气机自身有关,另一方面也与其造型参数相关;前者对于同一压气机的每个造型方案都是相同的,后者则决定了各造型方案之间的差异。图 6-33(a)给出了本次进行端壁造型的参数与对应的参数化方案。造型在单通道内进行,流向起止位置确定为前缘与尾缘线的轴向位置。端壁面由 6 条 Bezier 曲线生成编织曲面[图 6-33(a)中深色粗实线],各控制线由 9 个控制点控制,标记为 $b_{lj}(1 \leqslant l \leqslant 6$ 且 $1 \leqslant j \leqslant 9)$。为保证端壁面与上下游壁面光滑连接,其中 b_{l1}、b_{l2}、b_{l8} 与 b_{l9} 均固定于未造型时的端壁面位置[图 6-33(a)中实心圆点],根据 Bezier 曲线的特点,这将保证端壁造型与上下游端面接缝位置具有 1 阶连续性;其余控制点[图 6-33(a)中标记为空心圆点]的轴向与周向位置均被固定,但可在 ±2.5% 叶高内自由变动。图 6-33(b)另给出了将造型曲线 curve1 与 curve3 沿周向投影后的示意图。根据 Bezier 曲线的构成,图中所示的多段线 $b_{l1} \sim b_{l9}$ 实际上是对应 Bezier 曲线 curve$l$ 的凸包。此处引入参数 $t \in [0, 1]$,若节点 b_{lj} 沿叶高方向移动 δx_{lj},则 Bezier 曲线整段必然跟随变化,其变化最多的位置在 $t = j/n$ 处(n 指 Bezier 曲线的控制点个数,此处 $n = 9$),且必有

$$\left| \delta x\left(\frac{j}{n} \right) \right| = \delta x_{lj} C_9^j \left(\frac{j}{n} \right)^j \left(1 - \frac{j}{t} \right)^{9-j} \tag{6-12}$$

显然,端壁面的局部起伏量与控制节点而言具有线性关系,若定义各个控制点的叶高起伏量为 x_{lj},则端壁造型参数可简写为各个控制节点起伏量的集合,此处写成向量的形式,即

$$X = (x_{13}, x_{14}, \cdots, x_{17}, x_{23}, x_{24}, \cdots, x_{66}, x_{67})^{\mathrm{T}} \tag{6-13}$$

X 的取值即可将一个端壁造型样本与别的样本区分开来，因此 X 即可代表一个端壁造型样本的几何特征。

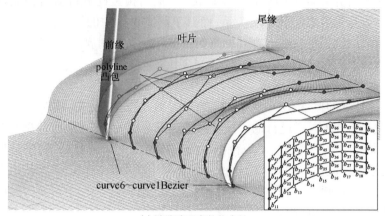

(a) 端壁造型参数化方法

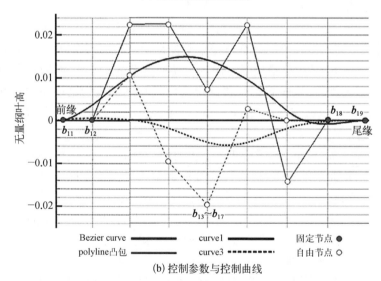

(b) 控制参数与控制曲线

图 6 - 33　端壁造型样本的参数化方案

2. 端壁流动信息

在端壁造型的作用下，压气机流动结构与气动性能的变化源于其对于近端壁面气体流动方式的调整，而这种调整是依赖流管效应引发的壁面静压变化驱动的。因此，这种端壁造型对于流动的"驱动作用"实际上确定了在端壁造型作用下的近壁面流场变化。对于每一个端壁造型样本，"驱动作用"仅受到几何特征 X 与来流条件的影响，因此本章定义端壁造型样本时，特别引入端壁造型"驱动力"的概念作为描述其壁面流动的信息。

当使用非轴对称端壁取代原型端壁后,相比于原型的端壁压力场,造型后的端壁面的起伏会对其进行"修正",并得到新的端壁面压力场。当这种由端壁造型引入的修正量有利于控制角区分离时,即会带来压气机性能的提升。根据端壁附近的流动特征,可以由三维 N – S 方程简化得到包含这种"修正"作用端壁面流动控制方程[38]:

$$-\frac{1}{\bar{r}}\nabla(p_{\text{pew}}-p_{\text{ori}})=\frac{4}{3}V_{\text{ori}}\times\nabla W_{\text{corr}}+\frac{4}{3}\nabla W_{\text{corr}}\times\nabla V_{\text{pew}}$$

$$=\begin{cases}\dfrac{4}{3}V_{\text{ori}}\times\nabla W_{\text{corr}},&V_{\text{ori}}\gg V_{\text{corr}}\\[3mm]\dfrac{4}{3}V_{\text{corr}}\times\nabla W_{\text{corr}},&V_{\text{ori}}=V_{\text{corr}}\end{cases} \qquad (6-14)$$

式中的下标"ori"说明该变量来自造型前的近端壁面流场,带有下标"pew"说明其来自造型后的端壁面流场。二者之间的差值则冠以下标"corr"。式(6 – 14)中的所有变量均可以由数值模拟得到的结果提取而出,显然有

$$V_{\text{corr}}=V_{\text{pew}}-V_{\text{ori}} \qquad (6-15)$$

以及

$$p_{\text{corr}}=p_{\text{pew}}-p_{\text{ori}} \qquad (6-16)$$

上面给出的三个方程均是在端壁基元投影面内的二维方程。式(6 – 14)中等号右侧部分正好是有关修正速度 V_{corr} 的迁移导数的形式,即 V_{corr} 的迁移加速度,左侧的 $-\nabla p_{\text{corr}}/\rho$ 则扮演了为该加速度提供作用力的角色,正是在这种作用力的驱动下,才在造型后的端壁流场中引发了速度场的改变。因此,左侧项 $-\nabla p_{\text{corr}}/\rho$ 即用来描述端壁造型"驱动力"的参数,记为 D,该参数反映了端壁造型对叶端流场的控制模式。

图 6 – 34 给出了在端壁面上提取端壁造型驱动力的方法,按照平均间隔将叶栅端壁基元面划分为 11×11 的网格,在每个网格节点上提取驱动力矢量 D^{xy},并以端面上 121 个网格节点处的 D^{xy} 值代表该端壁造型对全局流场的控制方式。注意到 D^{xy} 为基元投影面内的矢量,因此在每个节点处按照网格线走向将 D^{xy} 分解为横向分量 D^{c} 与流向分量 D^{s}(正方向如图 6 – 34 中 c、s 曲线坐标轴指向所示)。这样就可将端壁造型对于压气机

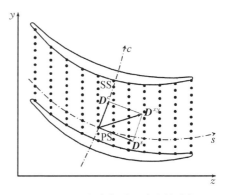

图 6 – 34　端壁造型驱动力的分解

流场控制抽象为 121 组 $\boldsymbol{D}^c$ 与 121 组 $\boldsymbol{D}^s$ 对近壁面流动的作用。这里为方便表示，定义：

$$\boldsymbol{D} = (D_{1,1}^c, D_{1,2}^c, D_{1,3}^c, \cdots, D_{11,11}^c, D_{1,1}^s, D_{1,2}^s, \cdots, D_{11,11}^s) \quad (6-17)$$

3. 气动结构与性能信息

每一个端壁造型的气动性能均包含有无穷多的信息量，但根据研究目的，只有个别的性能参数会用于进行分析观测。使用 9 个气动参数量化其结构与性能，下面对于各气动参数的定义与提取方法进行说明。

1）评价二次流的参数 ske_{TE}、Vo_{TE}

ske_{TE} 代表尾缘位置轴截面上的平均二次流强度，其定义方法参考自 Reising 等[30]的研究：

$$ske_{\text{TE}} = \frac{\iint_{\text{TE}} ske \cdot \rho V \mathrm{d}A}{\iint_{\text{TE}} \rho V \mathrm{d}A} = \frac{\iint_{\text{TE}} \frac{1}{2}\rho \left[\boldsymbol{V} - (\boldsymbol{V} \cdot \boldsymbol{n}_{\text{prim}}) \boldsymbol{n}_{\text{prim}} \right]^2 \cdot \rho V \mathrm{d}A}{\iint_{\text{TE}} \rho V \mathrm{d}A} \quad (6-18)$$

式中，ske 代表二次流能量，单位是 Pa。$\left[\boldsymbol{V} - (\boldsymbol{V} \cdot \boldsymbol{n}_{\text{prim}}) \boldsymbol{n}_{\text{prim}} \right]$ 含义为垂直于主流方向 $\boldsymbol{n}_{\text{prim}}$ 的速度分量，即所谓的"二次流速度"。在尾缘位置的轴截面上，高 ske 区域说明通道横流、爬升流动强度较大或出现较明显堵塞及引发的主流绕流。因此质量流量加权平均后得到的 ske 代表了二次流在全局范围内的强度。

另一个参数 Vo_{TE} 表征尾缘轴截面内的平均涡通量，定义为

$$Vo_{\text{TE}} = \left| \frac{\iint_{\text{TE}} \boldsymbol{\omega} \cdot \text{Ste}(-\omega_z) \mathrm{d}A}{\iint_{\text{TE}} \mathrm{d}A} \right| \quad (6-19)$$

式中，"$\text{Ste}(x)$"是单位阶梯函数：

$$\text{Ste}(x) = \begin{cases} 1, & x > 0 \\ 0, & x \leqslant 0 \end{cases} \quad (6-20)$$

所以，式（6-20）中的积分仅对 z 分量为负值的涡量进行，结合叶栅的几何特点，该方向同通道涡的方向一致。由于在压气机端壁流动内通道涡对整个涡系的影响重大，Vo_{TE} 的取值高低可以反映叶栅通道内涡流的整体发展水平。

2）评价堵塞的参数

此处定义阻塞系数 B 参考了"轴向密流比"（AVDR）的概念进行定义。在理想的情况下，叶栅流动中没有堵塞产生，叶栅各叶高位置的子午流线近乎平行，且每一条流线上出口与进口密流比均为 1。然而实际情况下，叶根区域受到端壁二次

流与吸力面角区分离的影响,在低速区堵塞影响下的出口对应位置的密流下降,密流比小于1;其余区域的密流增加,密流比大于1。这样,因为堵塞的产生,出口密流比分布会沿叶高方向产生显著的不均匀性。因此叶栅中的流动堵塞程度可以借助轴向密流比的方差来进行评估,即

$$B = \sqrt{\frac{1}{0.5\text{span}} \int_0^{0.5\text{span}} (\text{AVDR}(x) - \text{AVDR}_{\text{savg}})^2 \mathrm{d}x} \quad (6-21)$$

上式中的下标 savg 代表沿叶展方向的平均值。若叶栅出口流场的 B 偏大,则说明端壁区域含有大面积堵塞。特别是对于压气机静子叶顶端壁区域,堵塞增加将有可能妨碍其上游转子叶顶的流动,因此 B 的大小也会对应地与压气机气动稳定性相关。

3) 评价损失的参数

叶栅损失评价共设立 6 个参数,其中反映全局损失的参数为 $Loss_{\text{out}}$,定义式已由式(6-10)给出,其所示称为总压损失系数,是叶轮机械静止部件中定义损失的经典形式。

除 $Loss_{\text{out}}$ 以外,为区分不同原因造成的损失,额外引入"损失源"这一概念。损失源的定义借助了耗散函数:

$$\Phi(x, y, z) = \frac{\mu}{2}\left(\frac{\partial V_i}{\partial x_j} + \frac{\partial V_j}{\partial x_i}\right)^2 - \frac{2}{3}\mu\left(\frac{\partial V_i}{\partial x_i}\right)^2 \quad (6-22)$$

即单位体积内机械能通过黏性耗散转化为热能的功率。相比于使用总压和熵增表示损失的方法,使用耗散函数表示的气动损失更有利于对损失发生部位进行定位。这是由于总压和熵增均为气体状态参数,被质量流动携带且拥有对流导数,因而具有迁移特性,在进行损失分析时,使用总压和熵增表述的损失增长反映了从上游至观测位置损失累积的效果。耗散函数则并非气动参数,不被质量流动携带,因而不具有迁移特性,使用耗散函数表述的损失反映出当地流动产生损失的快慢。因此,后者相比于前者更有利于观测流动损失发生的机制。按照耗散函数定义损失源的方法如式(6-23)[38]:

$$Cp_{\text{source}} = \frac{-\Delta pt_{\text{source}}}{(pt - p)_{\text{in, mavg}}} = \frac{\iiint_{\text{region}} \Phi \mathrm{d}x\mathrm{d}y\mathrm{d}z}{(pt - p)_{\text{in, mavg}} \iint_{\text{in}} V\mathrm{d}A} \quad (6-23)$$

式(6-23)中左侧的 $-\Delta pt_{\text{source}}$ 代表某一流动损失导致的总压降;右侧分子为在该损失源发生的空间区域内积分耗散函数得到的结果,分母则为叶栅进口的体积流量。根据式(6-23)右侧的表达式,在确定了某一类流动损失发生的位置后,即可算出

该类损失导致的叶栅总压下降。为方便表述并与总压损失定义相统一，式（6－23）两侧同时用叶栅进口动压进行无量纲化，这样定义的损失源系数 Cp_{source} 就将损失源与总压损失系数 $Loss_{\text{out}}$ 在数值上联系了起来。在忽略进出口黏性功的情况下，全局损失 $Loss_{\text{out}}$ 应该等于各损失源系数在数值上的加和。损失源下标 source 与其流动损失所属类别相对应。文献[38]曾对叶栅中损失分布进行过比较详细的论述，主要的气动损失可分为 4 大类，其分布区域如图 6－35 所示。

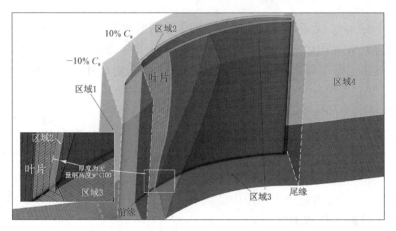

图 6－35　叶栅气动损失源积分区域示意图

（1）与区域 1 对应的损失源定义为前缘损失（Cp_U），该损失主要源于来流在叶栅前缘区域引发的绕流与流动剪切；

（2）与区域 2 对应的损失源定义为叶表损失（Cp_{FRI}），该损失源主要与叶片表面的摩擦损失有关。耗散函数的积分区域主要在距壁面 $y^+ = 100$ 的位置以内，这是由于在该区域以外的近壁附面层中，流动剪切很弱，所致的耗散损失对总压下降贡献不大；

（3）与区域 3 对应的损失源定义为通道损失（Cp_P），占据叶表损失区以外由 $0.1C_a$ 至 $1.0C_a$ 的流动区域。由于角区分离发生于此区域内部，该损失源代表以角区分离为主的通道内流动损失；

（4）与区域 4 对应的损失源定义为尾流损失（Cp_D），该区域为叶栅通道下游的区域。区域 4 内的损失成分较多，但以二次流的耗散与尾迹、分离所致低速区带来的剪切损失为主。

上述 4 类损失中通道损失 Cp_P 与尾流损失 Cp_D 均与分离损失相关，考虑到各类损失的关系，可以用式（6－24）大致估算叶栅中纯粹由于分离导致的损失，即

$$Cp_{\text{SEP}} = Cp_D + Cp_P - \frac{\Delta ske_{\text{mavg}}}{(pt - p)_{\text{in, mavg}}} \qquad (6-24)$$

其中,Δske_{mavg} 代表由尾缘至计算域出口的二次流能量的耗散值,可以类比 ske_{TE} 的计算方法从叶栅流场中得到。Cp_{SEP} 将通道损失与尾流损失中与二次流耗散相关的损失排除,因此主要与压气机叶栅的角区分离相关联,称该系数为分离损失源系数。

至此,与端壁造型的几何与性能参数已经全部确定。定义气动性能参数:

$$P = (ske_{\text{TE}},\ Vo_{\text{TE}},\ B,\ Loss_{\text{out}},\ Cp_U,\ Cp_P,\ Cp_{\text{FRI}},\ Cp_D,\ Cp_{\text{SEP}})^{\text{T}} \quad (6-25)$$

其中前三个参数与压气机内部的流动结构有关,后六个参数则对应压气机的损失。

4. 端壁造型数据库

若将带有端壁造型的压气机流场看成一个抽象函数 F_1,且给定压气机的边界条件,则压气机叶栅的端壁驱动力与气动性能将通过 F_1 由造型参数 X 完全确定:

$$(D^{\text{T}},\ P^{\text{T}}) = F_1(X) \quad (6-26)$$

式中涉及的 242 个流场控制参数构成的向量 D(121 组 D^c 与 121 组 D^s),9 个性能参数构成的向量 P 与 30 个造型几何参数构成的向量 X 即为本次分析的观察单位。数据挖掘目标之一就是要借助构造 X、D、P 的数据库,寻找蕴藏在函数 F_1 中,造型几何、流场控制与气动结构、性能各个层次之间的关联性。

考虑到数据挖掘分析的需求与计算条件的限制,数据库大小确定为 600。构造端壁造型数据库需依靠数值计算:将每一个端壁造型控制变量 x_{lj} 的取值离散为 10 个水平;利用随机算法,组合 X 中 30 个造型控制参数的取值,生成 600 组不同的几何参数,每组参数对应一个单独的端壁型面;对每一组端壁造型几何都开展数值计算。前期的研究已经表明,端壁造型对该压气机叶栅在设计工况与近失速工况下性能的影响可以反映端壁造型在全工况上对压气机叶栅气动性能的影响。为了关注在不同工况点端壁造型的效果,特别抽取其设计工况($i = -1°$)与近失速工况($i = 7°$)下的计算结果,经后处理得到这两个工况下 D 与 P 的取值。将 600 组端壁造型几何参数及对应的气动性能写为矩阵的形式:

$$A = \begin{pmatrix} X_1 & D_{DP,\ 1} & D_{NS,\ 1} & P_{DP,\ 1} & P_{NS,\ 1} \\ X_2 & D_{DP,\ 1} & D_{NS,\ 1} & P_{DP,\ 2} & P_{NS,\ 2} \\ & & \vdots & & \\ X_i & D_{DP,\ i} & D_{NS,\ i} & P_{DP,\ i} & P_{NS,\ i} \\ & & \vdots & & \\ X_{600} & D_{DP,\ 600} & D_{NS,\ 600} & P_{DP,\ 600} & P_{NS,\ 600} \end{pmatrix} \quad (6-27)$$

式中,下标 DP、NS 代表设计点、近失速点工况下的性能参数取值。600×532 的 A 矩阵内的信息即数据挖掘所用的数据库。

6.3.3　端壁造型原则——流动结构与损失相关性分析

1. 数据挖掘

流动结构与损失相关性的分析只需要用到式（6-27）中 A 矩阵的后 18 列信息。所谓相关性分析实际上是通过协方差确定两个变量之间的相关性。设有变量 p_1 和 p_2，则二变量之间的协方差计算方法为

$$\gamma(p_1, p_2) = \frac{\iint (p_1 - \overline{p_1})(p_2 - \overline{p_2}) \, \mathrm{d}p_1 \mathrm{d}p_2}{\sqrt{\int (p_1 - \overline{p_1})^2 \mathrm{d}p_1} \sqrt{\int (p_2 - \overline{p_2})^2 \mathrm{d}p_2}} \qquad (6-28)$$

在统计学意义下，式（6-28）可以表述为

$$\gamma(p_1, p_2) = \frac{\sum_{k=1}^{n} (p_1^k - \overline{p_1})(p_2^k - \overline{p_2})}{\sqrt{\sum_{k=1}^{n} (p_1^k - \overline{p_1})^2} \sqrt{\sum_{k=1}^{n} (p_2^k - \overline{p_2})^2}} \qquad (6-29)$$

γ 代表 p_1 和 p_2 之间的相关性系数，其取值反映了两个变量之间的关联程度。对于随机变量而言，总有 $|\gamma| \leqslant 1$。$|\gamma|$ 越接近 1，则变量 p_1 与 p_2 的关联性越紧密，当 $|\gamma|$ 取 1 时，说明 p_1 与 p_2 具有线性关系，当 γ 取 0 时，则 p_1 与 p_2 互为独立变量。γ 的符号说明 p_1 与 p_2 变化的方向，当 $\gamma > 0$ 时，p_1 与 p_2 同向变化，反之，则 p_1 与 p_2 反向变化。

将矩阵中各自工况下的性能参数数列两两代入式（6-29）中，即可得到在端壁造型影响下，二次流、损失与流场均匀性等流场性能的相关性系数。定量结果如表 6-4 所示。

表 6-4　相关性分析结果

$\gamma(p_1, p_2)$	ske_{TE}	Vo_{TE}	B	Cp_U	Cp_P	Cp_{FRI}	Cp_D	Cp_{SEP}	$Loss_{out}$
			\multicolumn{5}{c}{-1°攻角（设计点）}		
ske_{TE}		0.624	-0.581	-0.102	-0.535	-0.169	-0.499	-0.581	-0.518
Vo_{TE}	0.976		-0.139	0.032	0.041	0.043	0.028	-0.006	-0.0004
B	0.821	0.746		0.150	0.748	0.252	0.878	0.851	0.848
Cp_U	-0.859	-0.791	0.912		0.258	0.712	0.285	0.286	0.405
Cp_P	0.939	0.880	0.943	-0.941		0.340	0.882	0.946	0.894
Cp_{FRI}	0.541	0.536	0.580	-0.575	0.580		0.415	0.406	0.542
Cp_D	0.895	0.833	0.957	-0.902	0.974	0.607		0.982	0.976
Cp_{SEP}	0.917	0.854	0.957	-0.930	0.994	0.595	0.992		0.974
$Loss_{out}$	0.922	0.863	0.952	0.904	0.988	0.611	0.992	0.996	

（表中 +7°攻角（近失速点）位于左侧列）

　　表 6-4 的左下方为针对近失速工况得到的结果,右上方为设计工况的计算结果。根据前述对相关性系数取值及含义的说明可以得到下面的结论:

　　(1) 如表中红色底纹框内数据所示,无论在设计工况与近失速工况下,角区分离损失 Cp_{SEP} 和全局损失 $Loss_{out}$ 的相关性系数均超过 0.97,这说明分离损失的增减在通道全局损失的变化中占据重要地位。在设计点 $\gamma(Cp_P, Loss_{out}) = 0.894$ 且 $\gamma(Cp_D, Loss_{out}) = 0.976$,而在近失速点二者均接近 0.99,说明在设计点时尾缘下游的损失源变化对全局损失的影响更大,至近失速点时二者都对全局损失有重大影响且影响力相当;

　　(2) 表中绿色底纹框内指示出堵塞系数与损失的关联性。与分离相关的损失源 Cp_P、Cp_D、Cp_{SEP} 及全局损失 $Loss_{out}$ 无论在设计点还是近失速点均与堵塞系数 B 具有强烈的正向关联性;

　　(3) 蓝色底纹框内的数据给出了二次流动与损失的关联性。在设计点,全局总压损失与二次流强度的相关系数为 -0.518,与涡强度的相关性系数约为 -0.000 4,这说明设计点二次流的发展大致与通道损失减小相对应,通道涡的发展几乎与全局损失变化相互独立。然而在近失速点,这种现象发生了彻底的变化。此时二次流强度与全局损失相关性系数达到 0.922,说明二次流发展与损失增大有明确的关联性;与涡强度相关的系数说明此时通道涡与二次流强度、全局损失均关联密切。

　　上述三点结论均是针对端壁造型对压气机叶栅的性能影响而言的。

　　其中前两点大致与已有文献中的发现相一致,结论(1)特别指出了不同区域的损失源对全局损失的影响力随压气机工作状态变化的情况,这一点是已有文献的结论中未曾提到的。该结论说明:针对设计工况点建造的端壁造型应更多地考虑控制下游区域的损失源,而针对近失速工况设计的端壁造型应同时兼顾压气机通道内部的损失源。

　　结论(2)则描述了二次流动与压气机损失的关联性。已有的研究成果中相当一部分认为增强二次流会增强涡流、加剧端面低能流动向吸力面角区靠近,从而使耗散增加、角区分离恶化,损失随之增加[26,32,34,35]。亦有根据此原理设计端壁造型减弱二次流动的研究[24]。然而,通过数据挖掘发现:压气机叶栅全局损失与二次流强度并非线性关系,且会受到压气机的工作状态影响。这说明二次流与叶栅损失的关系并非预想的单纯,可能涉及多方因素的复合的作用。下面对二次流与损失的关系进行详细分析。

　　图 6-36 给出了一般意义下,压气机叶栅通道中二次流发展的原理图:根据二次流的不同机制,可以将扩压通道划分为三个不同的区域(编号从 1 到 3)。区域 1 内的端壁横向流动源于吸压力面的巨大横向压差对环壁附面层内低速流体的作用,一般认为该横向二次流是导致低速流动堆积于吸力面角区并最终导致角区分

离的主要原因,因此强烈的端壁二次流动将有可能导致压气机全局损失的提升;当区域1的横向流动到达吸力面角区时将引发区域2内沿叶片向高叶展区域的爬升二次流,对于堆积在吸力面角区的低能区而言,这种爬升二次流将通过与其掺混而提升其动量,这将减小在低速流与主流掺混时的掺混损失,这种二次流动的"预掺混"作用对减小分离损失与全局损失有利;区域3内的二次流源于主流"碰到"吸力面角区低速区后的偏转与绕流,这种二次流是在角区分离的影响下被动引起的,因此任何促进或抑制角区分离的因素(包括区域1、2内的端壁横流与吸力面爬升流动)都将影响其二次流的强度。上述三个区域内的二次流动呈现出复杂的联动与制约关系,任何端壁造型都将首先影响上述区域1、2的二次流变化,之后再将其效果反映损失与区域3二次流的变化上。综上所述,二次流与分离的相互作用是一切变化的核心,也从一定意义上解释了二次流动与全局损失呈现复杂的关联性的原因。下面将结合数据库的端壁造型样本进行具体分析。

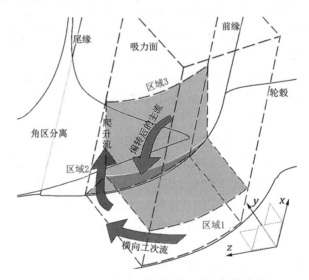

图 6-36　压气机叶栅通道二次流结构分析

图 6-37 给出了 600 个端壁造型样本在 $Loss_{out} - ske_{TE}$ 平面内的投影分布图,显然,近失速点的全局损失与二次流强度的线性关联程度更加明确,这一点与之前的相关性分析结论相一致。在设计点投影图中选择 4 个典型样本进行观测,标记为 a~d,如图 6-37(a)所示;在近失速点投影图中选择 2 个样本,标记为 e~f,如图 6-37(b)所示。上述 6 个点均选取在全局损失与二次流强度取值比较极端的情况下,据此得到的流动机制将代表全体样本中的情形,明显地揭示二次流与损失的相互变化。

在设计点,造型 b、d 的二次流强度差别很大,但却均拥有比造型 a、c 低得多的全局总压损失。为观测各组造型中损失与二次流在流场中分布变化的关系,此处定义:

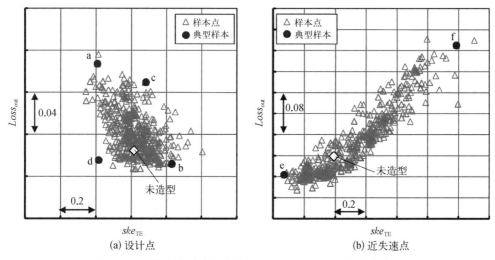

图 6 – 37　端壁造型数据库的 $Loss_{out}$ – ske_{TE} 平面投影分布图

$$\Phi_{avg} = \frac{\iint\limits_{A_z} \Phi dxdy}{\iint\limits_{A_z} dxdy} \tag{6-30}$$

代表轴向坐标为 z 的轴截面内通道平均耗散函数,注意由于 Φ 不具有输运特性,此处仅对其进行面积平均。类似地可定义:

$$ske_{mavg} = \frac{\iint\limits_{A_z} \Phi \rho V_z dxdy}{\iint\limits_{A_z} \rho V_z dxdy} \tag{6-31}$$

代表截面内通道流量平均二次流动能。图 6 – 38 给出了平均耗散函数 Φ_{avg} 与二次流强度 ske_{mavg} 在前缘至尾缘下游 $0.5C_a$ 范围内的分布,可以发现造型 b、d 的低总压损失主要与它们在 $0.5C_a$ 至出口内的低 Φ_{avg} 相关,在该区域内它们的 ske_{mavg} 绝对值不相同,但损失较小的两个造型 b、d 对应的 ske_{mavg} 曲线"上升"与"下降"的坡度均比造型 a、c 更加缓和。

　　图 6 – 39 给出了对应的流场图,在 $0C_a$、$0.2C_a$、$0.4C_a$、$0.6C_a$、$0.8C_a$ 及 $1.0C_a$ 共 6 个轴向位置给出了切片云图。在图 6 – 39(a)中块状的区域为 $V = 0.1V_{in,\,mid}$ 等值面包围的区域,指示出角区分离低速区的大小,云图则指示出耗散函数 Φ 的分布,高 Φ 区域对应高损失源。图 6 – 39(b)则给出了二次流能量 ske 的云图。结合图 6 – 39 可以发现,在造型 b、d 的 Φ_{avg} 分布偏小的轴向区域($0.5C_a$ 至尾缘),角区

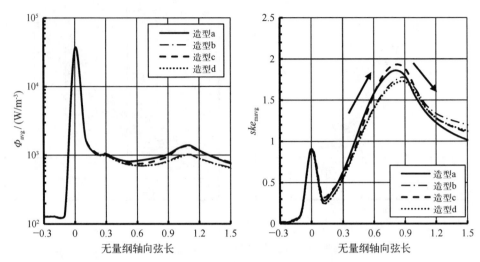

图 6 – 38 设计点通道平均耗散函数及二次流能量随损失变化图

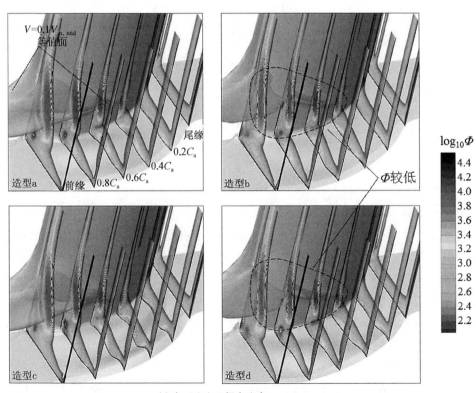

(a) 角区分离及损失分布

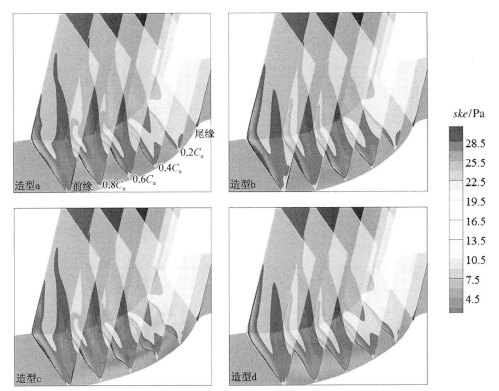

(b) 二次流能量分布

图 6-39 设计点叶栅三维流场

分离的尺度比造型 a、c 明显偏小,且与分离区相邻的耗散函数分布明显偏低[图 6-39(a)中用黑色虚线圈标示],在靠近尾缘的吸力面周边(对应图 6-36 中区域 2)则发现二次流能量 ske 的显著增长。前文已经说过,区域 2 爬升二次流的增强可以对分离区进行预掺混从而抑制角区分离的发展并减小低速区与主流的掺混损失,因此造型 b、d 中 2 区强烈的爬升流动是其损失偏小的主要原因。由于分离区得到抑制,造型 b、d 中主流受到分离的堵塞与绕流作用要弱于 a、c 中的情况,在 $0.4C_a$ 至尾缘区间,造型 b、d 中区域 3 内的二次流生成与耗散也因此慢于造型 a、c。这就是图 6-38 中所示造型 b、d 的 ske_{mavg} 曲线升降更加缓和的原因。

上面的分析揭示了设计点二次流与损失的相互关联。由于角区分离主要被区域 2 的强烈的爬升二次流所抑制,而后者只在全局二次流中占很小比重,全局损失的大小将主要与全局二次流强度沿流向的变化率相关,而非其绝对值。这解释了设计点 $\gamma(ske_{TE}, Loss_{out})$ 大于 0 却又远小于 1 的原因。另外,众所周知的通道涡起源于端壁横流(区域 1 的二次流)的发展,因此之前的相关性分析结果指示通道涡强度与全局损失变化基本独立,且仅在一定程度上与全局二次流的发展变化相互关联。

　　相比于设计点的情形,近失速点端壁造型对损失与二次流动的影响呈现出十分不同的特点。对于典型造型 e、f 的流场分析如图 6-40、图 6-41 所示。

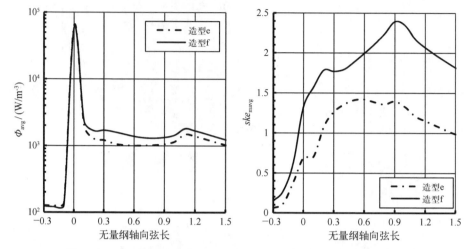

图 6-40　近失速点通道平均耗散函数及二次流能量随损失变化图

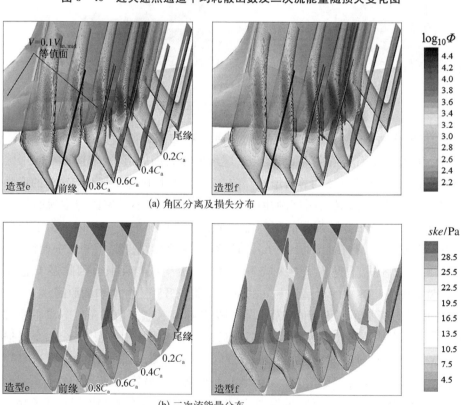

(a) 角区分离及损失分布

(b) 二次流能量分布

图 6-41　设计点叶栅三维流场

由前面的相关性分析可以知道,当来流攻角增至7°时,二次流强度与全局损失基本呈同步变化,在图 6-40 中可以观察到损失较大的造型 f 对应的 ske_{mavg} 与 Φ_{avg} 的流向分布曲线自 $0.1C_a$ 起就比造型 e 明显偏大,ske 云图在对应位置上三个区域内均分布有明显高于造型 e 的二次流能量。在 $0.6C_a$ 的上游位置,造型 f 比造型 e 的角区分离严重得多,对应的 Φ 值也明显偏大,考虑到角区分离的成因,这应当主要源于叶栅通道上游附近区域 1 内的强通道横流。在近失速点,损失与二次流的关系当如部分已发表的文献中所述:通道上游区域的端壁横流增强会加剧低速流动在吸力面角区的汇聚,由此分离愈发严重并引发较高的耗散损失。主流因分离造成的严重堵塞而发生显著偏转,对应地,区域 3 内的二次流也明显增大。

那么是什么导致了设计点与近失速点下如此不同的特征?答案在于在近失速点时角区分离的显著扩张。前文的分析可以发现,相比于设计点的流场,近失速点工况下,角区分离影响范围更大,发生的位置也更加提前。这将使得区域 3 内的主流偏转引发的二次流在整个系统内的二次流比重显著增高。由于角区分离的成因主要源于通道上游附近区域 1 内的横向二次流,上述严重的角区分离实际上把区域 1 内横向二次流对系统内二次流强度变化的贡献"放大"了。受此影响,区域 1 与区域 3 内的二次流强度变化关联更加紧密,与角区分离的关联性也比设计点时更加密切。而通道涡主要由通道上游区域 1 内的端壁横向流动导致,因此通道涡也与全局的二次流强度、全局损失紧密关联起来。

2. 造型原则小结

根据上文的分析,端壁造型对于损失、二次流、堵塞与通道涡之间相互关系的影响已经被清楚地揭示了出来。根据这些作用关系,可以归纳出下面几条适用于压气机内的端壁造型基本原则:

(1) 在设计端壁造型时,对角区分离的控制可以同步地控制通道堵塞及改善径向流量分布的均匀性;控制全局损失的关键在于控制角区分离的发展。

(2) 在设计点工况下,端壁造型对于叶栅通道的下游区域的影响比其上游区域更加显著。全局损失与二次流强度关联变化并不紧密,只是大致呈现反向的变化趋势;全局损失与通道涡的强度变化基本独立。这是由于对损失与通道涡变化造成最显著影响的二次流分别是尾缘附近的吸力面爬升流动与通道横向二次流,二者均不在二次流系统中占据绝对主导的地位。因此,在设计端壁造型时不能通过控制全局二次流与通道涡强度的方式来试图抑制压气机的全局损失。

(3) 在近失速工况下,端壁造型对于叶栅通道上游、下游的影响力相当。在此工况下,角区分离的大幅扩展一方面使得端壁横流变化在全局二次流中的影响力提升,另一方面使得全局损失、二次流与通道涡发展紧密关联起来,并几近于同步变化。因此,针对近失速工况设计的端壁造型,或者从更普遍的意义上讲——针对发生大面积分离的压气机流场设计的端壁造型可以将控制通道涡、全局二次流强度作为设计目标，以达到控制通道损失的目的。

6.3.4 造型关键位置——造型参数与损失相关性分析

判断造型面位置是否是关键位置取决于造型后压气机性能提升对该处型面变化的依赖程度。根据 6.3.2 节的式(6-12)可以确定端壁面的局部起伏量与控制节点具有线性关系，因此某一个局部位置对压气机叶栅性能的关键程度可以通过评价该处的造型参数 x_{lj} 与叶栅气动性能的相关性系数来分析得出。

本节分析需使用式(6-27)所示 A 矩阵 1~30 列与 515~532 列的信息，计算方法参照 6.3.3 节式(6-29)。图 6-42 与图 6-43 给出了设计点与近失速点下端面各处造型参数与 $Loss_{out}$、Cp_P、Cp_D、Cp_{SEP}、ske_{TE} 与 Vo_{TE} 的相关性系数分布云图。与 6.3.3 节一样，在统计意义下，若局部位置分布有较高的相关性系数，说明该区域对压气机叶栅气动性能具有更加重大的影响。此外，应分辨造型参数是控制点 b_{lj}($1 \leqslant l \leqslant 6$，$3 \leqslant j \leqslant 7$) 而非造型端面上任意点位置的 x 坐标，因此图 6-42、图 6-43 中的等高线仅为方便比较，只有在控制节点处的相关性系数才真正有实际意义。

在设计点，图 6-42 显示了 4 幅造型参数与损失系数的相关性系数分布。其中 $\gamma(Loss_{out}, x_{lj})$ 与 $\gamma(Cp_D, x_{lj})$、$\gamma(Cp_{SEP}, x_{lj})$ 的分布十分相似，与 $\gamma(Cp_P, b_{lj})$ 的分布相差较大。其余两幅造型参数和 ske_{TE}、Vo_{TE} 的相关性系数图与上述明显不同，之间也有较大差异。$\gamma(ske_{TE}, x_{lj})$ 的高绝对值区分布于通道偏下游靠近压力面的位

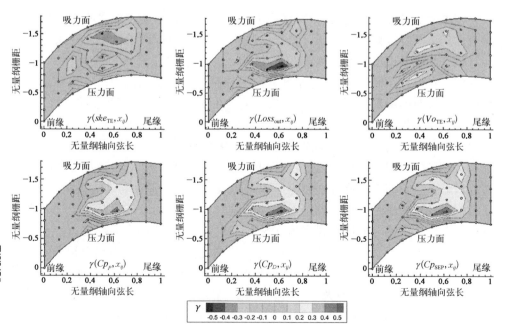

图 6-42 设计点端壁造型参数与性能参数相关性系数

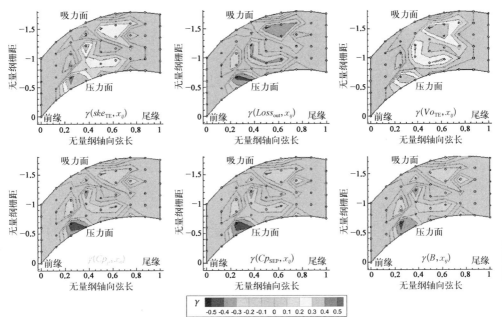

图 6 - 43　近失速点端壁造型参数与性能参数相关性系数

置,而 $\gamma(Vo_{TE}, x_{lj})$ 则分布更加均匀,并无明显的高分布区。根据相关性云图,对气动损失控制重要的区域有两块。第一块位于通道吸力面侧由 $0.1C_a$ 至 $0.9C_a$ 的位置,根据云图上相关系数取值可断定控制节点 b_{25} 与 b_{26}(节点分布位置见图 6 - 33)附近区域对损失控制最为关键;另一块分布于靠近尾缘的区域。

在近失速点,堵塞系数对于压气机流动变得更加关键,因此这里给出 $\gamma(B, x_{lj})$ 用于分析。图 6 - 43 中近失速点的相关性系数分布与设计点时显著不同,因为此时损失、二次流、涡流、堵塞与造型参数的相关性系数均显示出高度一致性的分布规律。在近失速点,与损失密切相关的造型区域共有 3 块。按照相关性系数取值,端壁造型最为关键的部位分布在吸力面角区上游靠近 b_{12}、b_{13} 与 b_{14}(节点分布位置见图 6 - 33)。其余两块则大致以 b_{54}-b_{45}-b_{36} 为分界线,占据了通道的中部与尾缘附近。考虑到近失速工况下,堵塞与压气机失速直接相关,根据 $\gamma(B, x_{lj})$ 与 $\gamma(Loss_{out}, x_{lj})$ 分布的一致性可以判断,在近失速工况下借助端壁造型减小全局损失有可能同样满足对压气机扩稳的要求。

6.3.5　流动控制方法——端面流场与损失 SOM 分析

根据 6.3.3 节的分析可以充分看到压气机端区流动的复杂特性,不同区域的二次流起因不同,对全局损失作用不同,又相互影响。为了揭示二次流与损失之间的非线性关联性,归纳对于端壁造型最有效的流动控制方法,这里引入自适应神经网络(self-organizing-map, SOM)进行数据挖掘。

1. 自适应神经网络分析法

自适应神经网络是网络模型的一种,它的实质是模拟人脑对记忆的归类整理能力对数据信息进行聚类分析。抽象地说,经过训练的自适应神经网络用于将高维度的数据投射为低维度的映像[40],映像之间的聚类方式则可从二维角度揭示高维度数据的内在关联性。因此,自适应神经网络有时也用来代指借用其进行数据挖掘的方法。自适应神经网络法最早在1980年代由Kohonen[41]提出,有时也被称为Kohonen模型,自被引入以来,已经在过去的几十年间多次应用于科学、科技以及经济领域。相比于经典的相关性分析、方差分析,SOM特别适用于复杂的非线性问题,其工作原理如下。

SOM方法常用于分析各类自然现象。设有一自然现象服从函数F,该现象含有$m1$个控制变量,描述现象的结果需要用$m2$个参数,若设$m = m1 + m2$,则对于该现象可用抽象函数表达为

$$(a'_1, a'_2, \cdots, a'_{m2}) = F(a_1, a_2, \cdots, a_{m1}) \tag{6-32}$$

式中,a_i表示控制变量,a'_i表示现象的结果。对该自然现象随机采样n次,可以得到大小为n的样本库,如表6-5所示。表中每一行的数据即代表一个样本的信息;每一列则代表了该样本的一项控制变量或结果参数。

表6-5　自然现象函数F的样本库

index	变量1	变量2	变量3	…	变量m1	结果1	结果2	…	结果m2
1	$a_{1,1}$	$a_{1,2}$	$a_{1,3}$	…	$a_{1,m1}$	$a_{1',m1+1}$	$a_{1',m1+2}$	…	$a_{1',m}$
2	$a_{2,1}$	$a_{2,2}$	$a_{2,3}$	…	$a_{2,m1}$	$a_{2',m1+1}$	$a_{2',m1+2}$	…	$a_{2',m}$
3	$a_{3,1}$	$a_{3,2}$	$a_{3,3}$	…	$a_{3,m1}$	$a_{3',m1+1}$	$a_{3',m1+2}$	…	$a_{3',m}$
…	…	…	…	…	…	…	…	…	…
n	$a_{n,1}$	$a_{n,2}$	$a_{n,3}$	…	$a_{n,m1}$	$a_{n',m1+1}$	$a_{n',m1+2}$	…	$a_{n',m}$

可以用一矩阵A来描述样本库:

$$A = \begin{pmatrix} \boldsymbol{a}_1 \\ \boldsymbol{a}_2 \\ \boldsymbol{a}_3 \\ \boldsymbol{a}_4 \\ \vdots \\ \boldsymbol{a}_n \end{pmatrix} = \begin{pmatrix} a_{1,1} & a_{1,2} & a_{1,3} & a_{1,4} & \cdots & a_{1,m} \\ a_{2,1} & a_{2,2} & a_{2,3} & a_{2,4} & \cdots & a_{2,m} \\ a_{3,1} & a_{3,2} & a_{3,3} & a_{3,4} & \cdots & a_{3,m} \\ a_{4,1} & a_{4,2} & a_{4,3} & a_{4,4} & \cdots & a_{4,m} \\ \vdots & \vdots & \vdots & \vdots & \ddots & \vdots \\ a_{n,1} & a_{n,2} & a_{n,3} & a_{n,4} & \cdots & a_{n,m} \end{pmatrix} \tag{6-33}$$

为分析自变量$x_1 \sim x_{m1}$与结果$x_{m1} \sim x_{m1+m2}$的关系,通常可以建立一个二维的

Kohonen 自适应神经网络模型,如图 6-44 所示。该神经网络模型属于向前传递型,包含 1 个输入层和 1 个输出层,其中输出层含有 u_{xv} 个神经元,并按照六边形拓扑铺展开来。每个神经元都内含一个 m 维向量 $\boldsymbol{w}_i$。 这是 SOM 中建立神经网络的典型模式。

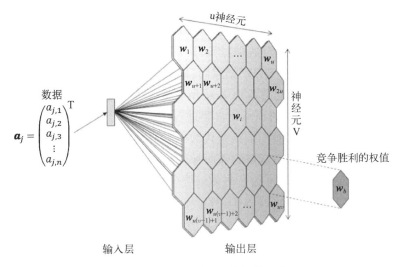

图 6-44　自适应神经网络拓扑示意图

利用 SOM 进行数据挖掘首先需要用样本库 $\boldsymbol{A}$ 对神经网络进行训练,一般需要以下两个步骤:

第一步:"竞争"阶段,当 $\boldsymbol{A}$ 中的某一个样本 $\boldsymbol{a}_j$ 输入神经网络之后,启动程序在全神经网络中寻找与样本 $\boldsymbol{a}_j$ 具有最相似 $\boldsymbol{w}_i$ 的神经元。$\boldsymbol{a}_j$ 与 $\boldsymbol{w}_i$ 的相似度常用向量距离这一概念来衡量,通常使用欧几里得距离,即

$$\text{Distance}(\boldsymbol{w}_i, \boldsymbol{a}_j) = \parallel \boldsymbol{w}_i - \boldsymbol{a}_j \parallel_2 \tag{6-34}$$

距离越近,相似度越高。将与输入样本 $\boldsymbol{a}_j$ 最为相似的 $\boldsymbol{w}_i$ 标记为 $\boldsymbol{w}_b$,对应的神经元即为竞争后获胜的神经元 N_b。

第二步:"调整"阶段,是针对神经元内的系数向量的,且仅限于获胜的神经元 N_b 及其周围半径 σ_t 内的神经元。设需要被调整的神经元共 l 个,为实现此目的,可以定义函数对其中第 k 个神经元协助调整:

$$\boldsymbol{w}_k(t+1) = \frac{\sum_{j=1}^{n} h_{kb}(t)\boldsymbol{x}_j}{\sum_{j=1}^{n} h_{kb}(t)} \tag{6-35}$$

$$h_{kb}(t) = e^{-d_{kb}^2/2\sigma_t^2} \tag{6-36}$$

式中，h_{kb} 为邻舍函数，显然，在规定邻舍神经元半径的情况下，邻舍函数值取决于当前神经元与获胜神经元在输出层二维神经元拓扑上的距离 d_{kb}。

式（6-35）说明，上述竞争后对神经元 $\boldsymbol{w}_k$ 的调整量实际上是由样本输入向量 $\boldsymbol{a}_j$ 加权的邻居函数。因此，对于每一个输入的样本而言，上述"竞争-调整"过程会使与 $\boldsymbol{a}_j$ 最为相似的 $\boldsymbol{w}_b$ 及其所在神经元 N_b 及周围神经元的系数向量 $\boldsymbol{w}_k$ 变得与输入样本 $\boldsymbol{a}_j$ 相似，且距离 N_b 越近的神经元，其系数向量 $\boldsymbol{w}_k$ 变得越相似。

当针对样本 $\boldsymbol{a}_j$ 的"竞争-调节"结束后，样本 $\boldsymbol{a}_{j+1}$ 将被输入样本，并找到新的获胜神经元，并进行调整。当对样本库 $\boldsymbol{A}$ 中所有的样本都进行上述过程后就完成了 1 轮训练。自适应神经网络的训练通常要进行多轮迭代，可以为式（6-36）中的 σ 引入参数 t，使之不为常量，而随训练迭代数 t 不断减小。这意味着，随着训练的进行，与获胜神经元同获得调整资格的邻居神经元将越来越限于其周围的小邻域，各个神经元的系数向量变化也将趋于收敛。当整个训练过程结束后，将神经网络各个神经元的系数向量整合为系数矩阵 $\boldsymbol{W}$：

$$\boldsymbol{W} = \begin{pmatrix} \boldsymbol{w}_1 \\ \boldsymbol{w}_2 \\ \vdots \\ \boldsymbol{w}_v \\ \boldsymbol{w}_{v+1} \\ \vdots \\ \boldsymbol{w}_{uv} \end{pmatrix} = \begin{pmatrix} w_{1,1} & w_{1,2} & w_{1,3} & \cdots & w_{1,m} \\ w_{2,1} & w_{2,2} & w_{2,3} & \cdots & w_{2,m} \\ \vdots & \vdots & \vdots & & \vdots \\ w_{v,1} & w_{v,2} & w_{v,3} & \cdots & w_{v,m} \\ w_{v+1,1} & w_{v+1,2} & w_{v+1,3} & \cdots & w_{v+1,m} \\ \vdots & \vdots & \vdots & & \vdots \\ w_{uv,1} & w_{uv,2} & w_{uv,3} & \cdots & w_{uv,m} \end{pmatrix} \quad (6-37)$$

此时样本库 $\boldsymbol{A}$ 内的信息已经通过训练被提取到了矩阵 $\boldsymbol{W}$ 中。简单地说，自然现象 F 的 $m1$ 个控制变量与 $m2$ 个结果参数的关联程度将由其在 $\boldsymbol{W}$ 中对应的列向量的相似程度表现出来。通过分析 $\boldsymbol{W}$ 的特征即可找到各个数据之间的内部关联性。

以上就是自适应神经网络在进行数据挖掘时的实际应用过程。特别值得说明的是，作为神经网络的一个子类，自适应神经网络继承了其缺陷：虽然大量的实际应用效果已经验证了该方法的应用价值，但至今尚未能够在普适的范畴内用理论方法严格地证明其收敛性[41]。已有的实用研究表明，当合理地选择邻舍函数 h_{kb}、调整半径 σ、迭代步数 t 等参数时，神经网络通常可在训练终了后达到收敛状态。在本书的应用中，参数的确定必须通过开展适当的参数实验以确保神经网络的收敛性及其对于端壁造型控制法与叶栅性能关联性的客观反映。

2. 端壁流动控制规律分析

本节关注的问题可借助式（6-38）描述：

$$\boldsymbol{P} = F(\boldsymbol{D}) \quad (6-38)$$

式中，P 为压气机性能参数向量，D 为端壁流动信息向量，F 则代表端壁流动与压气机性能之间的作用机制，也是 SOM 的分析对象。由于压气机性能与流动信息关联性随工作点变化，故针对设计点与近失速点各需进行一次 SOM 分析。根据式（6-27）的端壁造型数据库，表 6-6 以设计点为例给出 SOM 分析所用的数据结构。每一行代表一个端壁造型样本，其中前 121 列为设计点横向驱动力，121~242 列为设计点流向驱动力，243~251 列为气动结构与性能参数。

分析借助开源软件 SOM toolbox[42] 进行，神经网络的部分参数设定参考了已有文献：神经网络拓扑为典型的二维六边形拓扑、采用高斯函数作为邻舍函数，并随训练过程逐步减小调整半径。神经网络的大小设定并无定论[41]，但对结果影响很大，分辨率过小有可能影响分析信息的准确性；分辨率太大又不利于看出数据之间的关联。考虑到单工况下分析变量为 251 个，初步选择使用 150×150 的分辨率、即 22 500 个神经元进行聚类分析。为了保证收敛，在不受限于计算时间的情况下越大越好，本章的前期研究中表明当训练步超过 500 时足以使结果收敛。

表 6-6　设计点端壁流动 SOM 分析输入数据结构

样本序号	自 变 量							函 数			
	$D^{c}_{1,1}$	$D^{c}_{1,2}$	$D^{c}_{1,3}$	...	$D^{c}_{11,11}$	$D^{s}_{11,1}$	...	$D^{s}_{11,11}$	ske_{TE}	Vo_{TE}	...	Cp_{SEP}
1	$a_{1,1}$	$a_{1,2}$	$a_{1,3}$	...	$a_{1,121}$	$a_{1,122}$	...	$a_{1,m1}$	$a_{1,m1+1}$	$a_{1,m1+2}$	...	$a_{1,m}$
2	$a_{2,1}$	$a_{2,2}$	$a_{2,3}$	...	$a_{2,121}$	$a_{2,122}$	...	$a_{2,m1}$	$a_{2,m1+1}$	$a_{2,m1+2}$	...	$a_{2,m}$
3	$a_{3,1}$	$a_{3,2}$	$a_{3,3}$	...	$a_{3,121}$	$a_{3,122}$	...	$a_{1,m1}$	$a_{3,m1+1}$	$a_{3,m1+2}$	...	$a_{3,m}$
...	...	...	...	...	...	...	...	...	...	...	...	...
n	$a_{n,1}$	$a_{n,2}$	$a_{n,3}$	...	$a_{n,121}$	$a_{n,122}$	...	$a_{1,m1}$	$a_{n,m1+1}$	$a_{n,m1+2}$	...	$a_{n,m}$

训练好的系数矩阵 W 中，选取每一个神经元系数向量中第 m 个元素的信息（即提取 W 的第 m 列向量，记为 w^m），并在神经网络的 2 维平面上显示出来，即可得到对应于第 m 个元素的"组分图"。图 6-45 所示为 w^{243}、w^{246} 及 w^{250} 信息，对应于 ske_{TE}、$Loss_{out}$ 及 Cp_D 的组分图。图 6-45 中的数值高低与物理流场没有实际的

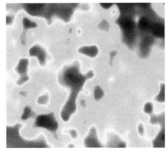 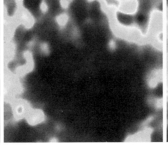 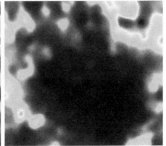

w^{243}: ske_{TE}　w^{246}: $Loss_{out}$　w^{250}: Cp_D

图 6-45　SOM 分析设计点气动性能组分图

对应关系,但数值的分布则代表了神经网络中与该变量响应敏感的神经元的分布特点。在设计点,$Loss_{\text{out}}$ 的 SOM 组分图在正下方与右上角分别分布有最低和最高值;Cp_D 分布与之极为相似,这说明端壁造型在设计工况下可以近乎一致地控制全局损失与尾流损失;ske_{TE} 组分图最低值分布于图右上方,几乎与 $Loss_{\text{out}}$ 组分图相反,这说明端壁造型在控制全局损失时有可能使出口截面二次流强图沿相反方向变化,但考虑 ske_{TE} 组分图的高值分布区域并不与 $Loss_{\text{out}}$ 的低值位置对应,而是散布在图左下侧的大片区域,综合分析可知全局损失与出口二次流强度在端壁造型影响下的变化远远达不到反向线性关系。这一特点在前文的相关性分析中已经得到验证,一定程度上证明了 SOM 分析的可靠性。

在训练好的系数矩阵中除了上述列举的三个性能参数,尚有对应 121 个流向、121 个横向驱动力的系数向量。由之前的介绍,这些向量与对应损失系数向量的相似程度就可以反映出该控制力对于压气机叶栅性能改进的作用。这里借助向量内角衡量系数向量相似度,即

$$\text{Distance} = \frac{w^i \cdot w^j}{\mid w^i \mid \mid w^j \mid} \tag{6-39}$$

将 242 个横向、流向驱动力对应系数向量 w^{1-242} 与对应 $Loss_{\text{out}}$ 系数向量 w^{246} 的距离求出,按照驱动力提取位置绘于二维基元面上,即可得到不同位置驱动力的横向、流向分量的系数向量和损失的系数向量的距离云图,如图 6-46 所示。图 6-46 中 Distance 的定义由式(6-39)给出。

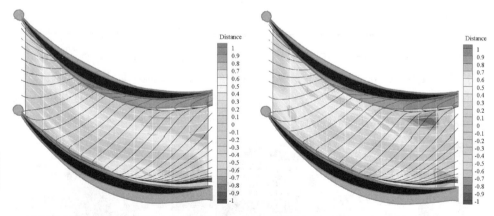

(a) 驱动力横向分量-全局损失向量相似度云图   (b) 驱动力流向分量-全局损失向量相似度云图

图 6-46   设计点驱动力与全局损失关系分析

注意端面中提取驱动力信息的点实际是位于图中网格节点位置的 11×11 个离散点,这里的云图仅为借助节点取值而插值出的结果。图 6-46 中黑色曲线给出设计工况下端壁流动方向,带有红色边框的灰色半透明区域为分离区的端面投影,

云图接近 1 的区域说明驱动力减小有助于抑制损失;接近于-1 说明驱动力增大有助于抑制损失,趋于 0 则说明该区驱动力对压气机损失变化影响不大。设计点下,经自适应神经网络显示得到的损失控制的关键部位与之前的相关性分析相匹配,根据图 6-46 特别总结出以下结果:

Ⅰ. 由 $0.3C_a$ 至 $0.5C_a$ 靠近吸力面角区的位置,对抑制损失有利的驱动力应使流动沿流向减速并偏向压气机的吸力面加速;

Ⅱ. 轴向位置由 $0.7C_a$ 至尾缘,周向由吸力面至通道中部的三角形区域,最有利于控制损失的二次流驱动力应沿流向加速端区流动,在横向应促使流动流向吸力面,并在靠近吸力面时向压力面方向作用于端区流动;

Ⅲ. 压力面角区前缘附近沿流向减速端壁流动,中部沿横向抑制端区流动,尾缘附近沿流向加速端壁流动;

Ⅳ. 通道中部大片区域,应抑制横向与流向端壁流动。

对近失速点的分析类似设计点。图 6-47 与图 6-48 分别给出了近失速工况下的 ske_{TE}、$Loss_{out}$ 及 Cp_D 的组分图和驱动力-全局损失系数向量相似度分析。

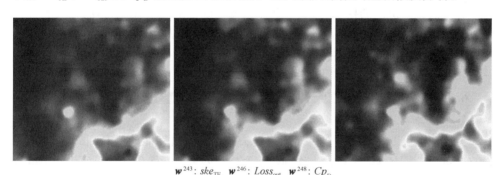

$\boldsymbol{w}^{243}$: ske_{TE}　　$\boldsymbol{w}^{246}$: $Loss_{out}$　　$\boldsymbol{w}^{248}$: Cp_D

图 6-47　SOM 分析近失速点气动性能组分图

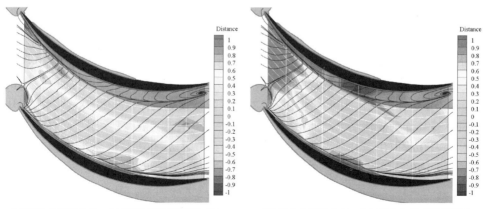

(a) 驱动力横向分量-全局损失向量相似度云图　　(b) 驱动力流向分量-全局损失向量相似度云图

图 6-48　近失速点驱动力与全局损失关系分析

相比于设计工况,在近失速工况下,ske_{TE}、$Loss_{out}$ 及 Cp_D 的组分图高低值分布相似性极高,说明端壁流动控制在此工况下可以同步地控制全局损失、尾流损失与二次流强度,这一点同样与前文的相关性分析结论相一致。根据图 6 - 48,近失速点抑制损失的流动控制方法与设计点有所差异,主要特征包括:

Ⅴ. 自压力面前缘至吸力面 $0.3C_a$ 之前的大面积区域,端壁造型驱动力应减弱端区流向流动;在通道中部抑制横向流动,但在靠近吸力面局部增强横向流动;

Ⅵ. 在 $0.3C_a$ 之后,吸力面附近应沿流向加速端壁流动;

Ⅶ. 在压力面约 $0.5C_a$ 的位置驱动力应抑制横向流动并加速流向运动,尾缘通道中部位置至吸力面角区应沿横向加速端壁流动,其外围至通道中部应抑制横向流动。

值得注意的一点是,上述两个工况下总结得到的端壁流动控制法则在区域上与对驱动力的要求并无特别的冲突,这一点对端壁造型在全工况下改善压气机性能十分重要。合理的折中流动控制方法将有可能实现压气机端壁造型兼顾不同工况下的流动性能提升。

上述内容结合了 SOM 分析结果对端壁造型控制方法进行总结,但 SOM 分析并没有提供流动机制的揭示,对于上述结论的正确性缺乏验证。另外,在吸力面角区以外的区域尚有一些驱动力的作用效果无法得到确认。为此计划借助优化设计的结果对上述问题进行进一步的解答。

6.3.6　端壁造型优化设计与最优流动控制规律验证

1. 多目标优化设计法

为保证优化设计可同时在设计点与近失速点压气机性能的提升,取设计点与近失速点两个工况点下的全局损失作为优化变量开展多目标优化计算。压气机静叶损失下降有助于提升压气机在设计点的整机效率与近失速点的级总压比;根据压气机损失与堵塞系数几乎同步变化的结论,优化计算将同时缓解各工况下压气机通道的端区阻塞。若是在叶顶区域的端壁造型,则有可能提升压气机转子稳定性[30]。

优化流程如图 6 - 49 所示,是经典的双层循环式,内层是建立在径向基神经网络代理模型与 NSGA - Ⅱ搜索算法的优化循环。其中径向基神经网络使用之前相关性分析的数据库进行初始化,取造型几何参数 X 为优化设计参数,设计点与近失速点的叶栅损失系数作为优化变量。优化算法的种群数量设定为 24,进化 300 代后取最优的 24 个个体作为优化结果。外层循环则对每一次优化出来的 24 个最优个体进行数值计算,从中提取信息补充入数据库,验证优化是否收敛,并决定是否继续优化。

图 6 - 50 给出了优化全过程得到的个体的 $(Loss_{out, NS}, Loss_{out, DP})^T$ 投影图,其中 $Loss_{out, DP}$ 为设计点全局损失,$Loss_{out, NS}$ 为近失速点全局损失。图 6 - 50 中圆点为未造型前的端壁造型性能,小号矩形为 600 组数据库采样点,三角形与菱形是历代的优化结果。由图 6 - 50 可以知道,当优化进展到约 46 步时,优化趋于收敛,此时的

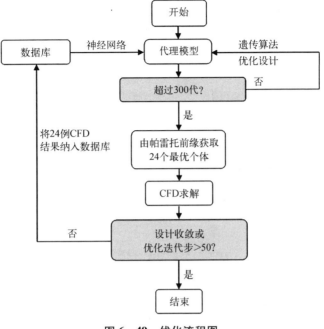

图 6-49　优化流程图

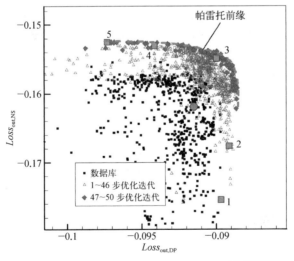

图 6-50　优化过程 $(Loss_{out,NS}, Loss_{out,DP})^{T}$ 投影图

最优解分布于图形右上方,帕雷托前缘的角度约呈直角,说明端壁造型在最优化设计点性能和最优化近失速点性能方面基本没有冲突,这一点印证了之前 SOM 分析的发现。图中特别选取了 5 个最优端壁造型(标记为大号矩形,编号 No.1~No.5)进行流场分析,其中 No.1~No.2 仅在设计点减小损失,No.4~No.5 仅在非设计点减小损失,No.3 则在设计点和近失速点都可以提升压气机的性能。

图 6-51 所示为 No.1~No.5 端壁造型的无量纲高度云图,图 6-52 给出多个工况下叶栅的三维角区流动图。图中曲线为流线,块状体是 $V_z<0$ 等值面,指示出

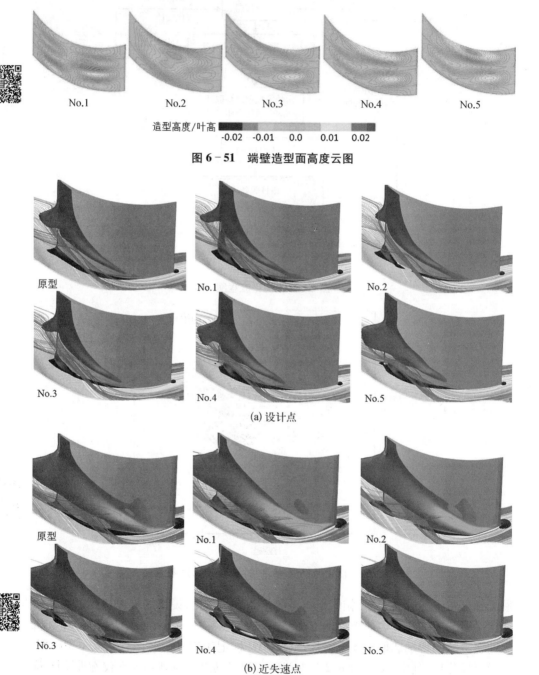

图 6-51   端壁造型面高度云图

(a) 设计点

(b) 近失速点

图 6-52   No.1~No.5 最优造型解的三维流场图

于角区分离对应的低速区域。观察图 6-52 可以发现由端壁造型所致的损失增减与各工况下标注的损失系数高低密切相关。如之前得出的结论,端壁造型对于角区分离的控制作用是其影响压气机性能的主要原因。

2. 最优控制规律分析

1) 设计点流动控制方法验证

图 6-53 给出了在设计点各最优端壁造型方案的驱动力矢量 $-\nabla p_{\text{corr}}/\rho$ 分布图,云图代表该处驱动力的取值大小,矢量则表示其方向。此处将结合最优端壁造型的驱动力探讨 SOM 分析得到的端壁造型流动控制结论。

由于在设计点 No.1~No.3 端壁造型损失相差不大,No.4、No.5 损失逐步增加。根据图 6-53,在 No.1~No.3 中基本保持一致,但是在 No.4、No.5 中明显不同的现象有三处:

(1) 吸力面角区由中弦至尾缘驱动力沿流向、横向(由压力面指向吸力面方向)加速端区流动,邻近吸力面棱线附近抑制横向流动;

(2) 吸力角区外围通道出口附近沿流向加速度区流动;

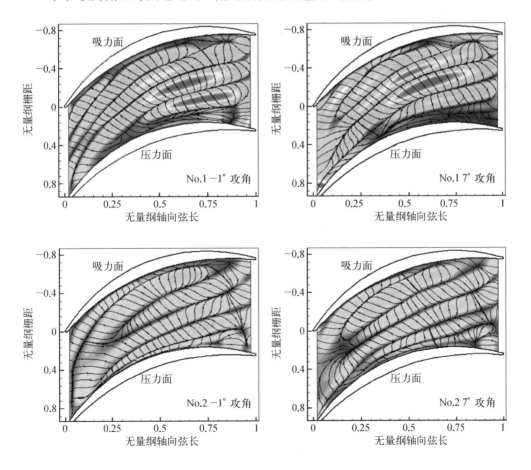

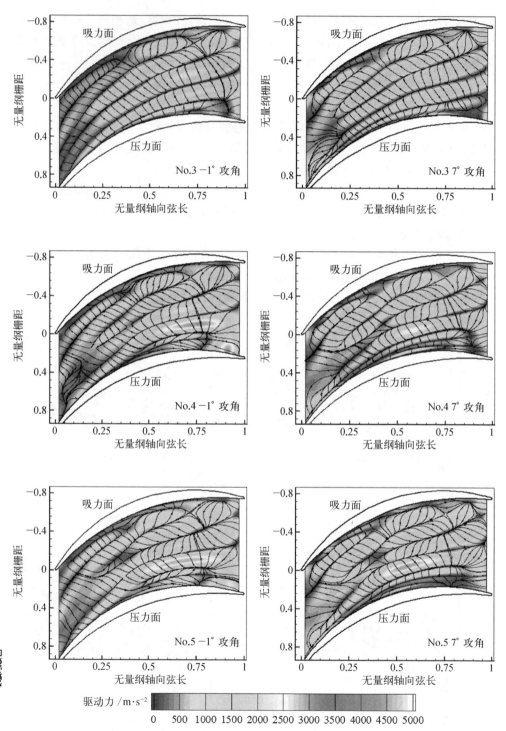

图 6－53　最优端壁造型驱动力（$-\nabla p_{corr}/\rho$）分析

（3）压力面尾缘附近沿流向加速端区流动。

这三点大致对应于 SOM 分析得到的结论 Ⅱ 与结论 Ⅲ。造型 No.1~No.3 的端壁驱动力与之基本一致;造型 No.4、No.5 与现象(1)的差异在于吸力面角区的横向加速位置距吸力面太远,且邻近吸力面棱线驱动力方向不同;与现象(2)、(3)描述的驱动方向基本相反。这验证了之前 SOM 分析对于吸力面角区中部至下游横向、流向控制结论的正确性,而且更进一步的说明,该区的气流控制方法对于减小损失的必要性,如果控制不当,即会反过来使压气机叶栅性能恶化。观察图 6-52 中对应流场,上述三条规律将在吸力面角区中下游促进生成爬升二次流,并增加尾缘分离区周边流动流向动量。结合 6.2 节的流场分析结论,该作用将促进端区流动与低速分离区预掺混,从而抑制分离低速区与主流的掺混损失。

其次注意到,尽管 SOM 分析得到的结论 Ⅰ 提示应在 $0.3C_a$ 至 $0.5C_a$ 的吸力面角区沿流向抑制端壁流动,并沿横向使之加速冲向吸力面,上述 No.1~No.5 端壁造型中没有与之完全一致的流动控制。造型 No.2~No.5 均沿横向、流向加速端壁流动,但其全局损失未必小于原型;造型 No.1 在该范围内对端区流动驱动作用不显著,但其全局损失小于原型。考虑到该区域正位于设计点角区分离低速区堆积起始发生的位置,按照 SOM 分析结论 Ⅰ 抑制流向运动、促进横向运动可以进一步促进横向流动吹向吸力面,从而使损失减小。认为此处 SOM 分析提示的流动控制结论仍于抑制损失有益,但是否遵循该控制规律似乎并不会带来对性能颠覆性的影响。

另外,通道中部的反横向作用力及压力面角区前缘附近反流向驱动力、中部沿横向反方向的驱动力在各例中均可观察到,虽然无法由上述五个造型判断该控制方式的必要性,但结合文献资料可以知道该作用可以防止自压力面起源的端区低能流动向叶栅吸力面角区汇聚,因此对缓解角区分离有一定积极意义。

2）近失速点流动控制方法验证

在近失速点可以用类似的方法进行归纳。此时 No.1、No.2 端壁造型使损失增大,No.3~No.5 端壁造型均使近失速点损失减小,且三者十分接近。对比 No.1~No.2 与 No.3~No.5 端壁造型的不同之处,最为明显的体现在下面两处:

（1）在吸力面前缘至 $0.3C_a$ 角区 No.3~No.5 的端壁驱动力逆流向,且沿横向指向吸力面;在稍外围的区域驱动力沿横向指向压力面前缘;

（2）在 $0.3C_a$ 及之后的吸力面角区,驱动力沿流向加速端区流动。

由于造型 No.1~No.5 均于 $0.3C_a$ 后的吸力面角区促进端区横向流动,并在更外围的通道中部附近抑制横向流动,因此根据优化结果无法推断 Ⅵ 中有关横向流动控制的必要性,同样无法推断其必要性的还有结论 Ⅶ 所提及的压力面抑制端壁横流、促进流向运动的驱动力。但考虑到前者有助于抑制吸力面低速流堆积,并促进角区低速流"预掺混",后者在二次流发起时抑制其将低速流动运向吸力面角区,依然将它们总结为适用于失速点的端壁流动控制方法。

上述分析借助最优化端壁造型的驱动力分析对 SOM 分析结论进行了逐一验证,图 6-54 对验证结果进行了汇总。图中箭头指示出有利于压气机性能的端壁流动控制位置及驱动方向;其中加粗箭头表示已经由优化结果证实至关重要流动控制方法,虚线箭头则表示由优化结论证实有益于性能但并非必要的流动控制方法。可以发现,设计点流动控制的重心位于吸力面角区中下游区域,而近失速点流动控制的重心偏向吸力面角区中上游。尽管设计点与近失速点需要的流动控制方法显著不同,但若考虑到两种工况下角区分离发生位置的差异,可以发现二者的共同点:流动控制应在三维分离起始的位置减小端壁流动的流向趋势同时促进吸力面局部的横向流动,在之后低速区堆积的位置促进流向运动,并在稍外围区域促进指向吸力面的横向流动,使端壁流冲向低速区。因此,从对角区分离作用的角度讲,两种工况下的流动控制方法主要特征并无显著差别。

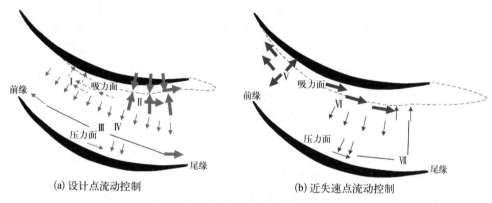

(a) 设计点流动控制　　　　(b) 近失速点流动控制

图 6-54　端壁造型流动控制法示意图

6.3.7　小结

本节主要针对发生于一个典型高负荷压气机叶栅中的角区分离现象,探索端壁造型对于包含分离损失在内的多种损失源的控制与平衡规律。为保证结论量化、可靠,分析借助了统计学分析工具。运用相关性分析法、自适应神经网络对端壁造型数据库进行数据挖掘,研究了有关端壁造型原则、造型关键位置、流动控制方法三个层次的问题。分析过程考虑到了不同分析法之间的交叉验证,其结论具有高度的一致性。概括起来,主要研究结论有:

（1）端壁造型的基本原则在于控制角区分离的发展;在设计点下,端壁造型对于下游区域的影响更加显著,全局损失与二次流强度、通道涡强度关联并不紧密,设计端壁造型时不能通过控制全局二次流与通道涡强度的方式来试图抑制压气机的全局损失;在近失速点,端壁造型对于通道上游、下游的影响力相当。因为,角区分离的大幅扩展使得全局损失、二次流与通道涡发展紧密关联,因此,针对发生大面积分离的压气机流场,端壁造型可以将控制通道涡、全局二次流强度作为设计目标,以达到控制通道损失的目的。

（2）端壁造型的关键区域分布位置随角区分离的发展而变化;在设计点,压气机气动损失主要与通道吸力面侧及靠近尾缘区域的端壁造型有关;在近失速点,端壁造型控制损失最为关键的部位分布在吸力面角区上游、通道的中部与尾缘附近。

（3）端壁造型需要在不同的区域运用不同的流动控制方法,设计点与近失速点需要的流动控制方法有所差异,但若从对角区分离作用力的这个角度讲,两种工况下的流动控制方法都应在三维分离起始的位置减小端壁流动的流向趋势同时促进吸力面局部的横向流动,以此推迟分离起始;在之后低速区堆积的位置,同时促进端区沿流向与横向的流动,使端壁流冲向低速区与之掺混以减轻低速区与主流的掺混损失;此外,通道中部以至于压力面附近对横向流动的抑制作用有助于抑制吸力面角区分离的形成。合理的折中流动控制方法将有可能实现压气机端壁造型兼顾不同工况下的流动性能提升。

6.4　端壁造型反向设计法

6.4.1　引言

压气机端区流动的复杂性为其端壁造型设计带来难度。但不可否认的是,如果没有研制周期的限制和通用性的要求,现有技术可以借助数值优化技术为特定的压气机设计端壁造型方案并基本保证其实际应用效果,甚至可以使压气机获得多工况下的综合性能收益。

优化造型的一大缺陷就是极其耗时。虽然相比于过去,数值计算速度已经有了显著的提升,但是对单级压气机端壁造型开展一次最基本的优化设计依然需要耗费数周乃至数月的时间,更勿论对于多级、轮毂-机匣同时端壁造型,或多目标设计的情形。另一方面,如果采用快速的经验式设计方法,虽然在一定程度上验证了压气机端壁造型的法则,但对于造型位置的精确定位、端壁面坡度、起伏量级等具体参数仍然需要在实际设计中不断地推敲,并进行反复尝试。鉴于上述问题,为加速设计过程并提升设计质量,使用反向设计的思想发展一种新式的端壁造型方法。

反向设计并不是一个新的概念。在叶轮机领域,早已有将反向设计技术应用于叶片、叶型设计理论体系之中的先例[43-45]。反向设计的思路就是将期待的结果作为设计目标,基于物理理论建立目标和设计方案之间的对应关系模型,并借助模型求解出设计参数。相比于传统的经验式端壁造型方法,反向设计法有可能依赖更多的流场信息,这将有效减少传统设计过程中经验参数的个数,减少反复尝试的时间与周期;另一个优势是,由于不再直接将几何参数作为设计变量,反向设计法有可能通过合理地设计物理模型，用更容易把握的参数作为最终设计目标。其缺陷则在于不如传统的经验式设计方法稳定，为满足气动性能有可能得到不合理的几何解，因此在应用时需要添加诸多的限制因素。

鉴于压气机端区流动自身的高度非线性特征，用于发展端壁造型反向设计法的流动模型必须比实际的三维流动有所简化，既要保留端区流动的主要特点，又要尽量缩短设计与计算的时间。同时，反向设计法应具有一定的普遍适用性，可以适用于不同的轮毂、机匣形式。

6.4.2 压气机端区流动理论模型

压气机端区流动不能够单纯地被看作一个基元面内的二维流动问题。在压气机通道逆压力梯度、横向压力梯度、主流和壁面剪切力的综合作用下，压气机端区流动通常具有与主流流动截然不同的特征。即便在端区环壁附面层内部，气流运动受到的驱动力、约束、支配气动特点也会因其所处位置、速度的不同而有所差异。因此，建立压气机的端区流动模型必须结合其局部流动特点，并对近端壁流动进行适当简化。

1. 端区双层简化流动模型

图6-55给出了在设计工况下对西北工业大学压气机的静子进行数值模拟得到的端区流动，可以按照流动的特点标记出不同的区域：

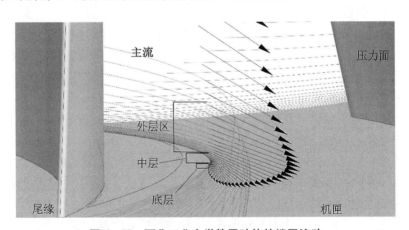

图6-55 西北工业大学静子叶片的端区流动

（1）在环壁附面层的底层区域，气流与壁面强烈剪切。由于该区速度很低，在横向压差的作用下发展出由压力面向吸力面的横向二次流，大致会形成覆盖在壁面表面的薄层流动结构，图中标记为"底层"（bottom layer）。底层的流动与角区分离的形成关系最为密切。低层区流体动能较低。一方面，由于流动与壁面之间的强剪切作用，流动动能不断地向热能转化耗散；另一方面，底层流动上方被中层、上层流动覆盖，上层流动透过中层施加静压在底层之上，并依靠剪切力带动底层，为其补充耗散掉的能量,使得底层的低速流动可以维持下去。因此,从某种意义上可以认为底层区的二次流动是由其外部的压力梯度与剪切作用共同决定的。

（2）在靠近主流的附面层区域,速度沿附面层厚度方向的剪切弱,流速仅略微低于主流,因而由横向压差导致的二次流作用不显著,在图中标记此区域为"外层区"。外层的气流运动相对简单,由于在流动扩压或收缩的过程中,伴随的静压变化大致与速度的平方呈正比,因此端区的静压场分布或变化主要来自外层区域的流动收缩与扩张。

（3）另外,在"底层"与"外层区"之间尚有一段过渡区间,标记该区域为"中层"。该区域兼有内层与外层的特征,却又均不具典型特征。中层流动起到连接内外层的作用,外层的压力与剪切通过中层气流的"传导"作用于底层区。考虑到近壁面速度的增长规律,中层沿附面层厚度方向的梯度约与外层相仿,比底层显著偏小。

前面已经解释过关于端壁造型的基本作用原理,可以从流动区域划分这一角度重新理解压气机构造非轴对称造型对于端区流场的作用。如图 6‑56 所示,当对端壁进行造型时,端壁压力变化主要源于外层至中层的高速流动在局部位置的收缩与扩张,底层的薄层流动随壁面的凹凸起伏而发生扭曲,外层加载的压力梯度变化则是导致其二次流动方向发生变化的主要原因。尽管端壁区的真实流动状况如图 6‑56(a)所示,分为底层、中层、外层。但考虑到中层并不典型的流动特点,在研究端壁造型的作用时可将中层忽略掉,这样,原本底层‑中层‑外层的三层结构就简化为底层‑外层双层结构,如图 6‑56(b)所示。添加如下假设对双层流动模型进行简化:

（1）端区压力场变化完全来自外层高速流动的收缩与扩压;

（2）外层压力变化作用至底层,以致低层流动的速度与方向发生变化,这是角

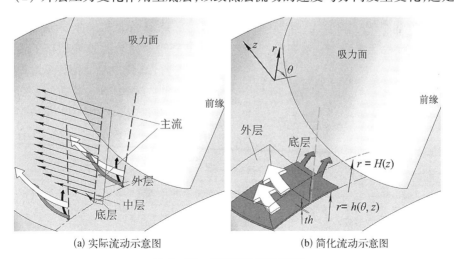

(a) 实际流动示意图　　　　　　　(b) 简化流动示意图

图 6‑56　端区流动简化模型

区分离及端区流场受到影响的唯一原因。

这里的端区双层流动模型简化描述了端壁造型作用与端区流动的方式。该简化流动模型是构建端壁造型理论模型的基础。

2. 控制方程组的推导

1）底层流动控制方程

为了得到数学控制方程，尚需结合其特点添加若干设定作为理论推导的前提。对于底层，设其流动为可压、黏性流动，且被动地被外层流动控制；对其建立正交坐标系 r-θ-z，定义底层靠近壁面一侧所在的 r 坐标为 $h(\theta, z)$；底层的厚度定义为 th，且不因端壁造型的存在而发生变化。外层延续与底层一致的坐标体系，设其流动为高速无黏流动，端壁造型引发的端壁区压力变化完全由外层的流动扩压与收缩导致。外层与主流区接壤的部位半径是 $H(\theta, z)$。在简化模型的基础上，则外层的厚度可表达为 $H - (th + h)$。考虑到底层厚度一般远小于 H，可简写为 $H - h$。

底层的流动控制方程采用端壁造型驱动力方程，即

$$
-\frac{1}{\bar{r}} \nabla(p_{\text{pew}} - p_{\text{ori}}) = \frac{4}{3} \boldsymbol{V}_{\text{ori}} \times \nabla \boldsymbol{W}_{\text{corr}} + \frac{4}{3} \nabla \boldsymbol{W}_{\text{corr}} \times \nabla \boldsymbol{V}_{\text{pew}}
$$

$$
= \begin{cases} \dfrac{4}{3} \boldsymbol{V}_{\text{ori}} \times \nabla \boldsymbol{W}_{\text{corr}}, & \boldsymbol{V}_{\text{ori}} \gg \boldsymbol{V}_{\text{corr}} \\[3mm] \dfrac{4}{3} \boldsymbol{V}_{\text{corr}} \times \nabla \boldsymbol{W}_{\text{corr}}, & \boldsymbol{V}_{\text{ori}} = \boldsymbol{V}_{\text{corr}} \end{cases} \tag{6-40}
$$

式中的下标"ori"说明该变量来自造型前的近端壁面流场，带有下标"pew"说明其来自造型后的端壁面流场，两者之间的差值则冠以下标"corr"。该控制方程推导自 N-S 方程组的一般形式，推导中使用了沿局部造型面的曲线坐标系 ε-ξ-η（图 6-57）。结合黏性底层区的流动特征对其进行简化之后，沿附面层厚度方向（η 方向）对 N-S 方程进行积分平均得到。因此，式（6-40）中的 ∇ 与 V 均是二维曲面系 ε-ξ 中的向量，具有如下含义：

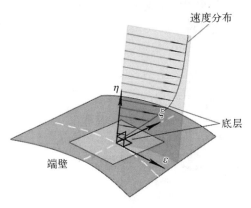

速度分布

底层

端壁

图 6-57　底层流动坐标系

$$
\nabla = \frac{\partial}{\partial \varepsilon} \boldsymbol{i}_\varepsilon + \frac{\partial}{\partial \xi} \boldsymbol{i}_\xi \tag{6-41}
$$

$$
V = V_e \boldsymbol{i}_e + V_x \boldsymbol{i}_x \tag{6-42}
$$

式（6-40）在推导过程中额外补充

了五个条件：① 底层区流动稳定、不可压；② 与叶栅的尺度相比，端壁造型的壁面起伏尺度很微小；③ 涡黏性系数 μ 为一常量；④ 底层流动均沿壁面切向，且垂直厚度方向的压力梯度为 0；⑤ 底层位于湍流边界层的黏性底层区。

这五个条件均与假设中对于底层区的描述特征相符合，因此方程(6-40)同样适用于描述介绍的底层流动，此处直接引用其结论而对其推导过程不做详细的论述。前文已经介绍，端壁造型驱动力方程实际上将端壁造型看作一种修正端壁区域速度场的方法。正是在这种修正力量的作用下，端壁底层的流动由原始压气机中的形式（变量下标标记 ori）被修正为造型后的形式（变量下标 pew）。而按照前面提出的简化模型，修正力产生的方式源于外层的流动收缩与扩张产生的压力梯度的变化，与底层无关。这就将底层的速度变化与外层的压力场变化关联了起来。通常情况下，端壁造型引发的修正速度 V_{corr} 相比于原始速度 V_{ori} 与造型后速度 V_{pew} 为一小量。因此式(6-40)可以简写为

$$-\frac{1}{\bar{r}}\,\nabla(\bar{p}_{\text{pew}}-\bar{p}_{\text{ori}})=\frac{4}{3}\,\bar{V}_{\text{ori}}\times\nabla(\bar{V}_{\text{pew}}-\bar{V}_{\text{ori}}) \qquad (6-43)$$

式(6-43)中各变量均冠以"-"，用以表明该量仅是在底层内定义有效的变量。

2）外层的流动控制方程

外层流动控制方程的推导参考了二维管道问题的推导过程。对于气体动力学中的变截面喷管问题，经典的流体力学方法是假设轴截面内气流参数均匀，在无摩擦、掺混损失的情况下，通过联立气动方程就可解出沿管道方向的速度、压力、马赫数变化，如图6-58中计算拉法尔喷管的示例。此处可将管道流动的截面平均假设推广至三维端壁流模型下，假设流动参数沿外层区厚度方向均匀分布。这样通

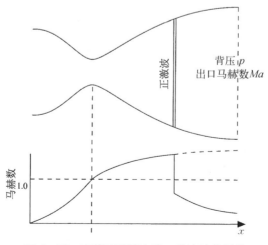

图6-58　变截面喷管中的一维流动分析法

过联立流量方程与机械能方程就可以得到有关流动控制的准二维形式方程。

具体的推导过程可参考图 6-59 给出的控制体模型。设作为研究对象的压气机端壁是圆柱面端壁，可依据其外层区建立一特殊控制体。控制体在轴向(z)、周向(θ)方向均为无穷小，但在半径(r)方向却贯穿外层区的整个厚度。由此可根据该控制体建立一个局部坐标系，取 $-z$、$-\theta$ 面作为其基准面，取 O 点作为其基准点。这样由基准点出发的端壁造型底面半径为 $r = h(\theta, z)$，根据前文对底层、外层的定义，外层厚度为 $H - (th + h)$。

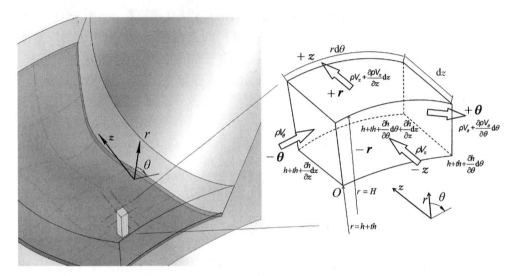

图 6-59　外层区流动控制体

根据外层区的流动特点，补充以下条件：① 流动为定常且流量守恒；② 黏性和剪切流动损失均为小量；③ 流动参数(ρ, p, $\boldsymbol{V}$, T) 在外层厚度方向分布均匀。

作为一个无限小单元控制体，设基准面内参数为 ρ、$\boldsymbol{V}$，则其四周表面（即 $+z$、$-z$、$+\theta$ 与 $-\theta$ 表面）的流动参数变量可以借助一阶 Taylor 公式写出。由于假设流量守恒，因此不会有流体自控制体的顶端（$+r$）和底端（$-r$）端面出入。控制体的定常流量方程于是具有如下形式：

$$m_{-z} + m_{+z} + m_{-\theta} + m_{+\theta} = 0 \tag{6-44}$$

式中，m 代表穿过某控制体表面的流量，由控制体面面积与该面密流乘积计算得到。将流量的具体表达式代入式（6-44）中，经过化简并略去高阶小量，可以得到

$$\frac{\partial \rho V_z \left[H^2 - (h + th)^2 \right]}{2 \partial z} + \frac{\partial \rho V_\theta \left[H - (h + th) \right]}{\partial \theta} = 0 \tag{6-45}$$

与经典流体力学的连续方程相比，式（6-45）中包含了描述外层厚度变化的参

数,也就是 $H-(th+h)$ 项,因此可用于描述端壁造型时的外层流动情况。对于无端壁造型的情形,$H-(th+h)$ 不随 $z-\theta$ 坐标发生变化,代入式(6-45)中即可消去,得到外层平均流面上的经典流体力学连续方程。

为式(6-45)引入新的参数,设外层区内速度在 $z-\theta$ 平面内的气流角为 γ,且有

$$V = V\cos\gamma \boldsymbol{i}_z + V\sin\gamma \boldsymbol{i}_\theta \tag{6-46}$$

用式(6-46)表述的连续方程即可化为下面的形式:

$$\frac{\partial \rho \sqrt{T_t - T}\left[H^2 - (h+th)^2\right]\cos\gamma}{2\partial z} + \frac{\partial \rho \sqrt{T_t - T}\left[H - (h+th)\right]\sin\gamma}{\partial \theta} = 0 \tag{6-47}$$

式(6-47)即为外层的流动控制方程。

此外,考虑到端壁造型有可能位于机匣区而非轮毂区,此时外层区的厚度为 $(h-th)-H$,应对式(6-47)坐标系进行一定的调整,变形为

$$\frac{\partial \rho \sqrt{T_t - T}\left[(h-th)^2 - H^2\right]\cos\gamma}{2\partial z} + \frac{\partial \rho \sqrt{T_t - T}\left[(h-th) - H\right]\sin\gamma}{\partial \theta} = 0 \tag{6-48a}$$

另外,对于具有收敛通道的压气机,其轮毂或机匣面不再是圆柱面,而是具有曲线形的母线。此时式(6-47)依然成立,只是要在端壁面局部位置建立曲线坐标系,并且进行坐标变换,如图6-60所示。图中 R 轴与局部端壁面相互垂直,S 轴指向母线的切线方向,并与 z 轴呈 α 角。这样上述控制体的角向尺度应当为 $\theta' = \theta\cos\alpha$,另定义 $h' = h/\cos\alpha$,$H' = H/\cos\alpha$,这样式(6-47)即可简化为在端壁面非圆柱面时的更加一般的形式:

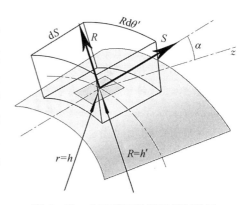

图6-60 曲面端面的流动控制单元

$$\frac{\partial \rho \sqrt{T_t - T}\left[H'^2 - (h'+th)^2\right]\cos\gamma}{2\partial S} + \frac{\partial \rho \sqrt{T_t - T}\left[H' - (h'+th)\right]\sin\gamma}{\partial \theta'} = 0 \tag{6-48b}$$

推导底层的控制方程(6-47)时已经提到,驱动底层的压力变化来自外层。在

端壁造型后，外层控制方程可写为

$$\frac{\partial \rho_{pew}\sqrt{T_{t,pew}-T_{pew}}\left[H^2-(h+th)^2\right]\cos\gamma_{pew}}{2\partial z}+\frac{\partial \rho_{pew}\sqrt{T_{t,pew}-T_{pew}}\left[H-(h+th)\right]\sin\gamma_{pew}}{\partial\theta}=0$$

(6-49)

在忽略外层区的损失（条件②）并假设端壁造型起伏量不大的情况下，外层区在造型前后熵相等，且 $z\text{-}\theta$ 面投影面内气流角保持恒定，因此有

$$\frac{T_{ori}}{T_{pew}}=\left(\frac{p_{ori}}{p_{pew}}\right)^{\frac{\kappa-1}{\kappa}}$$

(6-50)

$$p_{t,ori}=p_{t,pew}$$

(6-51)

和

$$\gamma_{ori}=\gamma_{pew}$$

(6-52)

考虑双层简化流动模型中底层区与外层区的关系，可以知道式（6-50）外层区的静压 p_{ori}、p_{pew} 在数值上与底层区 $\overline{p}_{oi}$、$\overline{p}_{pew}$ 相等。这样，就将端壁造型几何参数 $H-(th+h)$ 与造型前后的压力关联了起来，因此上述式（6-49）至式（6-52）即为外层的控制方程组。

3. 端壁造型理论模型

在推导完底层与外层的控制方程之后，就可以开始建立包含端壁造型的端区流动模型了。由于原型压气机及其内部流动现象已知，则底层方程式（6-43）将端壁造型驱动力与端壁面压力变化相关联；又由于底层的压力变化由外层的流动扩张与收缩所致，外层的控制方程组式（6-49）至式（6-52）将压力变化与端壁造型几何参数关联了起来。这样一来上述 6 个方程构成的方程组就将端区流动控制规律与端壁造型的几何相互关联了起来。

考虑到未造型端壁的流动状况已知，因此方程组中凡涉及原始压气机气动参数的变量均为已知参数。未知参数有 $\overline{V}_{pew}$、ρ_{pew}、$p_{t,pew}$、p_{pew}、$T_{t,pew}$、T_{pew} 及 h 共 7 个。这里额外为其添加理想气体状态方程，即

$$p_{pew}=\rho_{pew}RT_{pew}$$

(6-53)

这样，上述方程组体系含有 6 个方程、7 个未知数，并将端壁面压力变化与端壁造型几何相互关联起来。该体系用于设计端壁造型的几何时拥有一个自由度，只要给定除 h 外的任何一个未知数，就可通过联立方程组将端壁造型的几何设计出来。由式（6-43）及式（6-49）至式（6-52）构成的体系即为端壁造型理论模型。

此端壁造型理论模型尚有应用限制。首先是在推导底层区与外层区的控制方程时均用到了定常假设。由前面的推导过程可以知道该假设对于理论模型十分重要,因为它不仅消除了 N‐S 方程与连续方程中的时间项,更是造型前后端壁流动方程得以联立的前提。然而,流动的非定常性是不可避免的,且一直是压气机研究中的难题,因此为了避免误差过大,上述模型当应用于流动中没有强烈、大时间尺度非定常现象的情形,若涉及低速转静干涉、大面积的分离‐脱落现象将会导致较大误差。其次,模型的推导过程并未考虑到叶片转动。在相对坐标系下,由于离心惯性力对于流场的作用,外层区的相对机械能将随流动在叶高方向的扩张与收缩而发生变化,不再守恒,方程(6‐51)不再被满足。因此,模型在应用于转动部件时(特别是带有大回转半径的高速转子中)将产生较大的误差。尽管这一点可以借助"转子焓"理论进行规避,但是对于提出的理论模型,将其应用于静止部件中是通常情况下最好的选择。

至此,已经构建了关于压气机叶端流场的理论模型,发展的端壁造型的反向设计方法正是建立在该模型基础上发展而成的。

6.4.3　端壁造型反向设计法

1. 反向设计法的造型步骤

将造型后的速度场 $\bar{V}_{\text{pew}}$ 作为此处反向设计的设计目标。当给定预期的造型速度 $\bar{V}_{\text{pew}}$ 分布作为条件之后,借助上一节推导的 6 方程模型,就可以求解出端壁造型的几何参数 h。从理论上说,如此求解得到的几何应该能够完全将原始的端壁面流场 $(\bar{V}_{\text{ori}})$ 修正成作为目标的流场 $(\bar{V}_{\text{pew}})$。

考虑到在设计阶段提出的设计目标仅是一个对造型效果的预期结果,通常与实际造型后端壁面流动的样式有所区别,这里引入一个新的变量 $\bar{V}_{\text{target}}$ 代替 $\bar{V}_{\text{pew}}$ 作为反向设计方法中使用的流动控制参数。作为设计目标的 $\bar{V}_{\text{target}}$ 十分重要,因为该变量几乎决定了端壁造型的设计效果。$\bar{V}_{\text{target}}$ 的给定方法并不是唯一的,但无论用何种方法,$\bar{V}_{\text{target}}$ 的取值必须要与原始的端区流场 $\bar{V}_{\text{ori}}$ 相关联,并且含有能够改善原始端区流动的要素。

在确定设计目标后,可以根据下面四个步骤解出端壁造型参数 h,主要步骤如图 6‐61 所示:① 提取流场信息:使用数值方法求解未造型时压气机的端区流场,根据此时的流场信息决定底层、外层的界限、速度、气动参数分布,沿厚度方向平均并抽取各流场参数;② 确定目标流场:将端区流场在 (θ, z) 坐标面的投影离散为具有 $n \times m$ 节点的网格,按照计算网格确定作为设计目标的参数 $\bar{V}_{\text{target}}$ 在全流场范围内的分布情况 $\bar{V}_{\text{target}}(i, j)$;③ 求解端壁造型:将 $\bar{V}_{\text{target}}(i, j)$ 代入端壁造型模型的 6 方程组系统之中,求解 $h(i, j)$;④ 后处理与生成型面:对离散解 $h(i,j)$ 进行后处理,具体包括型面缩放与光顺处理两个方面。使离散解有可能生成光滑并

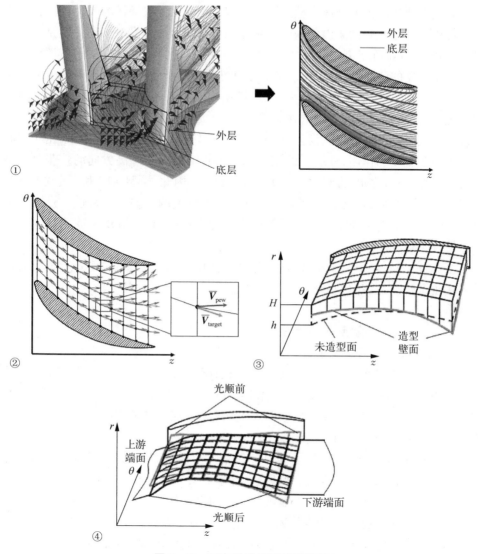

图 6 - 61　反向设计端壁造型流程

满足设计限制与加工需求的几何型面。最终应用离散解 $h(i,j)$ 生成光滑连续的端壁造型面。

　　上述步骤中,第④步的后处理不是必须的步骤,只在得到的造型结果与最初设计限制有冲突的情况下(如造型起伏量超限、造型面与上下游端壁面无法光滑连接)使用。因此,在发展的反向设计方法中不对第④步的后处理方法进行具体规定,实际操作时应根据需要自行设计一套算法来实现。特别需要指出,型面缩放与光顺处理将会在一定程度上使造型结果偏离设计目标,但在大多数情况下,该步骤又是为了使端壁造型应用于压气机中不得不做的折中处理。

2. 反向设计法应用实例

作为端壁造型反向设计方法的初步尝试,使用高负荷压气机线性叶栅进行实例验证。线性叶栅的坐标体系为笛卡尔坐标系,进口附面层沿周向均匀,且不含有附面层倾斜,这将使得步骤①中确定底层区、外层区、提取厚度平均参数等步骤变得易于开展。更重要的一点是对该叶栅使用经验式方法与优化方法进行端壁造型设计,而且对于该叶栅端壁造型的流动控制方法给出了比较确定、详细的论述,因此可以借助之前的研究结果对反向设计端壁造型效果进行评估。

当使用于叶栅时,需要结合笛卡尔坐标系的特点对控制方程(6-49)进行调整。可以将叶栅看成轮毂半径趋于$+\infty$的特殊压气机静子,若定义造型前后的端壁面几何分别为h_{ori}与h_{pew},那么$(H+h+th)/h_{\text{ori}}$的取值将趋近于2。将其代入方程(6-47)中,并定义沿周向的尺度$y=h_{\text{ori}}\theta$,这样就可以得到方程(6-49)应用于线性叶栅笛卡尔坐标系中的形式,即

$$\frac{\partial \rho_{\text{pew}}\sqrt{T_{t,\text{pew}}-T_{\text{pew}}}[H-(h+th)]\cos\beta_{\text{pew}}}{\partial z} + \frac{\partial \rho_{\text{pew}}\sqrt{T_{t,\text{pew}}-T_{\text{pew}}}[H-(h+th)]\sin\beta_{\text{pew}}}{\partial y} = 0$$

如此就可以在线性叶栅中使用反向设计法进行端壁造型设计。为了使造型结果便于对比,预先规定端壁造型的近壁面起伏尺度应在2.5%叶高以内,同该叶栅的经验式造型与优化造型保持一致。参照图6-61规定的流程逐步进行造型,图6-62给出了造型过程主要步骤的中间解。

1) 提取流场信息

反向设计依据叶栅在设计工况下的流动展开。有关外层区厚度的确定参照了端壁造型数据库。任选其中120组端壁造型样本,统计观测结果显示当造型起伏量限制在±2.5%叶高以内时,近端壁流动的伏动量在12%叶高的位置衰减为端壁面起伏量的1/5。考虑到此位置大致为叶栅进口附面层的0.99V厚度位置,本研究确定其为外层区的外边界。内层区的确定则依据黏性底层区假设,定义为$y^+=5$以内的区域,实际尺度约为0.15%叶高。规定端壁造型区域由前缘线至尾缘线,端壁面网格节点数为21×21,这样就可以将未造型端壁的底层区与外层区流场提取出来。图6-62(a)特别给出了底层区的厚度平均速度矢量分布。

2) 确定目标速度场

目标速度的确定方法十分关键。一方面,需要使得目标速度场相比原始流场具有改善叶栅流动状况的因素。在设计点端壁造型应当在叶中吸力面角区增加近端壁流动沿横向的趋势,抑制其沿流向的趋势;在尾缘吸力面角区附近则需要沿流向与横向同时施加作用力;另在通道中部附近使得横向二次流弱化的驱动力也大致有利于减小损失。另一方面,目标速度场与原型速度场的差$(\bar{V}_{\text{target}}-\bar{V}_{\text{ori}})$在造型区域的分布不能有过大的梯度,否则容易导致计算出来的造型结果在局部产生

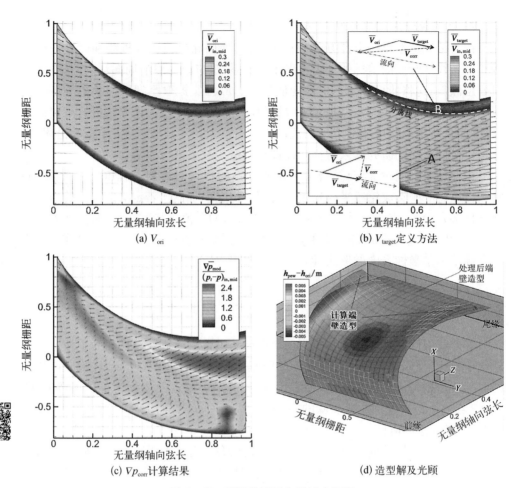

(a) V_{ori}

(b) V_{target}定义方法

(c) ∇p_{corr}计算结果

(d) 造型解及光顾

图 6-62　端壁造型反向设计中间解

过于剧烈的起伏量。

　　考虑到以上两点，此处采用了一个比较简便的设计目标速度的方法，如图 6-62(b) 所示。原始的底层区流动用标注为 $\overline{V}_{ori}$ 的箭头表示。显然，近端壁流动被吸力面附近的分离线划分为两个不同部分。在分离线靠近压力面一侧，横向流动由压力面指向吸力面，对目标速度的规定方法如 A 点中用标注为 $\overline{V}_{target}$ 的箭头所示，相比于原先的端壁面速度，将其横向分量去掉，仅保留流向分量。在分离线靠近吸力面一侧的狭长区域，原始的端壁流动为反流，并由吸力面指向压力面。对于目标速度的规定如 B 点中用标注为 $\overline{V}_{target}$ 的箭头所示，除了将横向分量取消以外，额外将流向分量进行翻转。这样的目标速度规定方式一方面保证了 ($\overline{V}_{target} - \overline{V}_{ori}$) 分布在全流场范围内光顺，另一方面也与 6.3 节提到端壁造型驱动力控制方式相符合。因此选取该方法作为反设计端壁造型目标速度的规定方法。

3）求解端壁造型

求解过程实际上分为 2 个步骤,第 1 个步骤中,将目标速度 $\overline{V}_{target}$ 与 $\overline{V}_{ori}$ 代入方程(6-43),根据速度分布直接计算 $\nabla\overline{p}_{corr}$ 的分布情况。计算时微分的部分使用 2 阶差分代替,将 $\nabla\overline{p}_{corr}$ 在节点上的分布全部求出,如图 6-62(c)所示;第 2 个步骤则将解出的 $\nabla\overline{p}_{corr}$ 代入由式(6-49)至式(6-52)构成的偏微分方程组。注意到方程(6-49)为典型的一阶线性双曲型方程,因此求解需采用推进方法,考虑到端壁造型与上下游边界的对接要求,本例中给定进口端壁起伏量为 0,按照流向由上游至下游推进计算;另外由于 $\nabla\overline{p}_{corr}$ 为矢量,且在每个节点都已经给出其确定值,因此对于此问题需要求解的未知数而言,条件的数目是过定的,这里参考文献[46]的方法求解其在最小二乘意义下的矛盾方程组解,最终可得到端壁造型的几何参数。

4）后处理

缩放采用线性法,将整个端壁面内端壁造型的最大起伏量缩放至 2.5% 叶高,其余点按照比例进行缩放;对造型前尾缘光顺使用 Bezier 拟合法进行光顺,强制其两端与上下游未造型时的固壁表面进行平滑对接,光顺前后的端壁面对比如图 6-62(d)所示。

5）生成端壁造型

借助 Bezier 插值算法,为后处理过后的端壁面离散点生成造型面控制曲线组并在 CAD 软件中生成端壁造型面。最终得到的端壁面命名为端壁造型 5.1,其云图如图 6-63(a)所示。图 6-63 中额外给出了两组端壁造型解,图 6-63(b)显示的是使用经验方法得到的端壁造型 2.3 结果,有关该造型的效果已经分析过,设计点端壁造型的效果较小,当来流攻角大于 3° 时则使全局损失增大;图 6-63(c)则给出了优化端壁造型 No.3 的结果,为方便描述此处称为造型 3.3。该端壁造型可

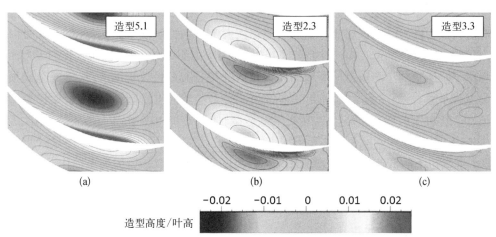

图 6-63　端壁无量纲造型高度云图

以在设计点与近失速点均有效控制端壁二次流动,并减小损失的产生。下面通过对比三组端壁造型的效果分析反向设计法造型结果的具体作用。

6.4.4　造型效果与验证

1. 端壁造型的流场分析

图6-64给出了原型叶栅与三组端壁造型在来流攻角自-1°增至+7°过程中的全局损失变化。可以看到用反向设计得到的端壁造型比造型2.3具有明显优势,不但在设计点使损失下降更多,在全工况乃至近失速点仍能够改善叶栅气动性能。但相比于优化造型3.3在大攻角范围内控制损失的能力仍存在一定差距。

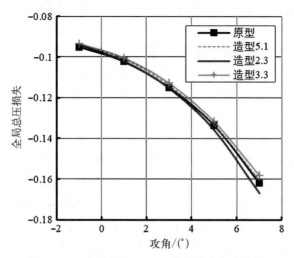

图6-64　全局损失 $Loss_{out}$ 随来流攻角变化图

端壁造型后的损失系数分布如图6-65所示。有关造型2.3的效果以及机制已有所讨论,在设计点,该端壁造型虽然能够在大范围内抑制端壁二次流动,并在吸力面尾缘借助局部加速二次流控制分离损失,但因吸力面20%~40%轴向弦长的吸力面角区下陷所致的流向压力梯度增加使得角区分离自起始位置更加严重,从而全局损失下降不显著;随攻角增大,通道主要损失源分布位置向上游转移,分离起始位置的流动恶化愈发严重,下游至尾缘附近端壁造型对流场的改善作用却有所下降,因此近失速点,造型2.3反而使损失有所增大。相比之下,反向设计造型5.1在设计点对20%叶高以下的低速流堆积改善效果显著,由图6-65可以知道损失系数比造型2.3明显减小的位置分布在4%叶高以下与6%~15%叶高的区域,前者推测应源于端壁造型在尾缘附近对端壁二次流、角涡的控制,后者则可能与分离起始位置的流动优化有关。此外,造型5.1可在设计点与近失速点都有效控制损失分布。其损失系数分布与优化造型3.3非常相似,在设计点比之更优,在近失速点略有不如。

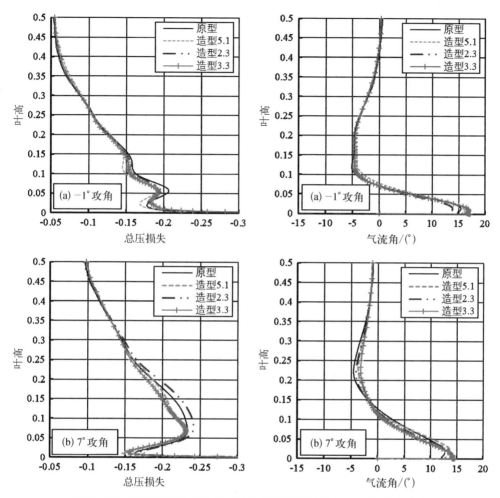

图 6 - 65　尾缘下游 40% 轴向弦长位置的损失系数 *Loss* 与气流角分布

　　为进一步了解端壁造型控制全局损失的机制,图 6 - 66 对叶栅损失源的变化进行分析。额外引入了一个新的变量,是由二次流造成的损失源 Cp_{SEC},定义为

$$Cp_{SEC} = Cp_{SU} + Cp_{SD} \qquad\qquad (6 - 54)$$

　　该损失源包含二次流能量耗散与分离损失,代表所有由二次流动直接或间接导致的流动损失。图 6 - 66 对每一个工况均给出端壁造型损失源相比于原型压气机损失源的改变量。每一幅柱状图中,第一条黑柱项 *Overall Loss* 项代表按照损失源系数计算得到的全局范围内的损失源之和的改变量,四组灰色柱项代表按照区域划分积分耗散函数得到的四个损失源的损失值,彩色的三条柱项则代表与流动现象相关的三组损失源。图 6 - 66 中另给出了红、黑两组数字。黑色数字的数值代表某类损失的减少量在原型损失源总量所占的百分比;红色数值代表某类损

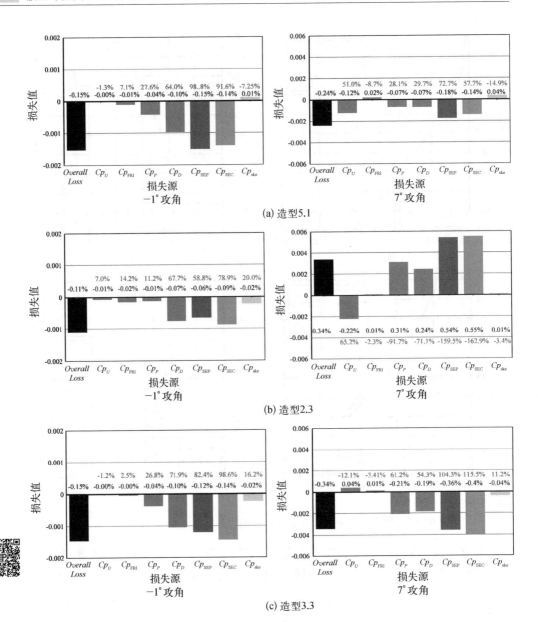

图 6 - 66   损失源变化分析

失的减小量在该造型所致的总体损失减小量中所占的百分比（即该损失变化对性能改进的百分比贡献）。按照损失源评价，造型 5.1 使设计点损失下降约 1.5%，以尾缘为界限，其下游部分控制损失的贡献约是上游区域的 2 倍，下降的全局损失中有 99% 来自对分离损失的抑制，但二次流耗散比原型叶栅有所增加，故与二次流控制相关的损失下降约有 92% 的总贡献；当攻角增至 7°时，端壁造型抑制分离损失的能力比设计点下降超过 50%，分离损失下降所作的贡献仅占到全局的 73%，二次流耗散仍比原型增加,与控制二次流相关的损失下降约有 58% 的总贡献。

造型 5.1 与经验式造型 2.3 相比,在设计点虽没有减小全局二次流耗散,但却显著减小了 Cp_U 与 Cp_D 两处损失源,因此使得全局分离损失显著下降;在近失速点依然保持对分离损失一定程度的控制力。这说明反向设计端壁造型比经验式设计端壁造型的优势之一在于多攻角下对分离损失的控制。

造型 5.1 与优化造型 3.3 在设计点对于损失源的控力度相差不大,后者对分离损失的控制力度略显不足,但更好地抑制了尾缘下游的二次流耗散;在近失速点,优化造型 3.3 相比于造型 5.1 的优势十分明显,其对于尾缘上、下游分离损失源抑制程度均达到造型 5.1 中的两倍。这说明优化造型对于叶栅工作范围内性能的整体提升效果更好,且在近失速点,比反向设计造型更能抑制分离损失。

上述损失分布的差异必然源于各端壁造型对于流场控制的差异,由于已明确了造型 2.3 对端壁流动影响的原因,这里特别对比造型 3.3 与造型 5.1 的角区流动,分析造型 5.1 对流动控制的特点。图 6-67 与图 6-68 给出了二者与原型在设计点与近失速点的三维流场图,视图对准吸力面靠近尾缘的部分,这里隐去相邻的叶片,使得吸力面的流动从前缘至尾缘完全显示出来。对于每组端壁造型,左侧的图主要给出其端区二次流,右侧图给出端区静压分布信息。已知在湍流边界层的黏性低层区总有

$$y^+ = u^+ = V/V_t \tag{6-55}$$

式中,V_t 代表摩擦速度。因此图 6-67 左侧的图中给出的 $y^+ = 3$ 等值面上的摩擦速度云图即可表征近壁面流动的速度快慢,另给出三维流线以指示其流动方向。尾缘上游 20% 轴向弦长处的轴截面给出了耗散函数分布的云图显示当地分离损失。图 6-67 右侧的图则用来指示出静压系数 C_p 分布。角区分离低速区使用 $V = 0.1V_{in, mid}$ 的等值面显示。

首先对设计点流场进行分析,对比图 6-67 左侧的流场图可看出,造型 5.1 在距尾缘 20% 轴向弦长以内的吸力面角区(黑色虚线圈内)局部加速二次流与爬升的流动并使之向下游方向扫掠,而在更加外围的区域抑制横向流动;对照右侧压力云图可以知道,其在 60% 至约 90% 轴向弦长位置的静压梯度变化同已有的流动控制结论相一致,该作用将一方面防止自压力面流出的低速流动在吸力面角区过渡堆积,另一方面加速分离区的局部掺混,由尾缘下游 10% 轴向弦长处的耗散函数云图可知其使分离区与主流的剪切损失显著下降。另一方面,在距前缘约 40% 轴向弦长位置的流向压力梯度略有增强,该现象与前面在分离起始位置的流动控制规律部分吻合,虽无明显横向增强二次流,但根据三维流线图可以知道,沿壁面的爬升流动显著增加,如图 6-67 左图白色箭头所示。相比之下优化造型 3.3 在尾缘附近靠近吸力面处的流动加速不如反向设计造型 5.1 剧烈,这是导致优化造型结

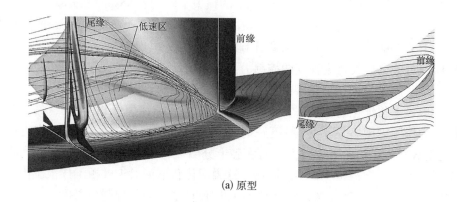

(a) 原型

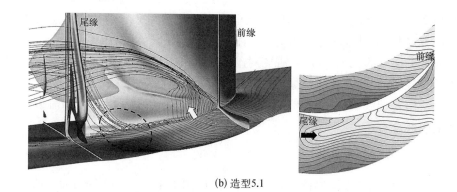

(b) 造型5.1

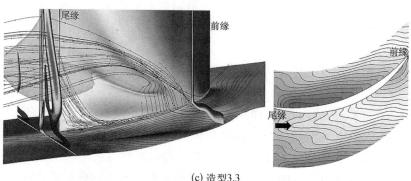

(c) 造型3.3

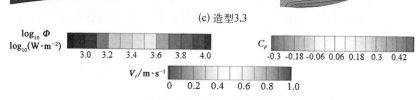

图 6 - 67 设计点三维流动

果对下游分离损失源 Cp_D 控制力度不够的主要原因;在上游区域也未如同造型5.1 一般对流场做出有利的贡献。此外,可以观察到在距尾缘10%轴向弦长以内区域,造型3.3 与造型5.1 均出现逆压梯度增强,如图6-67 右图黑色箭头所示,该现象是为保证端壁造型与下游壁面平滑对接的折中结果,在优化造型中,该现象来源于尾缘处的 Bezier 曲线设置,在反向设计造型中则来源于造型后处理。根据已有结论,这并不利于端壁造型对于损失的控制。但虽然如此,这种不利因素并未抵消端壁造型对于抑制全局损失的正向贡献。

在近失速点,通过压力云图可以知道,端壁造型对于流场的作用方式变化不大,唯一显著的区别在于吸力面角区的上游位置:优化造型使得流向压力梯度有所增加,加强了横向二次流沿壁面的爬升,反向设计造型则没有引发这种影响。在近失速点,分离起始位置、损失源皆比设计点移动到更加上游的位置,因此,优化造型中的流动控制比反向设计造型更加有利于损失控制,由耗散函数云图(图6-68)可知造型3.3 中角区分离自上游发生至堆积于尾缘附近均比原型显著减小,而造型5.1 的流场却看不出前一种变化。上述尾缘附近的损失抑制得益于二者在吸力面尾缘对爬升二次流的控制,只是该工况下,尾缘损失所占比例不大,这使得造型5.1 并没有发挥出比造型3.3 更高的流动控制能力。

上述观察证实了端壁造型反向设计法的造型效果。该方法比经验式方法控制流场效果更好,端壁造型虽是针对设计点的端区流场开发的,但在全功况内仍能提升叶栅性能;在设计点的流动控制效果可与优化结果相比拟,在近失速点相比优化造型仍有一定差距。

2. 反向设计法效果评估

通过对比数值计算结果验证了反向设计法得到的端壁造型的气动性能。但另一个很重要的问题是:对于上述反向设计法而言,使得叶栅气动性能优化的主要原因到底是否是源于设计意图中的流动控制? 这一点对判断本例中反向设计法的应用成败十分关键。

已有的流场分析与壁面静压分析指出:反向设计法得到的端壁造型在通道中后部以及靠近吸力面角区的部分基本是按照预期的方式影响叶栅流动性能的。由于本例反向设计是依据叶栅在设计工况下的流动展开,图6-69 给出了造型5.1 在该工况下对应的修正速度 $\bar{V}_{corr}$ 矢量流线图,其背景云图代表无量纲修正速度的模量。由于在端壁造型过程中曾经做过造型起伏量的缩放,因此图6-69 中真正有意义的是修正速度的方向及其相对大小,而非绝对数值。图6-70 给出了造型5.1 型面光顺引发的变化以供参考。图6-69 中根据修正速度的方向,可以大致将端壁面的流动控制分为四个区域:

i. 位于压力面侧从前缘延续至60%轴向弦长的狭长区域,该区的流动控制方向与预期不符,但量级较小且在6.3 节的分析中曾指出该区的流动控制在设计点

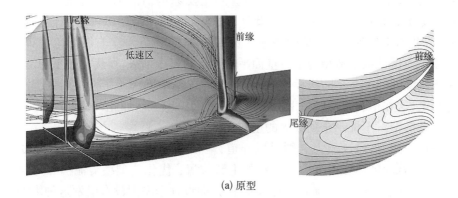

(a) 原型

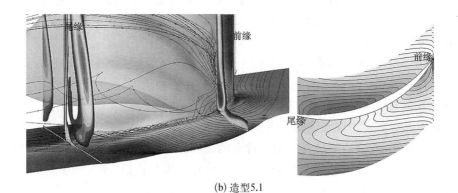

(b) 造型5.1

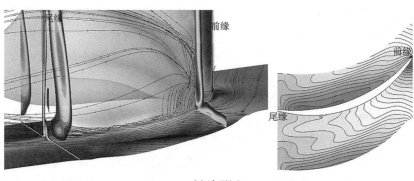

(c) 造型3.3

$\log_{10} \Phi$
$\log_{10}(\mathrm{W \cdot m^{-2}})$　　3.0　3.2　3.4　3.6　3.8　4.0

C_p　　-0.3 -0.18 -0.06 0.06 0.18 0.3 0.42

$V_t/\mathrm{m \cdot s^{-1}}$　　0　0.2　0.4　0.6　0.8　1.0

图 6-68　近失速点三维流动

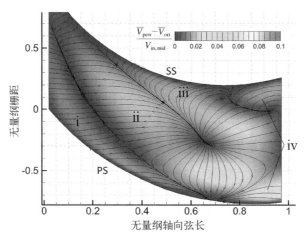

图 6-69　设计点造型 5.1 修正速度分布

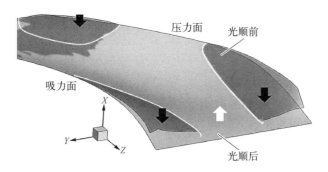

图 6-70　造型 5.1 型面光顺

对全局损失的变化影响不大。因此该区域属于未按照预期造型但基本不带来气动性能收益的区域。导致该区端壁造型作用与预期出现偏差的原因应与图 6-70 中所示的端壁面光顺带来的影响有关。

ii. 位于通道中部的大片区域,该区域的修正速度显示的端壁造型作用并不完全与预期值相符合。在流向上,通道前区至 $60\%C_a$ 倾向于在抑制横向流动趋势的基础上额外沿逆向施加作用,由于本区域处于通道中部,基本不受端壁面光顺的影响,这额外加上的逆向力推测应来源于计算时产生的偏差,最有可能源于图 6-61 中步骤③中求解矛盾方程组的部分。结合 6.3 节得到的结论,这一部分逆向的驱动作用并非抑制角区分离的必要条件,虽与设计初衷不符,但却会对控制分离起到正面作用。在偏下游的位置修正速度方向基本与预期相符。总而言之,该区域属于未完全按照端壁造型预期,但偏差的部分对性能影响不显著的区域。

iii. 位于通道吸力面角区的狭长区域,该区域对速度的修正完全符合设计目标,结合 6.3 节的流动控制方法,该区域是在设计攻角下端壁造型控制分离的主要作用区域。因此,此区域端面造型的作用应属于与预期相符,又有利于减少损失的区域。

iv. 位于吸力面尾缘至中部的块状区域。该区域与已有的设计期待相违背,在靠近叶片的部位引发逆流增量,因此也与 6.3 节的造型经验相违背。如图 6 – 69 所示,造成这种速度变化的原因在于壁面压力梯度的改变,如图 6 – 70 所示,联系壁面起伏变化所致的压力变化倾向,这种不一致性很可能由造型后处理中尾缘附近的端壁光顺所致。该区的流动不按照预期,且对叶栅性能带来负贡献,但正如之前的流动分析所指出的,由于其余部位端壁造型的积极作用,该处的负面作用并不能对端壁造型的效果带来颠覆性的影响。

经过上述分析可以看出:反向设计法的造型结果基本反映了设计意图,且符合设计意图的部分对压气机叶栅设计点带来显著的气动收益,反向设计法的适用性因此得到了证明。

6.4.5　小结

使用反向设计的思想发展出一种新式的端壁造型方法。该方法的提出基于对压气机端区流动的理解:结合其低速、强剪切、贴壁流动等气动特征,本节由基本流动方程导出压气机端区的简化流动模型。该模型忽略了流动细节,含有 6 个方程,包含端壁造型几何参数在内共有 7 个参数。因此可以按照反向设计的思想,通过给定对端壁流动的设计预期,计算求出端壁造型的几何参数。

对典型高负荷线性叶栅的数值分析结果体现出该方法相比于经验式设计方法的显著优势:由于型面起伏规律由计算确定,对于壁面压力分布的控制更加精准,避免了经验式造型中由于局部壁面起伏过于剧烈导致的分离恶化现象。与优化造型相比,反向设计法耗时少,其在设计点因显著控制分离使全局分离损失显著下降,效果可与优化造型结果相比拟;在近失速点,反向设计造型控制分离损失的效果不及优化造型,但依然保持对流场一定程度的控制力,减小损失的程度约达到优化造型的 50%。经流场分析,反向设计法的造型结果基本反映了设计意图,且符合设计意图的部分对压气机叶栅设计点带来显著的气动收益,因此可证明该方法的适用性。

反向设计法尚存在一定不足,由于造型后对端壁进行了后处理,且算法中设计涉及求解矛盾方程组,端壁造型实际对流场引发的改变只能大致反映设计意图,具体偏差到哪种程度无法在求解过程中预先判断。其中特别需要指出的是有关矛盾方程组求解的部分,近年来已有的研究结论提出可以借助系数加权的方法调节解对于各方程的逼近程度,这一点若与 6.3 节有关端壁造型关键区域的分析结论相结合,应有可能在一定程度上调整流动控制偏差,并进一步提升端壁造型对流动的全局控制效果。从这个意义上来看,本节发展的反向设计法尚有进一步发展的空间。

6.5　高负荷串列静子的端壁造型研究

6.5.1　引言

为了在保证压气机高效、稳定工作的前提下进一步提升其级负荷,多级压气机中常使用串列叶型技术抑制分离,以协助气流在有限的轴向空间内完成更多的流向偏转。相比于常规压气机,串列叶型将原本完整的叶片分为前后两段,原本在一个通道内完成的持续增压任务也随之分配至由前叶、后叶构成的两个扩压通道,如图 6‐71 所示。

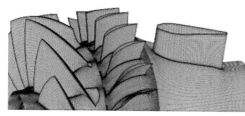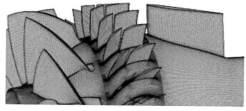

(a) 常规压气机级　　　　　　　　　　　　(b) 带有串列静子的压气机级

图 6‐71　压气机中的单列静子与串列静子[47]

由于串列设计引入了额外的叶型部件,压气机结构设计和装配难度显著增大;从气动方面来说,通道流阻有所增加,但原本在吸力面连续发展的附面层于前叶尾缘被迫中断,因此串列叶型可以显著抑制吸力面气动分离。根据已有文献[48]、[49]可以知道,具有同等水平设计参数(如轴向尺度、叶片弯角等)的串列压气机叶片往往比单列叶片具有更好的气动性能。串列设计通常可以"在基本保持通道损失不变的前提下,增大压气机的负载范围"[50]。虽然通道结构更加复杂,但当合理分配级内载荷时,有可能使轴流压气机在更小的轴向尺度内完成增压任务[51]。因此,结合近年来对于高推比飞机发动机的设计需求,串列叶栅被认为是提高级负荷、扩大压气机喘振裕度的理想方法之一[52]。该技术已应用于 AJI‐31Φ、JT8D、CFM56 等机型的中压气机或风扇末尾级中,并被 IHPTET 计划列为核心关键技术进行实验验证。

鉴于串列叶型技术在高负荷压气机中的普及应用,本书将结合在串列叶型端区气动问题领域已有的研究结论,以一含高负荷串列静子的压气机为研究对象,探讨应用端壁造型的可行性与气动收益。

6.5.2　串列叶型中端区流动问题的研究成果

串列叶型如何对端区流动产生影响? 这是一个颇为复杂的问题。一方面,作为叶栅的低叶展局部区域,端区流动与主流一样涉及吸力面附面层的"重新生成"

与前后叶片的相互干涉，即串列叶栅对于基元平面内二维流动的控制，为表述方便称其为串列叶栅的"二维问题"；另一方面，高负荷压气机端区流动的与众不同之处在于其横向二次流、通道涡与角区分离的综合作用，因此相比于主流区，串列叶栅对于端区流动的控制额外涉及其对于端壁二次流、角区分离等三维流动结构的影响，此处称其为串列叶栅的"三维问题"。为明确串列叶型的端区流动特性，下面将结合国内外的研究，分别对"二维问题"和"三维问题"进行探讨。

1. 关于串列叶型"二维问题"的主要结论

在不考虑三维端壁效应的情况下，串列叶型的气动收益主要得益于其对吸力面附面层发展的抑制和前后叶片之间的相互作用，因此主要与串列叶栅在 S_1 平面内的结构相关[53]。在过去的几十年间，国内国外进行过大量有关串列叶栅二维结构的理论与实验研究，但大致可归结为对于两个问题的探讨：

（1）前后叶载荷如何分配；

（2）前叶与后叶的相对位置如何确定。

Sanger[54] 曾经系统地研究过上述问题。他将串列叶栅的二维几何特征概括为对 5 个结构设计参数的选择（图 6-72），分别是：通道扩张度（F）、轴向重叠量（L）、轴向间隙（G）、弯角比（φ_R/φ_F）、弦长比（C_R/C_F）。

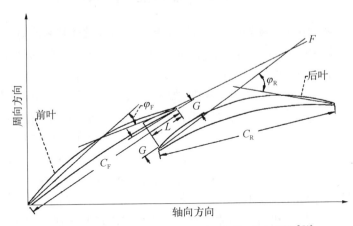

图 6-72　由 Sanger 定义放入串列叶栅几何参数[54]

其中，通道扩张度涉及压气机叶排的整体扩压性能。弯角比、弦长比是与串列叶型前后叶的载荷分配有关的参数，当附面层由前叶开始发展时，附面层的增长速度主要受制于前叶的载荷分布；此外，附面层发展中断于前叶尾缘位置并从后叶的前缘位置重新开始。因此，弯角比与弦长比的选择将在很大程度上影响吸力面附面层的发展，是影响串列叶栅性能的重要参数[55]。轴向重叠量、周向间隙则与前后叶片的相互作用有关。当串列叶型进行工作时，后叶前缘受到前叶尾迹与压力的综合干涉，合理定位后叶前缘将降低后叶在吸力面的速度峰值，从而抑制后叶的吸力面分离[53]。

结合早期 Ohashi[56]、Railly 等[57]、Mikolajczak 等[58]、Bammert 等[59]、Mcglumphy 等[55]与近年来 Canon[60]、Schluer 等[61]的研究结果,关于串列叶栅二维作用,比较一致的结论包括:① 串列叶栅的载荷分布对于叶栅性能的影响十分显著,文献[56]与文献[61]的研究均显示,在前后叶中进行等载荷分配对串列叶栅性能较为有利;② 前、后叶相对位置对于性能有重大影响,其中轴向位置关系比周向位置关系更加关键[58];③ 后叶前缘应置于前叶压力面附近[56,60];④ 周向叠合量在 0 附近串列叶栅在广泛的攻角范围内,气动性能较好[55-57,59,62]。

2. 串列叶型中的"三维问题"

高负荷压气机中的端壁二次流常引发吸力面角区分离。由上节文献综述可知,串列叶栅会在基元平面内抑制吸力面附面层并引发前后叶片的相互作用。这种作用一方面会直接影响角区分离的发展与演化,另一方面则会干扰端区附面层与二次流的发展,从而依靠另一种机制间接影响角区分离的形成。显然,串列叶栅的三维问题远比二维问题复杂。近年来随着计算流体力学的发展与应用,有部分研究开始逐渐涉及该领域,但也只是处于起步阶段。

在流动机制方面,2010 年 Mcglumphy 等借助数值模拟研究了串列叶栅的角区分离现象(图 6 - 73)[63]。研究发现前叶的气动特性与常规单列转子无异,近失速工况下叶端区域将会在端壁二次流的作用下生成显著的角区分离区;后叶的流动则在很大程度上受前叶出口气流的影响,其三维流动特性比常规压气机中的更加强烈,在近失速点工况,后叶由二次横向流动导致的角区分离比设计点工况更为弱化,但低能流体与前叶尾迹发生融合,叶高方向的不均匀性也有所增加。2014 年 Hertel 等[50]的研究借助油流实验揭示了三维角区流场的变化(图 6 - 74)。实验结

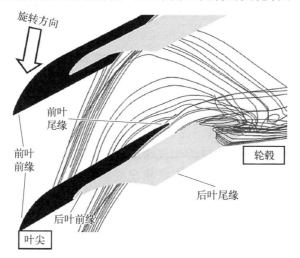

图 6 - 73 **Mcglumphy** 等模拟得到的串列叶栅角区分离[63]

果验证了 Mcglumphy 的结论。随着来流攻角的增加,前叶的角区流动拓扑变化类似常规压气机。在大攻角下,前叶吸力面分离的开始位置提前至约 10%轴向弦长,沿叶高方向增长达到约 30%;端壁面靠近吸力面前缘位置发展出明显的分离漩涡。相比之下,后叶的流动拓扑变化并不明显,研究甚至发现后叶尾缘附近的分离区随攻角增大而减小,图 6-74(b)中可以看到后叶吸力面侧由缝隙向下游方向发出的油流轨迹。显然,由于前叶尾流的射流作用,后叶的端壁二次流向吸力面的发展被抑制,角区分离随之减轻。Tesch 等[53]实验得到的叶栅出口损失云图与三维油流图也得到了类似的结果。

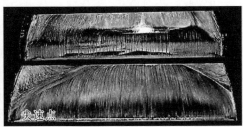

(a) 吸力面

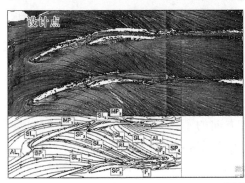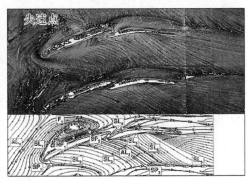

(b) 端壁面

图 6-74　串列叶栅角区分离的实验结果[50]

在应用设计方面,Bohle 等[64]首次将二维叶栅结构与端区三维分离的变化结合了起来(图 6-75)。其研究中构造了负荷、稠度相当,但前后叶弦长比不同的两组串列叶栅。数值与实验结果显示:压气机前叶的流动状况对于来流攻角最为敏感;在大攻角时,由于前叶自缝隙的吹气速度增加,该作用将抑制低能流动在吸力面角区的聚集与堆积,因此后叶的流动状况变化不大,角区分离甚至会被抑制。Bohle 认为,近失速点前叶的角区分离问题与流动恶化更加突出。在考虑三维效应的情况下,串列叶栅弦长比过小将导致前叶稠度过小,对端区流动十分不利。应考虑适当将更多的弦长分配给前叶才能尽可能提升串列叶排的稳定性。

以上总结了近年来有关串列叶型"三维问题"的主要研究成果。相比"二维问

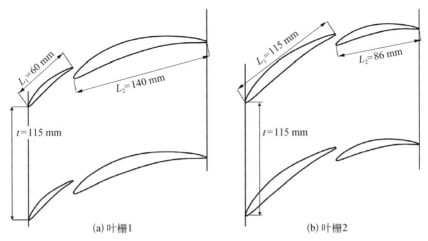

(a) 叶栅1　　　　　　　　　　　　(b) 叶栅2

图 6-75　Bohle 等关于不同弦长比对角区分离影响的研究[64]

题”,“三维问题”的研究较少,且并没有形成完备的理论-应用设计体系。角区分离的发展与附面层厚度、叶片稠度、附面层倾斜等许多因素密切相关,而对于串列叶型而言,上述因素与其端区流动的相互作用机制及对损失的影响尚不明确。鉴于在流动控制方面,尚未了解到在串列压气机中应用端壁造型的公开报告,端壁造型技术应用于串列压气机时将有可能面临许多不确定因素。

6.5.3　高负荷串列静子的端区损失数值研究

1. 研究对象与数值方法

研究对象为一高负荷跨声速压气机中的典型级。图 6-76 给出了该级的三维示意图。

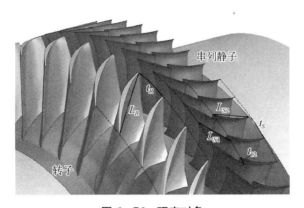

图 6-76　研究对象

转子展弦比仅为 0.8,叶尖稠度为 2.3,这种小展弦比、大稠度的设计方案具有典型的高压压气机转子特征;静子展弦比与转子相仿,出口带有去预旋设计,其串列叶型弦长比约为1，轴向叠合量为0，该串列静子应具有在多工况下高效工作的特征。静子叶片在近端壁位置正弯，且周向间距偏大（本例中超过叶距的30%），前者有助于控制端壁横向流动，后者则估计是为了借助前后叶泄漏流动抑制后叶上的附面层分离。另一个比较特殊的地方在于本书串列静子的稠度较大，叶根区前后叶均达到约1.5，该特征在早期有关串列叶栅的研究中没有遇到过，其对于端壁流场与损失的影响暂不明确。

采用 NUMECA 软件包对研究对象进行数值分析。图6-77 给出了计算域的设置方法。对于跨声速压气机来说，转子叶顶前缘激波会受到上游静子的干涉，为模拟转子所处的级环境特征，特别在转子前1/3轴向弦长位置加装0预旋导叶；导叶与转子、转子与静子之间均设置无反射转静交界面；转子为数值计算设置边界条件的需要，在静子之后另加装出口延长段与导叶。

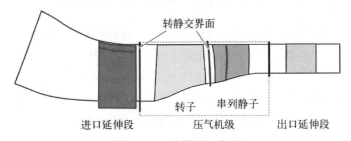

图6-77　计算域示意图

转子、静子的网格设计参考了之前的设计经验，所有叶排均采用 H-O4H-H 拓扑结构，端壁区加密至第一层网格 y^+<5。图6-78 特别给出了对于串列静子网格的处理方法。考虑到本例中前后叶的周向间隙较大，对前后叶分别构造网格，并在中间留有非匹配"接缝"（图6-78 中虚线位置所示）。该接缝位置须尽量远离后叶吸力面，以防止其对后叶吸力面附面层计算造成影响。网格无关性验证显示，

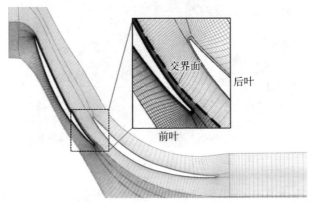

图6-78　串列静子网格设计

当转子通道网格量超过 50 万,静子通道网格超过 100 万时,总性能基本不随网格数量增加而发生明显变化;结合流场内部的参数可以知道,当转子网格加密至超过100 万,静子网格加密至超过 160 万,达到网格无关性要求。此时全局网格量约为350 万。

数值计算使用 Euranus 求解器计算 RANS 方程组。时间推进采用四级四阶龙格-库塔格式,空间离散采用 Jameson 的二阶格心格式。使用单方程 S－A 湍流模型封闭方程组。进口边界按照海标状况给定进口总温总压边界条件,出口给定平均静压边界条件。为加速计算,额外采取局部时间步长与多层网格计算方法。

将该 CFD 方法应用于 Bohel 等曾研究过的高负荷低速串列叶栅中[64]。图 6－79 与图 6－80 给出了不同攻角下全局损失与出口损失分布。由图6－79 可以知道,数值计算基本反映了叶栅的损失变化,在设计点与大攻角附近的计算结果更加准确。图 6－80 中

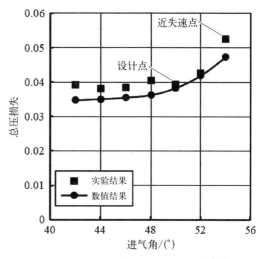

图 6－79　CFD 方法用于 Bohel 等[64]串列叶栅的计算结果

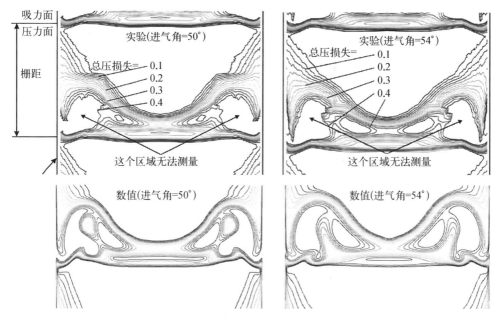

图 6－80　设计点与近失速点出口损失分布的实验与数值模拟结果

的出口截面损失分布显示,数值模拟的叶中损失略小于实验,这可能是全局损失被欠预估的原因。除此以外,计算损失核心区的量级与分布同实验基本一致。这说明即便是在串列叶型的复杂结构中,CFD 方法也有足够的求解精度。本计算方法可以达到分析性能与流场所需的精度。

图 6-81 给出了数值计算得到的压气机总特性。其中流量均以该转速下最大流量进行无量纲化。轴流压气机设计点无量纲流量约为 0.977,设计点与峰值效率点不重合,压气机综合裕度约为 9.8%,流量裕度为 6.8%。如图 6-81(b)所示,压气机整级效率与转子效率之差自大流量点约 9% 逐渐减小至峰值效率点附近约

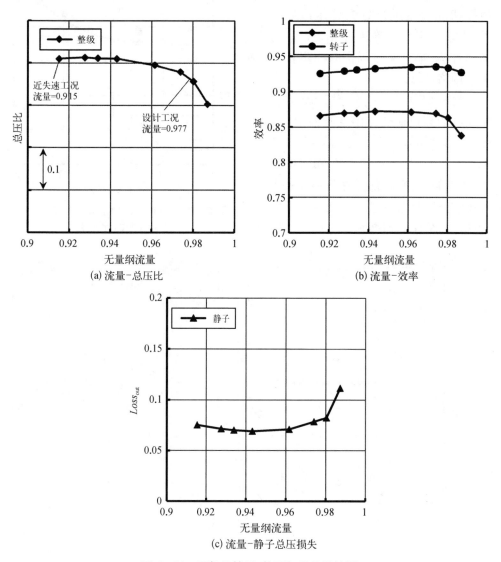

图 6-81   压气机转子、静子与级总特性图

6%;结合图6-81(c)中静子损失在设计点附近的突然增加,可以推测出,静子在设计点附近可能存在比近失速点更加严重的气动问题。

2. 轴流压气机流动损失分析

图6-82给出了转静子中的效率与总压损失系数分布。图6-82中定义的效率与损失均指基元平面内叶排出口相对于等叶高位置进口参数的等熵效率与总压损失系数,图6-83则特别借助耗散函数的概念,利用其不被输运的特性,观察损失在流场中产生的确切位置。

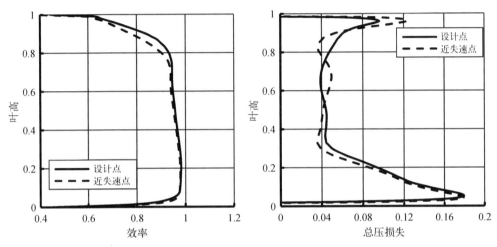

图6-82　转子、静子出口截面效率与总压损失分析

转子的高损失区主要集中在80%叶高至叶顶区域。由图6-83可知,在70%叶高~叶顶,耗散函数 Φ 指示高损失区分布于从前缘至 $0.4C_a$ 位置,并在近失速点进一步增加,(图6-82局部效率下降约4%,Φ 峰值变化超过5 000 W/m³)。该变化符合通常情况下压气机转子的气动规律。定义图6-84中转子损失增加最显著的截面为截面1,图6-84给出了设计点与近失速点位置截面1上的耗散函数云图,另给出转子的间隙泄漏流线(图6-84中实曲线)。耗散函数分布显示该区域损失核心位于间隙泄漏涡核附近,转子叶顶流动损失应该主要由间隙泄漏涡所致;相比于设计点,近失速点的间隙泄漏涡轨迹更加偏向上游方向,涡核体积膨胀,涡强度增加,对应于涡核位置的耗散函数数值也显著增高。因此,转子叶顶区损失随工况的变化主要与间隙泄漏的发展相关。此外,吸力面叶表的耗散区显著增长,这也是损失增加的主要原因。

图6-85、图6-86、图6-87给出了静子通道 S_1 流面速度场与三维流动速度场。在转子影响下,随机匣区堵塞增加,静子进气攻角增大,机匣端区损失同样随节流而增加。相比于静子机匣,静子近叶根30%叶高以内的损失更加显著,但反常的是近失速点比设计点损失略微下降1%。图6-83的耗散函数分布指示出高

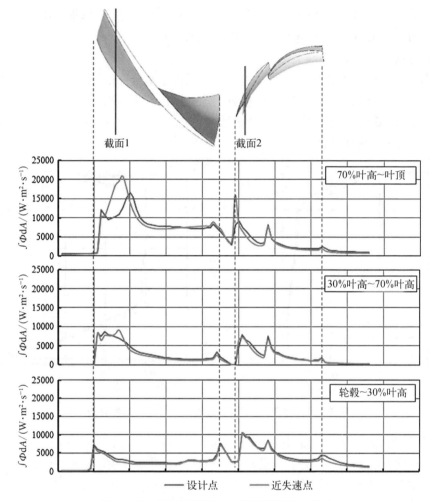

图 6-83　压气机通道内耗散函数沿流向分布

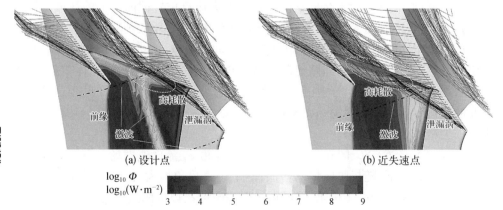

(a) 设计点　　　　　　　　(b) 近失速点

图 6-84　截面 1 转子叶顶间隙泄漏流与耗散函数分布云图

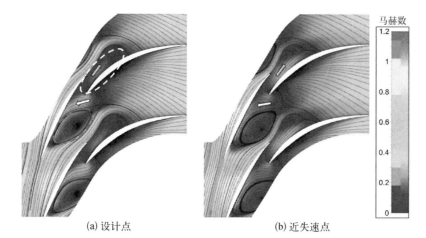

(a) 设计点　　　　　　　　　　(b) 近失速点

图 6 - 85　静叶轮毂 1%叶高截面内速度分布

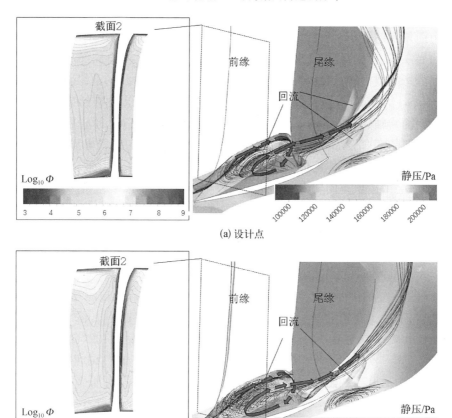

(a) 设计点

(b) 近失速点

图 6 - 86　前叶端区流动分析

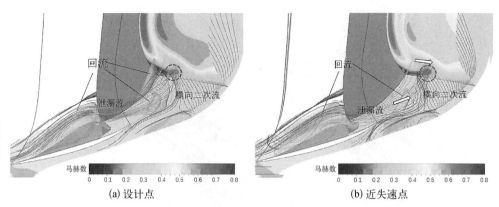

图 6 - 87　后叶端区流动分析

损失区覆盖前叶全弦长与后叶的前缘部位。

　　当压气机工作于设计点时[图 6 - 85(a)]，叶根位置的低速区主要有两处：前叶压力面角区约 $0.3C_a$ 后回流区（红色虚线标出，白色箭头标出局部流向）、缝至后叶吸力面 $0.5C_a$ 以前的低速区（白色虚线标出，黄色箭头标出局部流向）。考虑到本串列静子的结构特点，这种压力面角区回流应与分流叶片的前缘阻滞作用相关：图 6 - 86(a) 给出了设计点轮毂区前叶的端壁流动示意图，轮毂给出静压云图；灰色半透明面为轴向速度是 0 m/s 的等值面。由于该串列静子叶根稠度偏大，静叶在轮毂位置的端弯会加剧后叶前缘对流动的阻滞作用。在压气机静子的扩压流动中，端壁附面层中的低能流体因感受到后叶前缘阻滞所致的高压与缝隙处的低压环境，因而会由通道方向转向主叶压力面发生回流。如图中红色箭头所示，回流撞击前叶压力面后沿角区向上游方向轮毂区流动，后受主流作用卷起，由前后叶缝隙汇入后叶的通道中。轴截面 2 位置的耗散函数分布云图说明上述叶根反流于主流的强剪切作用是该轴向位置通道内的主要损失源。图 6 - 87(a) 所示的后叶通道流动揭示了前叶通道反流对后叶流动的影响。红色流线表示经过缝隙的泄漏流动，在蓝色流线所示的横向二次流作用下向吸力面弯折。低速流动因此堆积于吸力面角区，形成了在单列静子也能经常见到的角区分离现象。在后叶轴截面的马赫数云图中可以清楚地看到前叶尾迹于后叶吸力面附面层相互融合的现象。

　　图 6 - 85(b)、图 6 - 86(b)、图 6 - 87(b) 则给出了近失速点静叶的流动。相比于设计点，由后叶前缘阻滞导致的压力面角区的回流现象没有明显得到改善；由于该工况下后叶吸力面前区压力下降，缝隙射流增强，前叶尾迹与后叶吸力面附面层被射流隔离开来，前叶的回流也有明显减轻。图 6 - 87(b) 蓝色流线弯曲的角度显示发自后叶压力面的横向流动强度变化不大。然而由红色流线指示的强力缝隙射流作用使得前叶尾迹无法靠近后叶吸力面角区。与前叶吸力面尾迹对应的低速核心与后叶吸力面附面层融合的趋势弱化（图 6 - 87 中红色虚线圈标示），吸力面角

区分离也被抑制。这一点同已有的研究结论相一致[61,64],也解释了图 6-83 中指示后叶近轮毂通道耗散略有下降的原因。

根据前述研究可以知道,串列静子前后叶的端壁损失主要包含两部分:

(1) 后叶角区分离。因缝隙射流随压气机节流而增强的缘故,后叶角区分离在近失速点被明显抑制。这一现象已在多个叶栅的数值、实验研究中观察得到。因此该现象应该是串列叶栅中的普遍现象。

(2) 前叶压力面尾缘与缝隙反流导致的流动损失。反流的强度与作用范围基本不随压气机工况发生明显变化。关于这一机制的文献研究较少,无法确定前叶压力面尾缘阻塞是普遍存在的现象还是本书串列静子中特有的现象。图 6-88 给出了在 Boehel 低速叶栅中的验证结果。图 6-88(a)为在原型叶栅中的计算,图 6-88(b)通过减少叶距将其稠度增至与本书串列静子叶根稠度相近,并设定进口倾斜附面层,模拟串列静子在级环境中的工作状态。图 6-88 中压力面角区的蓝色块状代表反流区,借助近壁面流线可明显指示出压力面角区至缝处的回流与堵塞结构。尽管不如本书串列静子中的压力面堵塞严重,但这至少说明,本例中压力面尾缘分离的流动现象发生并非偶然,而极有可能是在大稠度串列叶栅工作于大流量点并带有附面层倾斜时的流动特征。

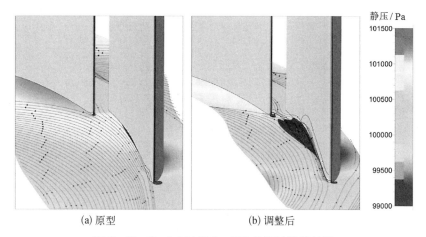

(a) 原型　　　　(b) 调整后

图 6-88　Boehel 叶栅在 -4° 攻角下的验算结果

对压气机级进行损失源分析,考虑到转子工作于跨声速工作环境、静子为串列静子的特殊情况,对损失源区域的规定上有所调整。转子通道内损失源以及对应耗散函数积分区域划分为 6 部分,表 6-7 统计了其取值并规定了其符号:

(1) 端壁面摩擦损失区:轴向范围为 $0.02C_a$ 至 $0.1C_a$,距轮毂壁面 $y^+<250$ 之内的区域;

(2) 叶表摩擦损失区:轴向范围为 $0.02C_a$ 至 $0.1C_a$,距轮毂壁面 $y^+>250$ 且距

转子叶片壁面 $y^+<250$ 的区域；

（3）泄漏涡损失区：轴向范围为前缘至尾缘，距轮毂壁面 $y^+>250$ 且距转子叶片壁面 $y^+<250$、85%叶高以上且 $\log_{10}(\nabla p)<7$ 的区域；

（4）激波损失区：$\log_{10}(\nabla p)>7$，距轮毂壁面 $y^+>250$ 且距转子叶片壁面 $y^+>250$ 的区域；

（5）前缘损失区：轴向范围为前缘至 $0.1C_a$，距轮毂壁面 $y^+>250$ 且距转子壁面 $y^+<250$ 的区域；

（6）分离损失区：其余区域。

其中有关激波损失区的规定结合了对数值流场的观测，由于发现叶顶激波附近的压力梯度普遍高过 10^7Pa/m，故以 $\log_{10}(\nabla p)>7$ 规定激波的影响范围。由于压气机转子的工作环境并非绝能等熵，对于损失的定义参照了效率的定义方法，即采用转子加功量对各个损失源进行无量纲化，将无量纲化后的结果定义为损失系数，以及其在设计点、近失速点的计算结果。由表 6-7 可知，转子中分离损失的影响较小，自设计点到近失速点，轮毂端壁、叶表剪切损失与叶顶泄漏涡损失增长是转子损失增加的主要原因。

表 6-7   转子损失系数分布

损失源	符 号	损失系数		损失比例 $\dfrac{Cp}{\sum Cp}$		设计点至近失速点增量
		设计点	近失速点	设计点	近失速点	
壁面损失	Cp_{rE}	0.002 55	0.002 87	27.4%	28.1%	3.4%
叶表摩擦损失	Cp_{rB}	0.004 02	0.004 34	43.2%	42.5%	3.4%
泄漏流损失	Cp_{rL}	0.001 30	0.001 71	14.0%	16.8%	4.4%
激波损失	Cp_{rS}	0.000 38	0.000 33	4.0%	3.2%	-0.5%
前缘损失	Cp_{rLE}	0.000 41	0.000 41	4.4%	4.0%	0.0%
分离损失	Cp_{rSEP}	0.000 64	0.000 56	6.9%	5.5%	-0.8%

类似地对静子通道划分损失源积分区域，串列静子通道可沿轴向分为前叶和后叶，损失源积分区域共有 8 个：

（1）~（2）前、后叶端壁面摩擦损失区：轴向范围为前叶、后叶的 $0.05C_a$ 至各自尾缘，且距端壁面 $y^+<250$；

（3）~（4）前、后叶表摩擦损失区：轴向范围与端壁面摩擦损失相同，但距端壁面 $y^+>250$ 且距叶表 $y^+<250$；

（5）~（6）前、后叶前缘损失区：轴向范围为前叶、后叶前缘至其各自 $0.05C_a$，距端壁面 $y^+>250$ 且距叶片表面 $y^+<250$；

（7）前叶尾迹损失及后叶片分离损失区：后叶前缘后，距端壁面 $y^+>250$，距叶片壁面 $y^+>250$ 且距后叶吸力面小于20%叶距的区域；

（8）角区分离损失区：前叶与后叶的其余区域。

静子中各类损失源采用静子进口动压进行无量纲化后得到对应的损失系数，计算结果列于表6-8。前叶叶表损失、后叶叶表损失与角区分离损失是静叶的三类主要损失源，其和损失约占全局损失的70%。其中又以角区分离损失贡献最为显著。对比设计点与近失速点的角区分离损失可以发现其损失系数与所占比例随节流变化不大。结合6.5.2节的文献综述与6.5.3节的流场分析可以知道，随压气机节流，缝隙流动增强，后叶角区分离在其吹除作用下有所弱化；而本例中前叶压力面角区尾缘反流随节流变化不大。这说明前叶压力面尾缘反流应是比后叶角区分离更加主要的角区分离损失源。鉴于端壁造型通常只对角区分离有效，可以对其作用效果进行预测：端壁造型控制损失的比例将不会超过全局损失的35%。

表6-8　静子损失系数分布

损失源	符　号	损失系数		损失比例 $\dfrac{Cp}{\sum Cp}$		设计点至近失速点增量
		设计点	近失速点	设计点	近失速点	
前叶端壁面损失	Cp_{sfE}	0.000 90	0.000 83	3.7%	3.4%	−0.3%
前叶叶表损失	Cp_{sfB}	0.005 76	0.005 21	23.6%	21.5%	−2.3%
前叶前缘损失	Cp_{sfLE}	0.001 36	0.001 89	5.6%	7.8%	2.2%
前叶主尾迹损失	Cp_{sfW}	0.001 26	0.001 52	5.1%	6.3%	1.1%
后叶端壁面损失	Cp_{srE}	0.002 15	0.002 13	8.8%	8.8%	−0.1%
后叶叶表损失	Cp_{srB}	0.003 86	0.003 37	15.8%	13.9%	−2.0%
后叶前缘损失	Cp_{srLE}	0.000 96	0.000 92	3.9%	3.8%	−0.2%
分离损失	Cp_{sSEP}	0.008 19	0.008 37	33.5%	34.5%	0.7%

6.5.4　静子端壁造型设计

1. 端壁造型优化设计方法

本节采用端壁造型优化设计方法，优化前期需要规定端壁面参数化方法与优化目标，并构建端壁造型数据库；之后以神经网络作为代理模型，借助遗传算法开展优化设计-验证计算-更新数据库迭代，逐步求得最优端壁造型方案。

1）参数化方法与数据库构造

根据流场分析可以知道，角区分离损失集中发生于前叶尾缘附近角区至后叶的前缘区域，因此，为了在损失产生的关键区域分布更加密集的造型参数点，设计端壁造型的轴向区域限制在主叶前缘至分流叶片约 $0.5C_a$ 之间，如图 6 - 89 所示。造型面由投影沿流向的 Bezier 曲线生成编织曲面，每条曲线两端各有一组固定点（菱形点）与关联控制点（矩形点）以保证造型面与上下游端壁的光滑连接。特别需要说明的是在串列静子中对于相邻通道接缝位置的处理，由于前后叶片之间存在间隙使得相邻通道的端面在此接壤，曲线 curve5 的控制点必须全部作为关联控制点，使得端面在其与 curve1 接缝位置保证相邻造型曲面的一阶连续性。不计固定与关联控制点，端壁面共含有 28 个自由控制点，可控制端壁几何沿叶高方向在 ±7%叶高范围内波动。

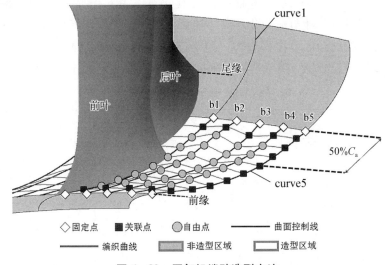

图 6 - 89 压气机端壁造型方法

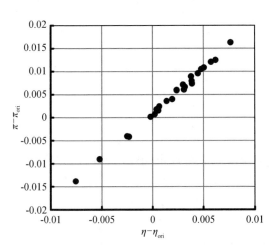

图 6 - 90 静子造型数据库中设计点级
效率与级压比改进量分布

考虑到受端壁造型影响的主要损失源——前叶尾缘压力面角区分离的发展与压气机所处工况关系不大，因此仅以控制设计点下角区分离损失为优化目标即有可能提升压气机在全工况范围内的流动损失。设计点压气机的性能包括流量与总压比两个方面，按照随机算法组合端壁造型的控制参数，生成含有 70 个样本的端壁造型数据库，并提取各样本在设计点下的效率与总压比。任选其中 30 个样本，并使用其效率改进量（$\eta-\eta_{ori}$）与总压比改进量（$\pi-\pi_{ori}$）绘制图 6 - 90。根据其分布规律可知压气端壁造型时,整级的效率与压比分布几乎具有线性关系。这说明,只要端壁造型使该压气机级的设计点效率提升,其总压比自然可以得到保障。

2) 优化设计

优化过程中指定设计点效率为唯一优化目标,即可保证设计点总压比的提升,并使得近失速点附近的角区分离现象也得到一定程度的缓解。但为确保端壁造型不致使稳定裕度下降过多,优化过程同样兼顾其在近失速点的性能,对其稳定裕度下限进行约束。这实际上是一个带有约束的单目标优化问题。在性能评价方面,设计点效率由在设计点流量下的数值计算进行评价;为节约计算时间,对于稳定裕度的评价参考了文献[65]、[66]中的方法,通过计算靠近失速点附近的某一小流量点处的流场得到总压比(本书选择工作线上距边界点 1.5% 无量纲流量处的工况),并认为该工况下高总压比对应更高综合裕度。

2. 静子端壁造型结果分析

图 6 - 91 给出了优化设计得到的造型面无量纲叶高云图,正值/负值分别代表端壁造型面沿半径方向相比于原端壁面的凸起与凹陷。最优静子端壁面结构复杂,但概括来说,型面的主要特征包括前叶吸力面附近后 50% 弦长的椭圆形的凹陷区域与后叶通道中围绕前缘至 50% 弦长范围的突起区域。对比图 6 - 92 的总性能可以知道,该端壁造型在全工况内提升级效率约 0.5%,总压比平均提升 0.01;设计点效率的改进量约 1.0%,峰值效率的改进量则为 0.6%;综合裕度变化不大。

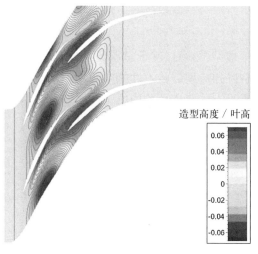

造型高度 / 叶高

0.06
0.04
0.02
0
-0.02
-0.04
-0.06

图 6 - 91　静子端壁优化造型结果

由于包含转子,压气机级的效率改进不单纯对应于流动损失,有可能也与转子功的变化相关。这里借助文献[67]中的方法定量分析效率改进的原因。另 π、σ、τ 分别代表转子总压比、静子总压恢复系数与总温比,当对原型进行端壁造型设计时,引入总温系数 l_τ、转子损失系数 l_r 与静子损失系数 l_σ,则造型后同流量点下压气机的效率可表达为

$$\eta = \frac{l_\tau \left(\sigma_0 \pi_{r0} l_\sigma l_r \right)^{\frac{k-1}{k}} - 1}{l_\tau \tau_0 - 1} \qquad (6-56)$$

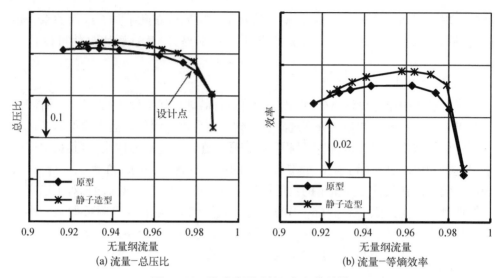

图 6 - 92   端壁造型后的压气机级特性

式中，下标"0"代表原型压气机在设计点处的参数取值。当对原型压气机进行端壁造型设计时，转子总温比与静子总压恢复系数均有变化，设 $\tau = l_\tau \tau_0$ 且 $\sigma = l_\sigma \sigma_0$，在确知造型后转子性能参数的情况下，代表转子损失变化的系数 l_r 亦可算出。注意当上述三个系数均取 1 时，效率为原型压气机在设计点的效率，以此为基础，造型后效率的一阶 Taylor 展开可以写为

$$
\eta = \eta_0 + \frac{(k-1)l_\tau}{k(l_\tau\tau_0-1)}(\sigma_0\pi_{r0}l_\sigma l_r)^{\frac{-1}{k}}\sigma_0\pi_{r0}l_\sigma(l_r-1) +
$$

$$
\frac{(k-1)l_\tau}{k(l_\tau\tau_0-1)}(\sigma_0\pi_{r0}l_\sigma l_r)^{\frac{-1}{k}}\sigma_0\pi_{r0}l_r(l_\sigma-1) +
$$

$$
\frac{[l_\tau(\sigma_0\pi_{r0}l_\sigma l_r)^{\frac{k-1}{k}}(l_\tau\tau_0-1)-l_\tau(\sigma_0\pi_{r0}l_\sigma l_r)^{\frac{k-1}{k}}-1]\tau_0}{(l_\tau\tau_0-1)^2}(l_\tau-1) + O^2(l_\sigma, l_r, l_\tau)
$$

$$(6-57)$$

这里忽略了各个参数之间可能存在的交互影响，代入原型压气机的设计点参数可以求出三个系数对效率增量的一阶效应。表 6 - 9 为三个系数一阶效应在压气机效率增量中所占到的比重，静子造型对级效率的改变实际上是各叶排性能变化的综合结果：其中描述转子损失的两个系数变化均对效率带来负贡献，说明该造型使转子损失增加；但代表静子损失变化的系数对效率变化贡献为正，且其正贡献在量级上大致是前者负贡献的两倍，因此端壁造型总体使效率提升。

表 6 - 9　级效率增量的一阶贡献分析

总性能系数	转 子 内		静 子
	l_τ	l_r	l_σ
相对贡献	−3.7%	−114.7%	218.4%

按照表 6 - 8 中对于损失源的定义,给出造型后各损失源分布较造型前变化占总体变化的比例,见表 6 - 10。其中将叶表与端区的剪切损失合并为"近壁剪切损失"。转子通道内损失的增加主要由叶尖泄漏流损失导致,静子内则是分离损失的减小对总体损失减小贡献最为显著。因此,静叶端壁造型控制端壁损失的主要机制在于抑制角区分离,减小静叶损失;考虑到优化算法的目标是提升压气机效率,可以推测得知转子损失增加只是为满足静子性能改善所导致的"副作用"。下面结合流场对其进行说明。

表 6 - 10　通道损失源变化分析

损失源	符　号	位　置	$\Delta Cp/\lvert\Sigma\Delta Cp\rvert$
近壁剪切	Cp_{rF}		−14.3%
泄漏流	Cp_{rL}		128.6%
激波	Cp_{rS}	转子	−22.0%
前缘	Cp_{rLE}		3.3%
分离	Cp_{rSEP}		4.4%
近壁剪切	Cp_{sF}		10.3%
前叶前缘	Cp_{sfLE}		4.0%
前叶尾迹	Cp_{sfW}	静子	−14.0%
后叶前缘	Cp_{srLE}		−1.1%
分离	Cp_{sSEP}		−99.1%

图 6 - 93、图 6 - 94 显示了静子近轮毂区的流场变化。前者给出了静子损失与轴向密流比沿叶高方向的分布。在端壁造型的作用下,静子 30% 叶高内损失平均下降 0.03,轴向密流比显著增加,说明当地的流动堵塞被显著缓解;由于 30% 叶高以内的环面通流能力增加,同流量下更多的气体将由靠近静子轮毂的区域通过,静子高叶展区的通流能力相对下降。上述周向平均参数的变化源于端壁造型对角区分离的抑制作用,图 6 - 94 给出静子轮毂区的三维流场,详细地解释了端壁造型的影响力。为将通道内流动完整地呈现出来,此处给出了两个相邻通道的端壁与流场,并隐藏了一组静叶。在后叶约 50% 弦长位置另有马赫数云图以显示低速区在通道内的分布状况。由图 6 - 94 所示,造型后主叶片压力面侧的流动分离现象被显著抑制,角区低速流堆积与反流仍存在(标号 a),但其作用范围已经显著减小;

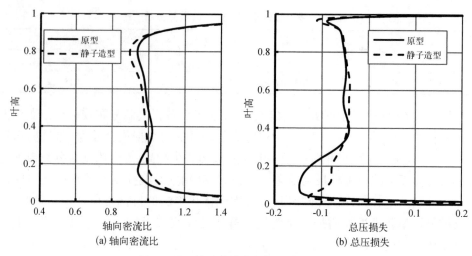

(a) 轴向密流比　　　　　　　　(b) 总压损失

图 6 – 93　静子流动参数沿叶高的分布

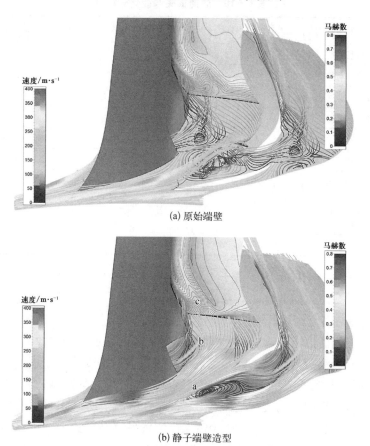

图 6 – 94　设计点流量下静子端壁造型前后的流场变化

自前叶压力面角区经缝泄入后叶通道吸力面端壁的低速区随之减小(标号 b),后叶前50%弦长内的端壁造型使横向二次流趋势减弱,吸力面角区与横向二次流相关的低速流堆积现象也被显著缓解(标号 c)。

端壁造型对静子流场的作用会导致静子通道乃至转子内流通能力的变化。图6-95 给出了转子效率与轴向密流比沿叶高方向的分布。前面提到,在端壁造型的作用下,静子高叶展区的通流能力相对下降。作为转子流场的出口,静子通流能力的变化会影响转子中的气流分布。如图6-95 中转子轴向密流比曲线显示,同流量下,转子在50%叶高以下的广泛区域内通流能力均有所增加,在80%叶高至叶顶区域通流能力则显著下降,相当于该区域被节流。高叶展区的转子负荷因而增加,包括泄漏流在内的损失增大,效率曲线显示转子叶顶80%叶高以上的区域效率平均下降约2%。这是导致前文所提到的"副作用"——转子全局效率下降的主要原因。

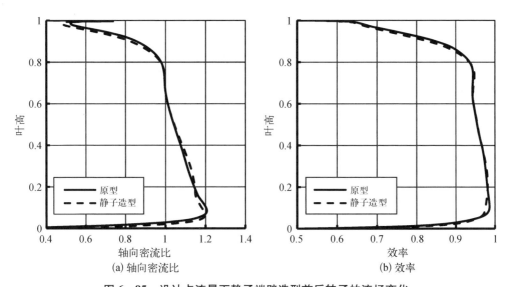

图6-95　设计点流量下静子端壁造型前后转子的流场变化

上面的分析显示,压气机转子、静子的性能变化的根源在于端壁造型对静子根部流动的调节。因此,图6-96 给出了设计点流量下端壁造型的驱动力矢量,用以解释端壁造型的流动控制方法。云图和矢量箭头的意义分别代表由端壁造型引发的驱动力大小和作用方向。考虑到前文分析端壁造型控制损失的机制,可以大致归纳出与压气机性能改进相关的端壁造型驱动力分布特征。大致包括如下三点:

(1)在前叶通道前缘至 $0.5C_a$ 内,由吸力面指向压力面的驱动力作用。该驱动力可以限制分离流动在通道内的横向扩张,在压力面角区位置的作用方向基本与分离旋流运动方向相反,因此可以在很大限度上压制起源于压力面角区的流动分离。作用结果体现于图6-94(b)中的 a 区。

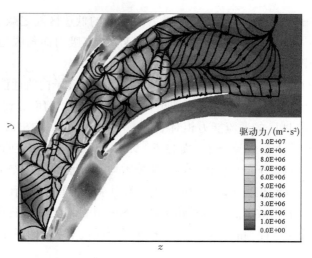

图 6‑96　设计点流量下静子端壁造型的驱动力($-\nabla p_{corr}/\rho$)分析

（2）分布于前叶吸力面、压力面尾缘附近沿缝隙方向的驱动力。该驱动力可以加速端壁区缝隙内的流动速度，特别是当缝隙上游方向存在低速流动区时，该作用类似串列叶栅在小流量点附近的缝隙"吹除"作用使端壁流动得到加速，在流入后叶通道后又可抑制端壁横向流动向吸力面角区的汇聚。作用结果体现于图 6‑94(b)中 b、c 区。

（3）分布于后叶吸力面角区附近约 $0.5C_a$ 位置的横向驱动力。考虑到静子端壁造型范围只到后叶的 $0.5C_a$ 附近，此处最优端壁造型的流动控制已与常规压气机总结的流动控制法十分一致。由前文的结论可以知道这种作用力将在吸力面角区分离形成的位置有效地推迟其发展，进而减小角区分离造成的损失。

由于 6.5.3 节已经提到，受制于固体壁面在缝隙处的连续性，端壁造型在上下游以及吸压力面位置接缝处的控制线必须保证端壁面的一阶连续而不能够独立变化，因而靠近造型区上下游和叶片安装位置的优化后端壁型面未必是出于控制分离的需要，也有可能是为了服务于几何尺寸的光滑性。但由于上述总结的流动控制方法均结合了流场观测与已有结论，且与流体力学的常识判断相符合，可以基本认定结论的可靠性。之后与之类似的流动控制方法分析都将结合流场观测与已有结论展开。

6.5.5　端壁造型问题的级间影响

静子端壁造型设计因缓解轮毂局部的流动堵塞，导致静子流量沿叶高分布的规律发生改变。从结果来看，静子造型对流场的改善引发了转子的流动恶化，继而引发静子损失与转子损失此消彼长的现象。这实际上是由端壁造型引发的压气机级间影响。那么如果情况反过来，尽管转子不是压气机的主要损失源，是否存在转子造型后影响静子的情况？如果有,转静子端壁造型之间影响当如何调节,以获取气动收益的最大化？根据上节的流动机制分析,可以知道以上两个问题绝非串列静子中的特例,而是在应用端壁造型技术时非常实际且有可能普遍存在的问题。本节将结合现有带串列静子的压气机级对这一问题展开讨论。研究的第一步先对转子进行端壁造型优化设计,并通过分析最优解的流场确认其对静子角区分离的作用方式;第二步则对压气机的转静子同时进行端壁造型优化设计,依靠其最优解探索转、静子造型的级间配合及其提升压气机级性能的可能性。

1. 转子端壁造型对静子的级间作用

图 6-97 给出了转子轮毂的端壁造型设计方案。转子端壁造型方案比静子中的情况更加简单。由于不存在相邻通道端壁连续性的要求,叶片吸力面侧端壁不必与压力面侧一致,吸压力面侧端壁控制线可自由变动。端壁型面共由 6 条 Bezier 曲线编织生成,30 个自由控制点被限制可沿叶高方向在 ±5% 叶高范围内波动。端壁造型的优化设计目标函数、设计流程均与 6.5.4 节叙述一致,只在生成初始数据库时,借助拉丁超立方算法共进行 50 组造型采样计算。优化进行 40 步迭代后达到收敛。

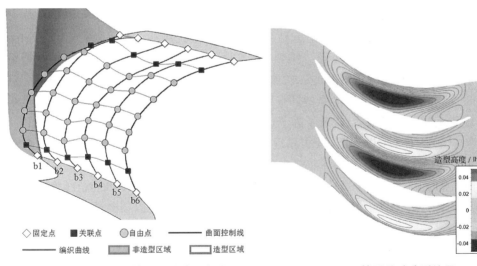

◇固定点　■关联点　●自由点　——曲面控制线
——编织曲线　▨非造型区域　▢造型区域

图 6-97　压气机转子端壁造型方法　　　图 6-98　转子端壁造型结果

图 6-98 给出了转子轮毂端壁的设计结果。型面最大凸起位于通道中部偏向吸力面侧,但在靠近叶片吸力面局部造型却略有下陷;尾缘压力面侧端壁也有略微的凸起。这种由压力面至吸力面的"上坡"将有可能增强端壁横向二次流。由图 6-99 的总性能曲线可知,转子造型使得压气机设计效率提升约 0.9%,峰值效率提升约 0.4%;转子造型结果对于原始压气机的性能提升效果与静子端壁造型十分近似。

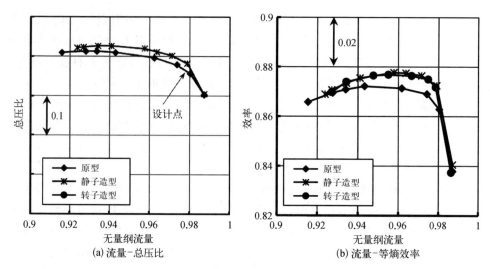

(a) 流量-总压比   (b) 流量-等熵效率

图 6-99 转子端壁造型总特性图

然而,设计点处的效率增量分析与损失分析却显示转子造型与静子造型存在显著差异。根据表 6-11 与表 6-12 的数据,转子端壁造型并没有直接通过改进转子内损失提升效率。造型使转子自身损失增加,反而在静子中引发了更加显著的正贡献。这种作用源于端壁造型对于转子出口流场的调整,图 6-101、图 6-102 的流场正好说明这一变化。结合表 6-11、图 6-100 及图 6-101 可以知道端壁造型加剧了转子叶根附近的二次流动与流向速度,在增大转子壁面剪切损失的同时,使近端壁区的流动比原型具有更高的动量(图 6-101 中标记 a)。该高动量大攻角流动进入静子后,改善了静子近端壁区域的流动状况,结合表 6-11、图 6-100 与图 6-102 可以知道,虽然靠近 5% 叶高以内的流动因流速增加而壁面剪切损失增大[图 6-100(b)静子损失曲线],静叶后叶的通道二次流与分离亦没有得到有效的控制(图 6-102 中标记 b),但附面层区的高速流动使得静子压力面角区分离显著弱化(图 6-102 中标记 c)。这是静子损失之所以下降的主要原因。同

表 6-11 转子造型级效率增量的一阶贡献分析

总性能系数	转 子 内		静 子
	l_τ	l_r	l_σ
相对贡献	4.4%	-53.0%	148.7%

表 6-12 转子造型通道损失源变化分析

损失源	符 号	位 置	$\Delta Cp/ \ \|\Sigma\Delta Cp\|$
近壁剪切	Cp_{rF}	转子	121.1%
泄漏流	Cp_{rL}		63.3%

续　表

损失源	符　号	位　置	$\Delta Cp/\ |\Sigma\Delta Cp|$
激波	Cp_{rS}	转子	−7.3%
前缘	Cp_{rLE}		1.8%
分离	Cp_{rSEP}		−78.9%
近壁剪切	Cp_{sF}	静子	19.2%
前叶前缘	Cp_{sfLE}		9.8%
前叶尾迹	Cp_{sfW}		−18.8%
后叶前缘	Cp_{srLE}		2.2%
分离	Cp_{sSEP}		−112.5%

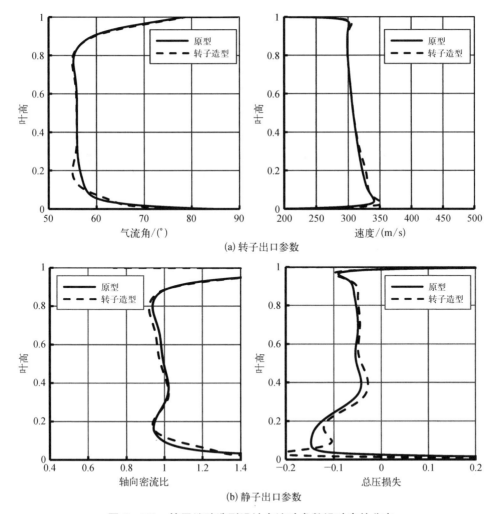

图 6-100　转子端壁造型设计点流动参数沿叶高的分布

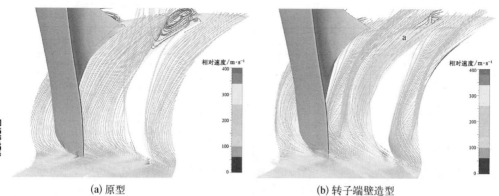

(a) 原型　　　　　　　　　　　　　　(b) 转子端壁造型

图 6-101　设计点流量下转子端壁造型前后的流场变化

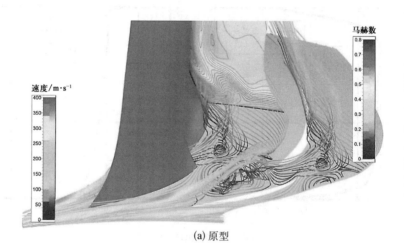

(a) 原型

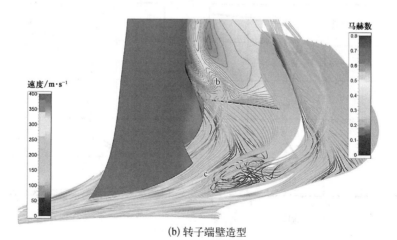

(b) 转子端壁造型

图 6-102　设计点流量下转子端壁造型前后静子的流场变化

样可以通过查看驱动力分布总结出转子单独造型时的作用规律,如图 6‑103 所示:① 靠近压力面的半个通道内遍布由压力面指向吸力面的驱动力作用。该驱动力可以促进通道二次流的生成,增加轮毂区转子出口气流角,改善静子入口的气动条件;但同时也因加速端壁流动增加了转子壁面附近的剪切损失。② 吸力面附近,驱动力作用大致包括:在分离起始位置(约 70%轴向弦长)沿流向抑制并沿横向促进端壁流动,下游尾缘附近促进流向流动及在稍外围区域抑制横向流动。在这样的驱动力组合下,端壁造型将在不大影响全局端壁二次流强度的情况下,借助局部二次流加速抑制角区分离形成,并通过促进端壁流动沿流向与角区分离低速区预掺混减小分离损失。这是图 6‑101 中转子叶根分离被抑制,表 6‑12 指示转子分离损失有所下降的原因。

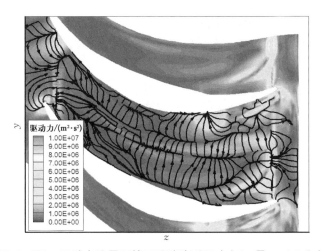

图 6‑103　设计点流量下转子端壁造型驱动力($-\nabla p_{corr}/\rho$)分布

相比于静子端壁造型,转子端壁造型通过在局部微调下游静子进口的流向与流速来间接影响静子中角区分离的发展。尽管转子轮毂本身并没有发生显著的流动分离,但其借助转子与静子的级间影响却能够间接提升静子的气动性能。相比之下转子造型对减小静子损失作出的贡献不如在静子中直接造型的方案,但是胜在本身对转子流场的负面影响较小,因此有可能发挥出与静子造型同等程度甚至更胜一筹的作用。这也为压气机级端壁造型问题提供了一种新的思路。

2. 端壁造型的级间配合

为进一步探索级内转、静子端壁造型级联合改善压气机性能的可能性以及对应的流动控制法则,在第二步的研究中,将同时对转子与静子端壁造型进行优化设计。

为保证结论可比性,优化设计的一切参数设置、流程与之前转、静子优化造型一致；控制整级端壁造型的自由参数则由转子、静子通道的端壁造型参数共同构成，共计 58 个。之前所有的造型数据库与中间优化结果均被用于构造级优化的数据库，这样可以有助于使基神经网络作为代理模型的拟合精度提升，以加速优化造型的收敛。由于自由变量增加，优化设计过程更加耗时，约在经历 100 步迭代后收敛。图 6 - 104 与图 6 - 105 给出了最终的优化设计结果与对应的压气机性能改进。

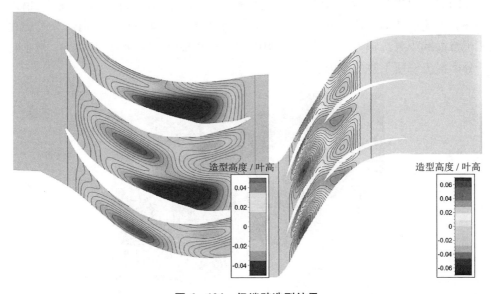

图 6 - 104　级端壁造型结果

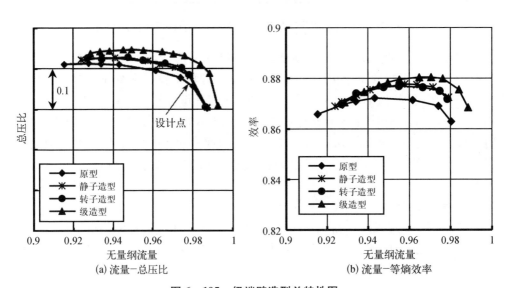

(a) 流量－总压比　　　　　(b) 流量－等熵效率

图 6 - 105　级端壁造型总特性图

根据端壁云图,整级优化造型的型面特征与静子、转子优化型面有一定的相似性,但其结果不单纯是转子优化与静子优化的组合,不同之处体现在以下两点:

(1)转子端壁不再具有"压力面上升-吸力面下降"的构型,而是形成复杂端壁造型面;

(2)静子端壁型面基本保持了静子单独所得到的优化造型特征,但在分流叶片通道的靠近吸力面位置出现显著的端壁型面下陷。

级端壁造型结果比转子、静子造型结果性能有明显的提升。设计点效率提升约1.5%;峰值效率提升约0.8%;考虑到转子轮毂端壁型面多为下陷,该造型特点将改变转子喉道面积,从而使压气机的特性线发生如图6-105中的向右平移,压气机的堵塞点向大流量方向移动约0.5%,峰值效率点也随之向大流量点靠近;优化后失速点流量裕度下降,但由于全工况内总压比增加,最终使综合裕度下降约0.2%。因此级端壁造型几乎不影响压气机稳定裕度。尽管总特性随流量变化的趋势与造型前基本一致,但借助一阶效率增量分析和损失分析可以知道其实压气机内部流场已经发生显著的变化。

根据表6-13与表6-14中的数据,可以知道级端壁造型是唯一一组同时减小转子、静子流动损失的造型方案。静子特性改进贡献达到92%,仍然占有绝对的主导地位。转子贡献达到21.1%,对于效率提升的作用不容忽视。相比在静子中单独造型的方案,级造型中静子性能的改进量略有下降,但该端壁造型对转静子的综合作用效果好于在静子中单独造型。转静子之间的相互作用呈现出一种与转子造型不同的模式。从之前的"转子恶化+静子优化"模式改变为"转子优化+静子优化"模式。

表6-13　转子造型级效率增量的一阶贡献分析

总性能系数	转 子 内		静 子
	l_τ	l_r	l_σ
相对贡献	21.1%	-13.3%	92.1%

表6-14　转子造型通道损失变化分析

损失源	符　号	位　置	$\Delta Cp / |\Sigma \Delta Cp|$
近壁剪切	Cp_{rF}		-11.9%
泄漏流	Cp_{rL}		42.2%
激波	Cp_{rS}	转子	-7.3%
前缘	Cp_{rLE}		-8.3%
分离	Cp_{rSEP}		-114.7%

损失源	符　号	位　置	$\Delta Cp/|\Sigma \Delta Cp|$
近壁剪切	Cp_{sF}		20.6%
前叶前缘	Cp_{sfLE}		4.6%
前叶尾迹	Cp_{sfW}	静子	−12.5%
后叶前缘	Cp_{srLE}		−1.1%
分离	Cp_{sSEP}		−111.7%

由图 6-106、图 6-107 可以看出转子与静子流场的相互作用。由于造型面特征的相似性，级造型时静子对轮毂区分离的抑制作用与单独使用静子造型时的情形十分相似，根据已有的分析可知道其机制源于对前叶压力面角区分离的压制，对缝隙流动的促进以及借助预掺混作用减小后叶角区分离带来的损失。

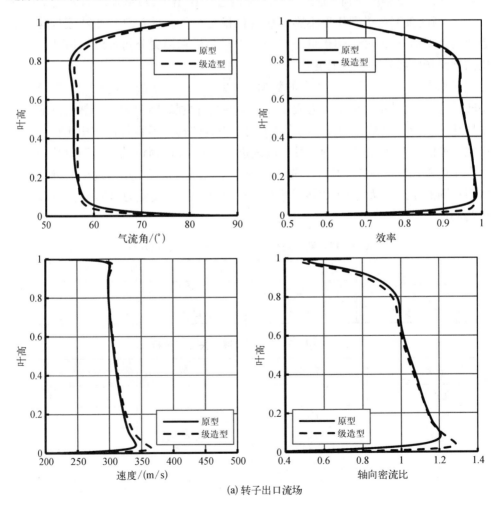

(a) 转子出口流场

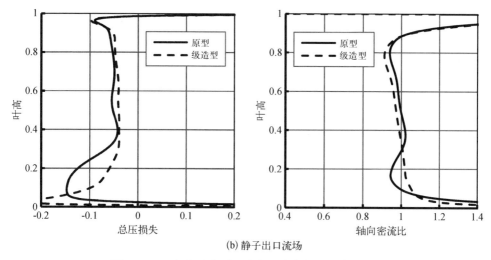

(b) 静子出口流场

图 6 - 106 级端壁造型设计点流动参数沿叶高的分布

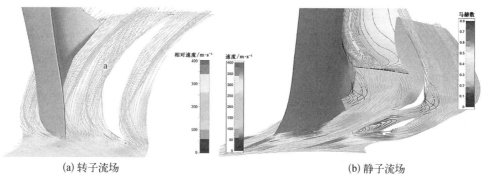

(a) 转子流场 (b) 静子流场

图 6 - 107 设计点流量下级端壁造型后的流场

　　根据图 6 - 106 可知,在这种作用下,转子叶根位置堵塞缓解,叶尖区域堵塞加重,使得转子 80%叶高~90%叶高效率略有下降,但相比于静子端壁造型引发的转子效率下降而言,转子端壁造型更加有效地抑制住了转子叶根区的分离(图 6 - 107 标号 a 处),这使得局部损失减小,从而提升了整体转子的气动性能。转子对静子的影响不同于单独转子造型的情况,转子叶根出口处动量增加,但并没有像单独转子端壁造型时那样增大局部气流角。转子端壁面没有为了改善静子的进口条件而刻意加强端区二次流。尽管如此,静子端壁造型也使静子的性能得到一定程度上的提升。

　　根据图 6 - 108 所示的驱动力分布显示出整级端壁造型时最优的流动控制方法,在一定程度上印证了流场分析的结果。

　　对于转子而言,其主要控制机制分布自约 70%轴向弦长的吸力面角区至尾缘附近,驱动力的作用包括抑制角区分离起始(标号 I)与加速尾缘堆积的角区低速

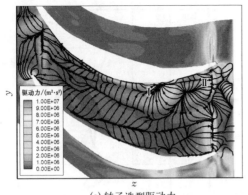

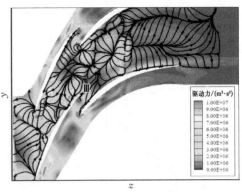

（a）转子造型驱动力　　　　　　　　　　　　（b）静子造型驱动力

图 6 - 108　端壁造型驱动力（$-\nabla p_{corr}/\rho$）分析

流（标号 II），该流动控制方法极有利于控制吸力面角区分离造成的损失。相比于单独转子端壁造型的流动控制方法，上述驱动力尚缺少压力面附近加速二次流动的部分，但压力面尾缘附近的流向加速十分显著。

　　静子造型的驱动力分布显示，其作用力的大小、方向均与之前单独静子造型时的情况十分类似。其中前叶通道驱动力对于压力面角区分离的压制作用以及后叶沿横向的驱动力对控制前叶、后叶的损失非常重要；不同之处在于前叶尾缘吸力面、压力面附近的驱动力［图 6 - 108（b）中标示 III］。该驱动力在级造型方案中不像在静子优化造型方案中一样指向缝隙方向，这使得级造型中静子端壁区缝隙内的流动并没有特别加速；另外，后叶通道中对于横向流动的抑制作用也比单独在静子端壁造型时更加强烈。

　　总结上述发现可以知道，在整级优化中，经优化算法获得的最优端壁造型组合对流场性能的优化采取了分别减小转子、静子端区损失的方法，而非主要依赖二者之间的相互作用。相比单独在发生角区分离的静子中进行端壁造型的情况，级端壁联合造型虽无法完全避免级间影响引发的负面效果，但却通过同时提升转、静子各自性能的方式最大限度提升压气机的总体性能。这是整级端壁造型提升压气机性能的优势所在。

　　3. 转静子端壁造型级间影响小结

　　至此，关于端壁造型的级间影响可以得到如下结论：静子端壁造型在缓解轮毂分离的同时，必将影响上游转子的出口堵塞；转子低叶展区的通流增加，负荷下降；高叶展区通流下降，负荷增加，转子的效率或将因此受到影响。所以，推广到一般的情况，静子端壁造型通常会为给转子通流带来影响。若是通流减小的部位正好是转子的高负荷部位（如本例中叶顶高负荷的转子），这种通流的变化将从负面影响压气机的效率。

　　转子对静子的影响则不限于对于通流的影响，在本例中体现出的转子端壁造型方案就通过调整端壁二次流,改善了静子进口的气流角度,从而达到了优化静子流场的效果。在更一般的情形,当位于转子下游的静子性能与进口附面层分布密切相关时,可以通过转子的级间控制达到优化静子流动的效果。该作用对于全局效率的贡献将取决于静子损失对来流边界条件的敏感性及与之相关的静子端壁损失占据全局损失的比重。

级端壁联合造型则有可能精确调配上述级间作用引发的性能亏损与增益,达到最优化压气机级性能的效果。

6.5.6　小结

本节主要结合了串列叶型端区气动问题已有的研究基础,以一含高负荷串列静子的压气机为研究对象,运用数值方法探讨了端壁造型应用于串列叶型的可行性与气动收益;在对端壁造型级间影响现象进行了分析的同时总结了应用于串列压气机中的端壁造型方法。主要结论有:

(1) 串列叶型压气机的损失源包含前叶与后叶两个部分。前叶损失机制类似常规压气机,角区分离与气动损失通常随来流攻角增大而逐步加剧;后叶的角区分离则因缝隙吹气的影响而受到抑制,在大攻角时,随缝隙的吹气速度增加,后叶角区流动恶化不显著或反而有所改善。在压气机级环境中,串列叶型常具有大稠度并受到来流附面层倾斜影响,此时易引发前叶压力面尾缘与缝隙反流造成的流动堵塞,反流的强度与作用范围基本不随压气机工况发生明显变化。

(2) 对于大稠度并受附面层倾斜影响的串列叶型,最优的端壁造型控制方案需在前叶通道前压制起源于压力面角区的流动分离,通过加速端区缝隙内流速以吹除阻塞,同时在后叶通道中通过抑制角区分离起始及加速端壁流动与分离低速区的预掺混作用而控制分离损失。在实际应用于压气机级静子中时,上述端壁流动控制方法在很大限度上缓解了压力面角区轮毂分离,但却因同时影响到转子通道的流量分配而为转子带来额外的损失。

(3) 受上述端壁造型引发级间干扰这一现象启发,探索了在考虑压气机级间影响的情况下应用端壁造型技术的问题。首先对转子轮毂进行端壁造型优化设计。研究发现,转子端壁造型方案可以通过调整端壁二次流,改善了静子进口的气流角度,从而达到了优化静子流场的效果。最优转子端壁在通道吸力面侧的流动控制需要在分离起始位置促进端壁横向流动,在尾缘附近加速流向运动。但在压力面附近,最优端壁造型使端壁横向流动加速,该驱动力可以促进通道二次流的生成,增加轮毂区转子出口气流角,一方面改善静子入口的气动条件,另一方面又增加了转子壁面附近的剪切损失。造型的结果是使转子损失增加,静子损失大幅减小。压气机级的效率最终得到显著提升。该研究提供了一种新的造型思路,即角区分离可以跨叶排发挥作用,通过改善下游进口边界条件的方式提升压气机性能。

但若从更广泛的意义上讲,运用该思路的造型结果对于全局效率的实际贡献并不确定,压气机性能提升或下降将取决于静子损失对来流边界条件的敏感性及与之相关的静子端壁损失占据全局损失的比重。

6.6　本章小结

本章主要围绕端壁造型这一被动流动控制方法开展研究。相比于传统的叶片弯掠,端壁造型技术可通过构造凹凸不平的端壁型面达到对端区流动规律的细致调控。大量研究显示该技术能够有效控制角区分离的发展,既具有被动控制易于实现、构造简单的优势,又具有在全工况下兼容提升压气机效率与稳定性能的潜力。该技术自首次提出并应用于压气机中仅有不到二十年历史,国内开展相关研究的历史仅有约十年。由于对角区分离现象的认识尚不完全,压气机端壁造型至今尚未形成通用的端区流动控制准则,在设计方法方面亦无法建立起与控制准则配套的经验式端壁造型法与反向设计法,这使得压气机端壁造型技术必须依靠耗时的数学优化,在多数情况下成为一种性能补救措施而难以在气动设计时预先考量。根据该技术的应用现状与难题,本书研究以压气机的端区流动机制为基础,探索端壁造型控制角区分离方面的理论及应用问题。

主要开展了下面四个部分的研究:

1. 经验式端壁造型设计方法

研究开发了一种适用于压气机的经验式造型方法。传统的端壁造型理论源于其在涡轮中的应用实践,倾向于宏观抑制横向二次流而无法顾及对角区分离意义重大的局部型面特征,因而难以有效抑制角区分离发展;本研究则围绕"适用于局部流动控制"这一思路,探索一套更适于在压气机中控制角区分离的端壁造型法。研究分三个环节,首先是建立造型方法:为兼顾对端面流动的全局与局部调控,将端壁造型对流场的作用抽象成带有不同流动控制功能的造型单元,通过对多个造型单元进行空间加权"叠合",使最终端壁造型结果具有各叠层对端壁二次流动的综合控制效果。其次是根据新发展的"叠合造型"方法,开发了与之对应的端壁造型软件 PEW。该软件兼有压气机拟合与端壁造型的功能,支持图形界面及后台脚本操作,可适用于大多数压气机叶栅、轴流压气机,并对其轮毂或机匣端壁进行非轴对称端壁造型设计。最后通过对一典型高负荷轴流压气机叶栅进行端壁造型设计,对比了传统经验式设计与新型方法的造型效果优劣。

研究发现:新型端壁造型方法可在一定限度上提升压气机叶栅性能,总体损失改进量虽不显著,但效果仍优于传统方法;造型软件具有良好适用性;通过合理调整各叠层造型权重可进一步改进造型效果;数值分析结果证实了对压气机端壁造型特征的判断:角区分离的弱化不仅需要依靠全局流场范围内对端壁横向流动的抑制,端壁造型在局部对于压力梯度的影响更有可能发挥重大的作用。经验式造型方法的缺陷在于难以在多工况下兼容改善端区流场。

　　2. 端壁流动控制规律的数据挖掘分析

　　本部分研究基于对一典型高负荷压气机叶栅的数值分析,运用相关性分析、自适应神经网络对端壁造型数据库进行数据挖掘,目的在于获得适用于典型高负荷压气机端区流场的流动控制规律,为经验式端壁造型法积累设计经验。在准备阶段规定了对叶栅造型方法、端区流动、叶栅性能的数据化方法,并依靠数值计算提取得到端壁造型数据库。之后进行了三项不同层次的数据挖掘研究:通过性能参数之间的相关性分析明确了端壁造型针对全局损失、二次流强度、堵塞、通道涡强度的调控原则;通过性能参数与造型参数之间的相关性分析,明确了端壁造型的关键区域;运用自适应神经网络分析性能参数与端区流动之间的关联,归纳端区流动控制方法。最后开展多目标优化端壁造型设计,借助最优结果的流场分析验证数据挖掘结论。

　　研究发现:端壁造型的基本原则与角区分离的发展有关,当角区分离不显著时,设计端壁造型不能通过控制二次流与通道涡强度来抑制全局损失;在角区分离的大幅扩展时,全局损失、二次流与通道涡发展紧密关联,端壁造型可以通过控制通道涡、二次流强度抑制通道损失。对控制角区分离有效的流动控制方法都应在三维分离起始的位置减小端壁流动的流向趋势,促进吸力面局部的横向流动,以此推迟分离起始;在下游低速区堆积的位置,同时促进流向与横向的流动,使端壁流冲向低速区与之掺混以减轻低速区与主流的掺混损失;此外,通道中部至压力面附近对横向流动的抑制作用有助于抑制吸力面角区分离的形成。合理的折中流动控制方法将实现压气机端壁造型兼顾不同工况下的流动性能提升。

　　3. 端壁造型反向设计法

　　该部分研究依托于压气机的端区流动特征,运用理论推导建立了一套端区流动简化模型,并在此基础上发展出用于反向设计压气机端面的全新方法。端区流动模型的建立由对压气机端区流动的观察入手,结合端区流动的特征,将原本多层、复杂的端区流动抽象为简单的双层流动结构。借助对端区流动进行合理假设,由基本气动方程推导简化模型的气动方程,构造出含有 7 个未知数、6 个方程的微分气动方程组。端壁造型设计以上述模型为依托,给定端区流动分布作为设计目标,之后就可借助已有的 6 方程体系直接求解出端壁型面。实际的应用过程则需在计算后考虑光顺及后处理,用于对反向设计中不合理解进行修正。

　　造型效果的验证在高负荷叶栅上进行,并与之前的经验式造型、优化造型结果进行对比分析。数值结果显示:反向设计法比经验式设计法显出明显优势。由于型面起伏规律由计算确定,对于壁面压力分布的控制更加精准,避免了经验式造型中由于局部壁面起伏过于剧烈导致的分离恶化现象。与优化造型相比,反向设计法耗时少,其在设计点使全局分离损失显著下降,效果可与优化造型结果相比拟;在近失速点,反向设计造型控制分离损失的效果不及优化造型,但依然保持对流场一定程度的控制能力,减小损失的程度约达到优化造型的50%。

4. 高负荷串列静子的端壁造型研究

该部分研究主要以某高负荷带串列静子的压气机级为研究对象,探讨了端壁造型在串列静子中的流动控制规律与级间干涉问题。研究首先对串列叶型中角区分离现象的现有研究结论进行整理,在完成数值计算精度验证之后,将高负荷压气机转子、静子端壁分别参数化为用30、28个自由参数控制的编制曲面。随后借助数值优化方法,依次对静子、转子、整级进行优化端壁造型,通过对最优解进行流场分析探索串列静子中角区分离的发展模式,并总结其控制角区分离的流动机制。

研究发现:在大稠度与附面层倾斜影响下,串列静子前叶通道的压力面尾缘与缝隙区易生成流动堵塞,该作用基本不随节流变化。静子最优端壁造型使峰值效率提升约0.6%。最优流动控制方案需压制起源于前叶压力面角区的流动分离,加速端区缝隙内流动以吹除阻塞,同时在后叶通道中通过抑制角区分离起始位置、促进端壁流动与分离低速区的预掺混作用控制分离损失。端壁造型的级间干涉作用显著:最优转子端壁通过促进通道二次流增加轮毂区转子出口气流角,虽使转子损失增加,但通过改善静子入口的气动条件大幅度减小静子损失,反而使整级取得与静子端壁造型相当的性能改进。该现象提供了一种运用端壁造型跨叶排发挥作用的新造型思路。对转子、静子同时造型的最优方案则采取了分别减小转子、静子端区损失的方法,而非主要依赖二者之间的相互作用。转子的流动控制法与之前数据挖掘的分析结论相一致,静子造型的流动控制方式与之前单独静子造型时的情况十分类似。级造型未必最大化每一个叶排的气动收益,但却能通过同时提升转、静子各自性能的方式最大限度提升压气机的总体性能。

参考文献

[1] 米攀.轴流压气机端壁造型技术及其控制流动损失机理研究[D].西安:西北工业大学,2012.
[2] 田勇,季路成,李伟伟,等.叶身/融合技术工况的适用性[J].航空动力学报,2013,28(8):1905-1913.
[3] 季路成,田勇,李伟伟,等.叶身/端壁融合技术研究[J].航空发动机,2012,38(6):5-15.
[4] Reutter O, Pottmann S P, Hergt A, et al. Endwall contouring and fillet design for reducing losses and homogenizing the outflow of a compressor cascade [C]. Dusseldorf: Proceedings of ASME Turbo Expo 2014: Turbine Technical Conference and Exposition, 2014.
[5] Santner C, Gottlieb E, Marn A, et al. The application of low-profile vortex generators in an intermediate turbine diffuser [J]. Journal of turbomachinery, 2012, 134(1): 011023.

［6］　Hergt A, Meyer R, Liesner K, et al. A new approach for compressor endwall contouring［C］. Vancouver：Proceedings of ASME Turbo Expo 2011：Power for Land, Sea, and Air, 2011.

［7］　Warner R E, Tran M H. Recent developments to improve high pressure and intermediate-pressure turbine efficiency［C］. Newcastle：I. Mech. E. Turbo-Conference, 1987.

［8］　Atkins M J. Secondary losses and end-wall profiling in a turbine cascade［C］. Newcastle：I. Mech. E. Turbo-Conference, 1987.

［9］　Morris A W H, Hoare R G. Secondary loss measurements in a cascade of turbine blades with meridional wall profiling［C］. Houston：ASME Winter Annual Meeting Houston Texas USA, 1975.

［10］　Rose M G. Non-axisymmetric endwall profiling in the HP NGV's of an axial flow gas turbine［C］. New York：ASME International Gas Turbine and Aeroengine Congress and Exposition, 1994.

［11］　Harvey N W, Rose M G, Taylor M D, et al. Nonaxisymmetric turbine end wall design：part I — three-dimensional linear design system［J］. Journal of Turbomachinery, 2000, 122(2)：278 – 285.

［12］　Hartland J C, Gregory-Smith D G, Harvey N W, et al. Nonaxisymmetric turbine end wall design：part II — experimental validation［J］. Journal of Turbomachinery, 2000, 122(2)：286 – 293.

［13］　Rose M G, Harvey N W, Seaman P, et al. Improving the efficiency of the trent 500 – HP turbine using non-axisymmetric end walls：part II — experiment validation［C］. New Orleans：Proceedings of ASME Turbo Expo 2001：Power for Land, Sea, and Air, 2001.

［14］　Brennan G, Harvey N W, Rose M G, et al. Improving the efficiency of the trent 500 – HP turbine using nonaxisymmetric end walls — part I：turbine design［J］. Journal of Turbomachinery, 2003, 125(3)：497 – 504.

［15］　Ingram G, Gregory-Smith D, Rose M, et al. The effect of end-wall profiling on secondary flow and loss development in a turbine cascade［C］. Amsterdam：Proceedings of ASME Turbo Expo 2002：Power for Land, Sea and Air, 2002.

［16］　Ingram G, Gregory-Smith D, Harvey N. The benefits of turbine endwall profiling in a cascade［J］. Proceedings of the Mechanical Engineers Part A-Journal of Power and Energy, 2005, 219(1)：49 – 59.

［17］　Ingram G, Gregory-Smith D, Harvey N. Investigation of a novel secondary flow feature in a turbine cascade withend wall profiling［C］. Vienna：Proceedings of ASME Turbo Expo 2004：Power for Land, Sea and Air, 2004.

［18］　Gregory-Smith D, Bagshaw D, Ingram G, et al. Using profiled endwalls, blade lean and leading edge extensions to minimize secondary flow［C］. Berlin：Proceedings of ASME Turbo Expo 2008：Power for Land, Sea and Air, 2008.

［19］　李国君,马晓永,李军.非轴对称端壁成型及其对叶栅损失影响的数值研究［J］.西安交通大学学报,2005,39(11):1169 – 1172.

［20］　李国君,任光辉,马晓永,等.叶栅非轴对称端壁成型技术的初步研究［J］.工程热物理学报,2006,27(1):97 – 100.

［21］　郑金,李国君,李军,等.一种新非轴对称端壁成型方法的数值研究［J］.航空动力学报,

2007,22(9)：1487-1491.

[22] 汪传美,李国君,郑金,等.非轴对称端壁成型技术的实验研究[J].西安交通大学学报,
2008,42(9)：1086-1090.

[23] Hu S Z, Lu X G, Zhang H W, et al. Numerical investigation of a high-subsonic axial-flow
compressor rotor with non-axisymmetric hub endwall [J]. Journal of Thermal Science, 2010,
19(1)：14-20.

[24] 吴吉昌,卢新根,朱俊强.非轴对称端壁下高负荷压气机叶栅二次流动分析[J].航空动力
学报,2011,26(6)：1362-1369.

[25] 刘波,曹志远,黄建,等.跨声速轴流压气机非轴对称端壁造型优化设计[J].推进技术,
2012,33(10)：689-693.

[26] Harvey N W. Some effects of non-axisymmetric end wall profiling on axial flow compressor
aerodynamics：part Ⅰ — linear cascade investigation [C]. Berlin：Proceedings of ASME Turbo
Expo 2008：Power for Land, Sea and Air, 2008.

[27] Harvey N W, Offord T P. Some effects of non-axisymmetric end wall profiling on axial flow
compressor aerodynamics：part Ⅱ — multi-stage HPC CFD study [C]. Berlin：Proceedings of
ASME Turbo Expo 2008：Power for Land, Sea and Air, 2008.

[28] 赵伟光,金东海,幸桂民.压气机非轴对称端壁造型的优化设计[J].工程热物理学报,
2013,34(6)：1047-1050.

[29] Reising S, Schiffer H P. Non-axisymmetric end wall profiling in transonic compressors — part
Ⅰ：improving the static pressure recovery at off-design conditions by sequential hub and shroud
end wall profiling [C]. Orlando：Proceedings of ASME Turbo Expo 2009：Power for Land：
Sea and Air, 2009.

[30] Reising S, Schiffer H P. Non-axisymmetric end wall profiling in transonic compressors — part
Ⅱ：design study of a transonic compressor rotor using non-axisymmetric end walls —
optimization strategies and performance [C]. Orlando：Proceedings of ASME Turbo Expo
2009：Power for Land, Sea and Air,2009.

[31] Lepot I, Mengistu T, Hiernaux S, et al. Highly loaded LPC blade and non-axisymmetrichub
profiling optimization for enhanced efficiency and stability [C]. Vancouver：Proceedings of
ASME Turbo Expo 2011：Power for Land, Sea, 2011.

[32] Dorfner C, Hergt A, Nicke E, et al. Advanced nonaxisymmetric end wall contouring for axial
compressors by generating an aerodynamic separator-part Ⅰ：principal cascade design and
compressor application [J]. Journal of turbomachinery, 2011, 133(2)：021026.

[33] Hergt A, Dorfner C, Steinert W, et al. Advanced nonaxisymmetric endwall contouring for axial
compressors by generating an aerodynamic separator-part Ⅱ：experimental and numerical
cascade investigation [J]. Journal of turbomachinery, 2011, 133(2)：021027.

[34] Mahesh K V, Pradeep A M. Benefits of nonaxisymmetric endwall contouring in a compressor
cascade with a tip clearance [J]. Journal of Fluids Engineering, 2015, 137(5)：051101.

[35] Schobeiri M T, Lu K. Endwall contouring using continuous diffusion：a new method and its
application to a three-stage high pressure turbine [J]. Journal of Turbomachinery, 2014, 136
(1)：011006.

[36] Nagel M G, Fottner L, Baier R D. Optimization of three dimensional designed turbine blades

and side walls [C]. Bangatore：International Society of Air Breathing Engines，2001.

[37] Akcayoz E，Vo H D，Mahallati A. Controlling corner stall separation with plasma actuators in a compressor cascade [J]. Journal of Turbomachinery，2015，138(8)：081008.

[38] 李相君.高负荷轴流压气机叶栅的角区失速及非轴对称端壁造型技术研究[D].西安：西北工业大学,2014.

[39] Chen M S，Han J，Yu P S. Data mining：an overview from a database perspective [J]. IEEE Transactions on Knowledge and Data Engineering，2002，8(6)：866 - 883.

[40] Kohonen T. Self-organizing map [M]. Berlin：Springer，1995.

[41] Kohonen T. MATLAB implementations and applications of the self-organizing map [M]. Helsinki：Unigrafia Oy，2014.

[42] Vesanto J，Himberg J，Alhoniemi E，et al. SOM toolbax for MATLAB 5 [R]. Helsinki University of Technology：SOM Toolbax Team，2000.

[43] Lighthill M J. A new method of two-dimensional aerodynamic design [R]. London：HIS MAJESTY'S STATIONERY OFFICE，1945.

[44] Bauer F，Garabedian P，Korn D. Supercritical wng sections III [M]. Berlin：Springer，1977.

[45] Korn D G. Numerical design of transonic cascades [J]. Journal of Computational Physics，1978，29(1)：20 - 34.

[46] 张德文,魏阜旋.再论约束最小二乘法[J].计算力学学报,2000,17(4)：398 - 404.

[47] 魏巍,刘波.小型涡轴发动机串列静子数值研究[J].空气动力学报 2013,33(4)：493 - 500.

[48] 向宏辉,葛宁,侯敏杰,等.高来流马赫数单列叶栅改串列叶栅性能对比试验[J].航空动力学报,2016,31(11)：2757 - 2764.

[49] 刘志刚,梁俊,凌代军,等.串列叶栅流场特性的实验与数值模拟[J].热能动力工程,2013,28(5)：449 - 548.

[50] Hertel C，Bode C，Kozulovic D，et al. Investigations on aerodynamic loading limits of subsonic compressor tandem cascades：midspan flow [C]. San Diego：Proceedings of the ASME 2013：International Mechanical Engineering Congress and Exposition,2013.

[51] 吴国钏.串列叶栅理论[M].北京：国防工业出版社,1996.

[52] 姚思南.串列叶栅对跨音速风扇性能的影响[D].哈尔滨：哈尔滨工业大学,2012.

[53] Tesch A，Ortmanns J. An experimental investigation of a tandem stator flow characteristic in a low speed axial research compressor [C]. Dusseldorf：Proceedings of ASME Turbo Expo 2014：Turbine Technical Conference and Exposition,2014.

[54] Sanger N L. Analytical study of the effects of geometric changes on the flow characteristics of tandem bladed compressor stators [R]. Cleveland：NASA，1971.

[55] Mcglumphy J，Ng W F，Wellborn S R，et al. Numerical investigation of tandem airfoils for subsonic axial-flow compressor blades [J]. Journal of Turbomachinery，2009，131(2)：30 - 45.

[56] Ohashi H. Theoretical and experimental investigations on tandem pump cascades with high deflection [J]. Ingenieur Archiv，1959，27(4)：201 - 226.

[57] Railly J W，El-SarhaM E. An investigation of the flow through tandem cascades [C]. London：Proceedings of the Institution of Mechanical Engineers，Conference Proceedings，1965.

[58] Mikolajczak A A, Weingold H D, Nikkanen J P. Flow through cascades of slotted compressor blades [J]. Journal of Engineering for Power, 1970, 92(1): 57.

[59] Bammert K, Staude R. Optimization for rotor blades of tandem design for axial flow compressors [J]. Journal of Engineering for Power, 1980, 102(2): 369.

[60] Canon F G. Numerical investigation of the flow in tandem compressor cascades [D]. Bogota: Universidad Nacional de Colombia, 2004.

[61] Schluer C, Bohle M, Cagna M. Numerical investigation of the secondary flows and losses in a high-turning tandem compressor cascade [C]. Graz: European Turbomachinery Conference, 2009.

[62] Wu G C, Zhuang B N, Guo B H. Experimental investigation of tandem blade cascades with double-circular ARC profiles [J]. International Journal of Turbo and Jet Engines, 1988, 5 (1-4): 163-169.

[63] Mcglumphy J, Ng W F, Wellborn S R, et al. 3D numerical investigation of tandem airfoils for a core compressor rotor [J]. Journal of Turbomachinery, 2010, 132(3): 281-291.

[64] Bohle M, Frey T. Numerical and experimental investigations of the three-dimensional-flow structure of tandem cascades in the sidewall region [J]. Angewandte Chemie International Edition in English, 2014, 136(7): 071102.

[65] Siller U, Vob C, Nicke E. Automated multidisciplinary optimization of a transonic axial compressor [C]. Orlando: 47th AIAA Aerospace Sciences Meeting Including the New Horizons Forum and Aerospace Exposition, 2009.

[66] Goinis G, Vob C, Aulich M. Automated optimization of an axial-slot type casing treatment for a transonic compressor [C]. San Antonio: Proceedings of ASME Turbo Expo 2013: Turbine Technical Conference and Exposition, 2013.

[67] Li X J, Spence S, Chen H, et al. Flow control by slot position and noise baffle in a self-recirculation casing treatment on an axial fan-rotor [J]. International Journal of Rotating Machinery, 2017(6): 1-18.

第七章
轴流压气机涡流发生器流动控制技术

　　本章首先介绍了涡流发生器的研究现状以及该技术应用于航空领域的研究进展,随后以一高负荷轴流压气机叶栅为研究对象,采用数值模拟方法对涡流发生器的结构进行了初步设计并完成了最终的优化工作,揭示了涡流发生器空间位置以及几何形状变化对高负荷压气机叶栅性能的影响。此外,还提出了将涡流发生器与吸气槽相结合的方法,最终使压气机叶栅总压损失减小的同时达到了扩稳的目的。最后,本章以某3.5级轴流压气机为研究对象,针对涡流发生器的气动性能开展了全面的数值研究,以期揭示涡流发生器在级环境下对压气机稳定性和气动性能的影响规律,并进一步分析了涡流发生器与吸气槽相结合对压气机级性能的影响。

7.1　涡流发生器简介

7.1.1　涡流发生器的几何结构及作用过程

　　涡流发生器(vortex generator, VG),又名旋涡发生器,是一种用于控制附面层分离的被动流动控制结构。目前,航空领域普遍采用的涡流发生器主要分为两类形式:叶片形和楔形。图7-1给出了常见的三种叶片形涡流发生器几何结构,它们通常为厚度极薄的矩形、前缘后掠的梯形或者三角形结构。从涡流发生器叶尖产生的涡通常被称作诱导涡(induced vortex),涡流发生器的安装角度不

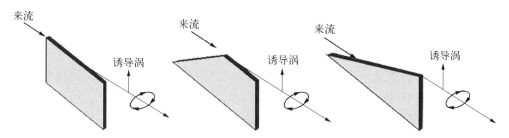

图 7-1　叶片形涡流发生器几何结构

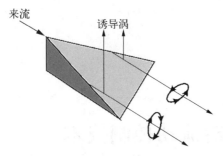

图 7-2 楔形涡流发生器几何结构

同可以改变诱导涡的旋转方向。叶片形涡流发生器在改善轴流压气机的角区分离时通常成组出现，用于加强诱导涡的强度。图 7-2 给出了常规的楔形涡流发生器几何结构，其几何构型为四面体结构。在楔形涡流发生器后方会产生一对旋转方向相反的涡，通常被置于压气机静叶前缘线上游的端壁上。

当气流流过一带有安装角的涡流发生器后，由于叶片两侧压差的作用，导致涡流发生器叶尖处产生高能诱导涡。图 7-3 对比了使用涡流发生器前后的附面层分布示意图，图 7-3(b) 中诱导涡在向后运动的过程中对近壁面区域的附面层进行扰动，将主流中的一部分能量注入附面层当中，使低能流体和主流之间进行动量转换，增加了近壁面流体的能量，使一部分附面层内的低能流体能够随着主流一起向后运动，从而控制了流动的分离现象。

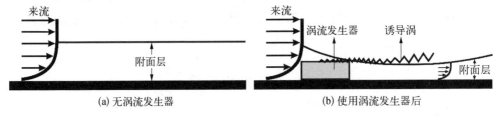

(a) 无涡流发生器   (b) 使用涡流发生器后

图 7-3 附面层速度分布示意图

图 7-4 对比了有无涡流发生器时，压气机静子通道内的流动特性。图 7-4(a) 所示为未使用涡流发生器的静子叶片通道流动特性。在轴流压气机静子叶片通道中，由于横向压力梯度和轴向逆压梯度的共同作用，导致附面层过度堆积在叶片吸力面-端壁间的角区，形成角区分离，造成叶片通道角区的堵塞。在静叶通道前缘端壁上加入叶片形涡流发生器后[图 7-4(b)]，所产生的诱导涡随即进入叶片通道，由于受到通道内横向压力的作用，诱导涡逐渐靠近叶片吸力面角区，对近壁面区域的附面层进行扰动，将主流中的一部分能量注入附面层当中，从而使角区分离程度减小，压气机的性能得到了恢复。图 7-4(c) 所示为在静子叶片前缘端壁上使用楔形涡流发生器，来自相邻涡流发生器吸/压力面的诱导涡受到横向压力的作用后，共同向叶片吸力面-端壁角区运动，从而控制了角区分离。涡流发生器的高度、安装位置以及与来流之间的夹角是影响诱导涡的重要参数，设计者在后期的设计中需要对这些参数着重注意。

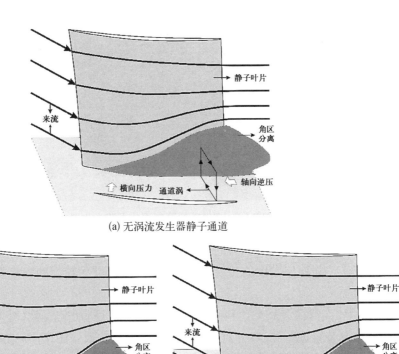

(a) 无涡流发生器静子通道

(b) 有叶片形涡流发生器静子通道　　　　　(c) 有楔形涡流发生器静子通道

图 7 - 4　涡流发生器对静子角区分离的影响

7.1.2　涡流发生器的发展现状

对涡流发生器的首次介绍来自 Taylor 在 19 世纪 40 年代末所作的一个报告[1],他提出将一排小叶片形状的涡流发生器安装在机翼上,在增加机翼升力的同时,减轻了由于失速所造成的破坏性疲劳载荷。图 7 - 5 为在机翼的上翼面安装多组叶片形涡流发生器的某实验模型[2]。该实验主要研究了涡流发生器的弦向位置、展向间距和尺寸大小对机翼性能的影响。研究发现:尺寸较小的涡流发生器(高度为 1.7% 的轴向弦长)表现出了更好的整体性能,增加了失速攻角和最大升力系数。这主要归因于较小尺度的涡流发生器可以产生更接近翼型表面的诱导涡,对近壁面附面层的影响更大,所产生的流动阻力损失也较小。此外,减小涡流发生器叶片之间的间距会增加相邻诱导涡之间的相互作用,从而使它们远离机翼下游区域的表面,削弱了诱导涡对近壁面附面层的控制能力。

在 19 世纪 80 年代的研究中,有关涡流发生器尺寸的研究又有了新的进展,小尺寸涡流发生器逐渐受到了关注。Rao 等[3]对涡流发生器控制分离的能力提出了

图7-5 安装于机翼表面的涡流发生器[2]

新的观点。他认为涡流发生器的高度小于0.625来流附面层高度时,其性能优于高度等于1倍附面层厚度的传统涡流发生器,因为尺寸较小的涡流发生器产生的流动阻力更小。

Lin等[4-7]曾在NASA兰利研究中心的风洞中进行研究实验,对多种类型的被动流动控制装置进行测试,并对比它们的流动控制功效。图7-6中的实验油流图可以将涡流发生器下游的气体流动状态清晰地反映出来。图7-7为实验中选择的几种典型涡流发生器几何结构:叶片型(vane)、鱼骨形(wishbone)以及楔形(wedge/plow/wheeler)涡流发生器。图7-8得到了完整的涡流发生器性能评价:① 白色柱状图代表分离再吸附减小的距离;② 黑色柱状图代表分离延缓发生的距离。实验结果显示,叶片型涡流发生器无论是在延缓分离发生,还是促进气流的分离再吸附方面都存在明显优势。此外,涡流发生器高度为1/5附面层厚度时,其性能优于高度为4/5附面层的涡流发生器。这一研究结果与Rao所提到的趋势一致,即涡流发生器的高度不宜过大,尺寸过大的涡流发生器不仅会增加气体的流动阻力,其对分离的控制效果也会被削弱。

图7-6 Lin等的涡流发生器实验油流图[4]

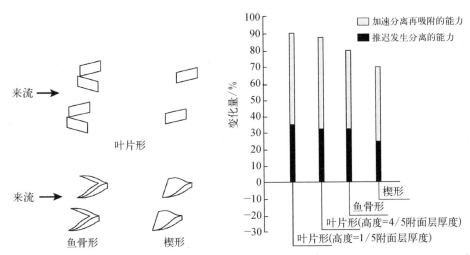

图 7-7　几种典型的涡流发生器[4,5]　　图 7-8　不同流动分离控制装置的实验结果对比[6]

鉴于涡流发生器在控制流动分离方面具有明显优势,从而被逐渐应用到轴流压气机当中,用于控制静子叶片吸力面的角区分离、削弱二次流[8,9]。涡流发生器不仅改变了近端区横流的流动方向,减少了端区附面层的堆积;而且将附面层内的低能流体向上卷起,加剧了主流和低能流体之间的能量传递,从而抑制了角区分离。可见,涡流发生器与来流附面层之间有着密不可分的联系。因此,越来越多的学者们在分析涡流发生器对轴流压气机性能影响的同时,会将来流附面层厚度与涡流发生器的尺寸结合起来进行研究。

Hergt 等[10]于 2008 年以一叶栅为实验研究对象,提出利用安装在叶片前缘端壁上的叶片型涡流发生器控制叶栅的角区分离,相关的流场参数如表 7-1 所示。涡流发生器的高度(h_{VG})变化对叶栅性能的影响被作为研究的一部分。h_{VG} 与附面层厚度 δ 之间的联系为: $h_{VG} = 0.25\delta$、0.5δ、0.75δ、δ。其中,高度为 0.25 附面层厚度的涡流发生器效果最佳,使总压损失下降了 4.6%。图 7-9(a)给出了涡流发生器的结构、安装位置以及叶栅吸力面角区分离的变化,可以看到,角区分离沿展向的范围明显减小,但分离的起始位置并没有被推迟,流向范围也没有缩小。图 7-9(b)为 $h_{VG} = 0.25\delta$ 的涡流发生器与原型叶栅的总压损失系数随来流攻角的变化,设计来流角为 132°。可以明显看到叶栅在采用涡流发生器后,其总压损失在设计来流角上下 4° 范围内出现了明显减小的趋势。

Hergt 在 2008 年的研究基础上,采用同样的实验方法对三种类型涡流发生器的性能进行了对比[11],相关参数可查看表 7-1。图 7-10(a)为三种涡流发生器的几何形状和安装位置示意。A 为 2008 年实验中的涡流发生器[10],$h_{VG} = 0.25\delta$;B 则参考 Hergt 和 Meyer 于 2006 年所做实验[12],$h_{VG} = 0.5\delta$;C 为楔形(plow)涡流发生器,其高度变化参考 Wetzel 等于 1996 年所做工作[13],$h_{VG} = 0.25\delta$、0.5δ、

0.75δ。明显,Hergt 所做实验的涡流发生器高度均未超过附面层厚度,最高为 0.75δ。 实验表明,高度为 0.5δ 的楔形涡流发生器在减小叶栅总压方面表现最优, 损失减小 9%。图 7 – 10(b)给出了叶片吸力面分离对比油流图。

也有不少研究将涡流发生器安装在叶片吸力面上[12, 14],同样起到控制角区分 离的作用。图 7 – 11 中的叶片形涡流发生器位于叶片吸力面靠近叶根的位置,图 7 – 11(a)为原型叶栅角区分离范围以及位置的示意图,图 7 – 11(b)为采用矩形涡 流发生器的叶栅示意图,图 7 – 11(c)为使用梯形涡流发生器的叶栅示意图。涡流 发生器在安装时需要与来流之间存在夹角(前缘向上抬升),这样有利于诱导涡直

表 7 – 1　涡流发生器用于减小压气机/叶栅附面层分离的研究总结

研究学者	VG 几何形状	安装位置	VG 高度	作用对象	马赫数	研究手段	发表年份
Hergt[12]	叶片形(前缘后掠)	叶片吸力面	0.5δ	轴流压气机叶栅	0.7	实验+数值仿真	2006
Hergt[10]	叶片形	叶片前缘端壁	$0.25/0.5/0.75/1\delta$	轴流压气机叶栅	0.66	实验	2008
Hergt[11]	叶片形	叶片前缘端壁/叶片吸力面	0.25δ	轴流压气机叶栅	0.66	实验	2010
Hergt[11]	楔形	叶片前缘端壁	$0.25/0.5/0.75\delta$	轴流压气机叶栅	0.66	实验	2010
Diaa[15]	楔形	叶片前缘端壁	$0.1/0.15/0.2/0.25/0.3/0.4/0.5\delta$	轴流压气机叶栅	0.66	数值仿真	2014
Rajendran[16]	叶片形	叶片前缘机匣	$0.25/0.5/1\delta$	单级轴流压气机	$Ma>1$	数值仿真	2015
Diaa[17, 18]	楔形/鱼骨	叶片前缘端壁	0.4δ	轴流压气机叶栅	0.66	数值仿真	2015
Sahin[19]	叶片形	叶片前缘端壁	$0.25/0.5\delta$	轴流压气机叶栅	—	实验	2017
Ma[20]	叶片形	叶片前缘端壁	0.2δ	轴流压气机叶栅	$Ma<0.3$	数值仿真	2019

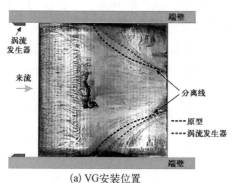

(a) VG安装位置

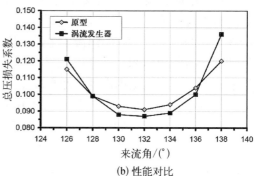

(b) 性能对比

图 7 – 9　Hergt 等提出的 VG 安装位置和性能对比[10]

接作用于角区分离位置,更有利于减小角区分离。将涡流发生器安装在叶片吸力面上与安装在端壁上有所不同,由于叶片吸力面靠近前缘的位置还没有发展出明显的附面层,因此在设计涡流发生器时通常不需要将其尺寸与附面层厚度相关联。图 7 - 11 中涡流发生器的高度为 1.5 mm,翼型叶栅高度为 40 mm。

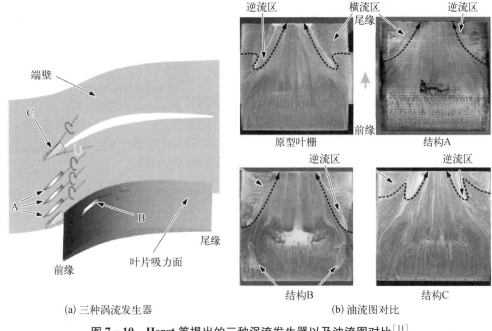

(a) 三种涡流发生器　　　　　　　(b) 油流图对比

图 7 - 10　Hergt 等提出的三种涡流发生器以及油流图对比[11]

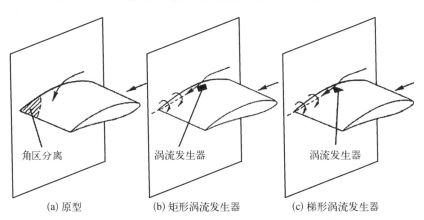

(a) 原型　　　　(b) 矩形涡流发生器　　　　(c) 梯形涡流发生器

图 7 - 11　在叶片吸力面使用涡流发生器[12, 14]

图 7 - 12 分别给出了两种形状的涡流发生器对叶片吸力面角区分离影响的实验油流图,图 7 - 12(a) 为矩形涡流发生器,图 7 - 12(b) 为梯形涡流发生器。可以看出,不同形状的涡流发生器都可以有效控制角区分离。研究表明,梯形涡流发生

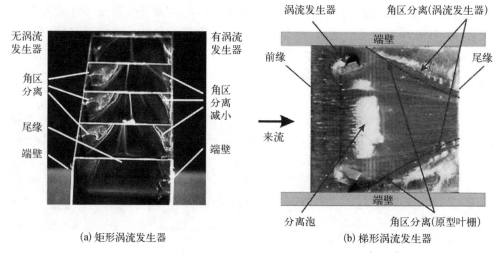

(a) 矩形涡流发生器   (b) 梯形涡流发生器

图 7-12   涡流发生器控制叶栅角区分离的油流实验[12, 14]

器能够显著影响角区流动,使总压损失减小 33%。相关的研究内容参见文献 [12, 14]。

Diaa 等[15]在 2014 年以一叶栅为研究对象,利用数值仿真手段研究了涡流发生器高度变化对叶栅性能的影响。他提出了一种带曲边的楔形涡流发生器,如图 7-13(a)所示,主要的流场参数可见表 7-1。值得注意的是,作者在此次研究中着重分析了 VG 的高度(h_{VG})对叶栅性能的影响,并且将高度的变化与附面层厚度联系起来,提出了 7 种高度方案:$h_{VG} = 0.1\delta$、0.15δ、0.2δ、0.25δ、0.3δ、0.4δ、0.5δ。研究结果表明,涡流发生器高度为 0.3δ 时,叶栅总压损失减小最多,达到了 8.3%。图 7-13(b)为原型叶栅与采用不同高度 VG 后叶栅的总压损失沿叶高分布图,从该图中也可以明显观察到涡流发生器 $h_{VG} = 0.3\delta$ 时的优势。

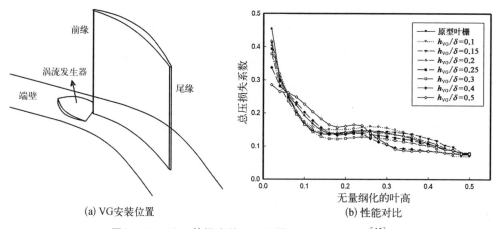

(a) VG 安装位置   (b) 性能对比

图 7-13   Diaa 等提出的 VG 安装位置和性能对比[15]

叶片形涡流发生器的几何结构变化对叶栅性能同样具有显著影响。传统的叶片形涡流发生器(矩形)可以演变出多种形状,其优化结构如图7-14(a)所示,高度为1/5来流附面层厚度。有学者在矩形涡流发生器[图7-14(a)中标号(1)]的基础上,基于其结构特点发展了三种优化结构[图7-14(a)中标号(2)~(4)][16],图7-14(b)给出了这四种涡流发生器在不同攻角下对叶栅总压损失的影响。该研究表明:虽然涡流发生器的尺寸对于整个叶栅/静子来说体积极小,但是其几何结构的改变却可以显著影响叶栅/静子的性能,因此认为对涡流发生器的几何进行优化具有一定意义。传统的矩形涡流发生器减少叶栅总压损失的能力远远不如其余三种优化后的涡流发生器,并且在设计工况附近(-1°攻角),梯形结构的涡流发生器在减少叶栅总压损失方面优势显著。而当攻角较大时($i>3°$),带曲边的梯形涡流发生器随着攻角的增加逐渐表现出较强的减少总压损失的能力,使叶栅的总压损失系数在失速工况下(8°攻角)降低了9.36%。相关的研究内容参见文献[16]。

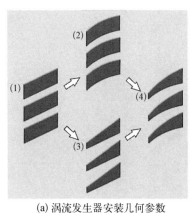

(a) 涡流发生器安装几何参数

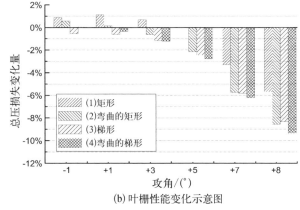

(b) 叶栅性能变化示意图

图7-14 涡流发生器安装几何参数和叶栅性能变化示意图[16]

表7-1总结了近年来涡流发生器提升压气机性能的研究。可以发现几乎所有文章均利用VG来控制叶栅吸力面的角区分离,并且其设计高度均未超过附面层厚度。在涡流发生器的研究中,逐渐出现了许多微型涡流发生器的身影[21-26],如Micro-VGs[21]、Low-profile VGs[22]、Sub-merged VGs[25]、Micro vanes[26]等。通常将高度为0.1~0.5附面层厚度的VG称作微型涡流发生器(Micro-Vortex generator,MVG)[23]。许多研究显示,微型涡流发生器可以持续提供充足的动量转换,可以有效控制附面层的流动分离,同时产生较小的流动阻力,拥有更小的雷达探测面[24]。MVG在控制流动分离方面也表现出优于传统涡流发生器的能力[6]。鉴于对大量文献的总结以及判断涡流发生器未来尺寸的发展方向,本书将通过数值仿真、控制变量、响应面、机制分析等方法,探究微型叶片涡流发生器对轴流压气机吸力面角区分离的影响。

7.2　高负荷压气机叶栅的气动性能分析

7.2.1　高负荷压气机叶栅介绍

本书研究对象为一典型的高负荷压气机叶栅,后面将该研究对象简称为叶栅。该叶栅的设计及实验数据来自张燕峰[27]在一低速叶栅风洞中所做实验。由于压气机内部三维流动复杂,为了探究高负荷压气机的角区分离特性,该实验借助油流显示技术深入分析了来流附面层厚度以及湍流度对叶栅角区分离的影响。图 7-15 给出了叶栅的几何示意图,图中主要几何参数及气动参数见表 7-2。

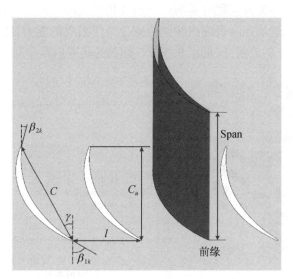

图 7-15　高负荷压气机叶栅

表 7-2　叶栅几何和气动参数[27]

参　　　　　数	数　　值
叶高,Span／（mm）	200
轴向弦长,C_a／（mm）	107
弦长,C／（mm）	114.3
栅距,l／（mm）	53.4
几何进气角,β_{1k}／（°）	52
几何出气角,β_{2k}／（°）	12
安装角,γ／（°）	20.5
设计攻角,i／（°）	−1

该叶栅中弧线设计为双圆弧叶型。叶型设计时参照高压压气机最后一级去预旋静子叶片,设计气流转折角为 52°,气体流出方向为轴向出气,设计扩压系数(diffusion factor,DF)为 0.5。由于叶片的载荷较高,在端壁-吸力面角区出现了典型的角区分离现象。鉴于该叶栅将作为研究角区分离发展过程、判断角区失速发生以及讨论流动控制策略设计的主要研究对象。

7.2.2　叶栅内的流动特性分析

叶栅内的流动损失主要来自叶片吸力面-端壁角区堆积的低能流体以及通道内部复杂的涡系结构。角区低能流体的发展以及各涡系之间的相互作用直接导致了压气机的静子角区分离,甚至失速的发生。因此,把握角区分离的发展过程、弄清二次流涡系结构,是分析角区分离成因、判断角区失速发生机制的关键。正确认识叶栅内气体的流动特性,是合理利用流动控制技术提升压气机性能的基础。

叶栅吸力面角区的低能流体主要来自端壁附面层的堆积,以及附面层之间低能流体的相互作用。因此,可以通过分析近端区三维流动来探索二次流涡系结构。图 7-16 给出了详细的叶栅端壁流动拓扑结构,可以清晰地观察到各奇点的形成原因;图 7-17 给出了叶栅通道中的主要涡系结构示意图,便于理解不同涡结构的发展过程。

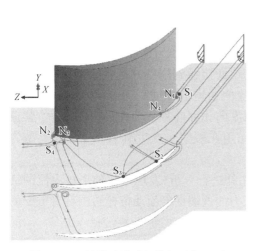

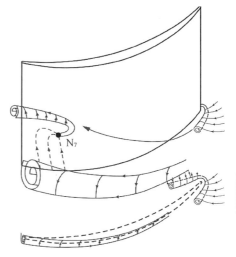

图 7-16　近端壁流动拓扑(设计工况)　　　图 7-17　叶栅中主要涡系结构(设计工况)

1. 马蹄涡的形成

马蹄涡的形成伴随着前缘鞍点 S_1 和结点 N_1 的出现,这一过程主要可以分为以下两步:

（1）图7-16中，速度较高的气流（红色流线）会优先接触到叶片前缘，之后流向端壁，接触到端壁后向四周扩散，在端壁表面留下奇点 N_1，奇点类型为"附着结点"；

（2）图7-16中，紧贴壁面的低速流体（蓝色流线）在叶片前缘遇到由结点 N_1 流出的气体后分成两组分支，分离点 S_1 类型为鞍点。因此，鞍点 S_1 是由近端区来流和由结点 N_1 发出的气体共同形成的，由鞍点 S_1 发出的涡系结构称为前缘马蹄涡，发出的两组分支分别为马蹄涡的吸/压力面分支。马蹄涡的吸/压力面分支为一组旋向相反的涡系结构，如图7-17所示。

2. 叶片吸力面角区的流动分析

马蹄涡吸力面分支进入叶片通道后，受到横向（周向）压力梯度的影响重新吸附到叶片吸力面上，在端壁上留下结点 N_4，流过该点的气流由于受到了角涡的影响而开始产生回流并向上卷起，卷起的气流与叶片吸力面附面层掺混后形成的低能流体由于受到的径向逆压梯度的影响而堆积在叶片吸力面角区，从而形成三维角区分离。因此，认为结点 N_4 为三维角区分离的起始位置。通过以上分析充分揭示了叶片吸力面角涡对角区分离起始位置的影响，而前人的研究几乎都忽视了这一问题。

3. 叶片压力面角区的流动结构

马蹄涡压力面的分支在进入叶片通道后，紧贴叶片压力面并沿流向运动（图7-16中的红色流线），在叶片压力面角区遇到沿角区向前运动的气流（蓝色流线）后发生分离，在端壁上留下鞍点 S_2，发生分离的低能气体受到横向压力梯度的影响流向叶片吸力面。如图7-16所示，紧贴叶片压力面角区向上运动的气流来自远离端壁的高速流体（图7-16中绿色拓扑），由于径向压力梯度的作用，这部分气流在进入叶片通道后受到向下的力，在鞍点 S_3 处接触到端壁并产生分离，一部分流向叶片上游（图7-16蓝色拓扑），一部分流向通道下游（图7-16红色拓扑）。少部分气体受到通道内横向压力梯度的作用流向相邻叶片吸力面（图7-16中紫色拓扑），与相邻叶片压力面尾缘绕流相互作用在端壁上产生奇点 N_2，奇点类型为"附着结点"。

通过对叶片压力面-端壁角区的流动拓扑进行分析，发现一部分来自主流的气体（图7-16中绿色和紫色拓扑）对叶片压力面近端壁的流动拓扑结构有着重要的影响，不仅影响了鞍点 S_2 的生成，还参与了相邻叶片尾缘下游端壁上结点 N_2 的形成。

4. 靠近叶片尾缘端壁上的流动结构

在叶片尾缘的近端壁区域（图7-16），端壁附面层受到通道内横向压力梯度的影响流向叶片吸力面角区，一部分低能流体与来自叶片压力面的气流相遇，形成鞍点 S_4，一部分从鞍点 S_4 发出的气流与主流发生掺混后向上卷起并流出叶片通道,而另一部分则受到轴向逆压梯度的作用向上游运动,在运动过程中受到了通道涡的影响而形成与通道涡旋向相反的角涡。

来自叶片尾缘压力面的绕流(图 7－16)在遇到叶片吸力面的低速气流后形成“分离结点”N_3。离开 N_3 的气流遇到了吸力面的角涡,导致少部分气流参与了角涡的形成,而大部分离开 N_3 的气流都朝着叶中展方向运动。总结后发现:

(1) 与 Hah 等[28]的观点不同的是,他认为结点 N_2 和 N_3 的形成原因是相同的。通过以上分析发现:N_2 的结点类型为“附着结点”,主要由于端壁横流吸附在叶片尾缘端壁上形成;N_3 的结点类型为“分离结点”,主要由于端壁横流与叶片压力面尾缘绕流相互作用而形成。

(2) 与 Lewin 等[29]的观点不同的是,他认为结点 N_2 和 N_3 是端壁分离进入角区失速的标志,但本次在设计工况点的叶栅中仍发现了同样的涡结构,因此认为该结构为叶片尾缘分离所特有的涡结构,并不能作为判断角区失速的标准。

5. 叶片吸力面上脱落涡的形成

如图 7－17 所示,叶片吸力面上靠近尾缘的爬升气体与叶片吸力面附面层之间相互作用产生结点 N_7,该奇点类型为“分离结点”。离开分离结点 N_7 的气体受到轴向逆压梯度的作用流向叶片前缘,随后又受到通道主流的影响流出叶片通道。

通过对设计工况下附面层内气体的三维流动结构分析可知:端壁附面层受到横向压力梯度的作用大量堆积在叶片吸力面-端壁角区,低能流体受到轴向逆压梯度的作用而沿着角区向上游运动,从而形成吸力面角涡。向上游运动的吸力面角涡在结点 N_4 处遇到来自叶片前缘马蹄涡吸力面的分支后向上卷起,被卷起的气体遇到主流后向叶片尾缘运动,在叶片吸力面上留下明显的角区分离线。沿叶高方向上的叶片吸力面附面层受到轴向逆压梯度的影响向叶片前缘移动,遇到通道主流以及向后卷起的马蹄涡吸力面分支后离开近叶片吸力面区域,随后被主流带向叶片尾缘并流出叶片通道。角区分离是由叶片吸力面角涡、马蹄涡吸力面分支以及叶片吸力面附面层共同作用形成的。

7.2.3　叶栅的角区失速判定

当来流攻角逐渐增加时,叶栅流场结构会不断变化直至发生角区失速。为了研究叶栅角区分离的发展过程及失速机制,图 7－18 给出了叶栅流动特性随攻角的变化,图 7－18(a)为设计工况。图中奇点的命名方式与图 7－16 保持一致,SL 代表叶片吸力面的分离线。蓝色三维等值面代表轴向速度小于 0 的逆流区,叶片尾缘处的横截面用总压损失系数 ζ 着色。

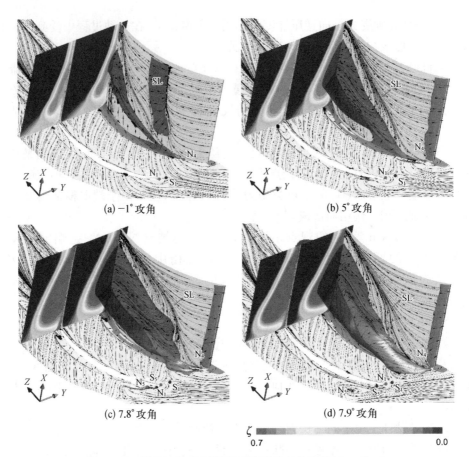

(a) -1° 攻角　　　　　　　　　(b) 5° 攻角

(c) 7.8° 攻角　　　　　　　　　(d) 7.9° 攻角

ζ　0.7　━━━━━━━━━　0.0

图 7-18　逆流区和表面极限流线随攻角的变化（Baseline）

　　随着攻角增加，角区分离起始点 N_4 逐渐向叶片前缘移动，标志着角区分离沿轴向的范围逐渐增大。转捩气泡也会逐渐前移，直到停留在叶片前缘后便不再移动。当攻角小于 7.8° 时，叶片吸力面角区分离的范围及总压损失随着攻角增大而不断增加，在靠近叶片吸力面前缘的端壁上出现了一对奇点（鞍点 S_5 和螺旋结点 N_5），角区失速即将发生。当攻角增加到 7.9° 时，流场结构突然发生明显变化，靠近叶片前缘的逆流区突然大范围吸附在端壁上，导致结点 N_5 突然远离叶片吸力面。根据 Taylor 等[30]针对叶栅的流动特性以及角区失速的判定可知，当端壁上出现明显的鞍点和焦点（螺旋结点）对后，总压损失系数会突然增加，此时发生了角区失速。图 7-19 给出了叶栅出口边界总压损失系数 ζ 随攻角 i 的变化，当攻角为 7.9° 时，ζ 突然升高。无论是叶栅通道内的流动特性，还是总压损失系数随攻角的变化，其失速特点均与 Taylor 的研究结果一致，因此认为该高负荷叶栅发生角区失速的攻角为 7.9°。

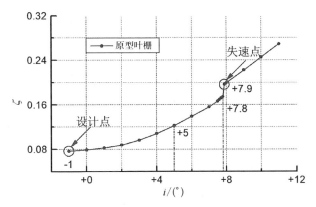

图 7 - 19　出口边界总压损失系数随攻角的变化

7.3　微型涡流发生器对高负荷压气机叶栅的影响

7.3.1　微型涡流发生器的气动优化设计

微型涡流发生器的几何结构以及设计参数直接影响了压气机的性能,因此,微型涡流发生器参数的选择就显得尤为重要。由于影响叶片型微型涡流发生器的参数较多,在开始研究之前不能对其几何尺寸盲目选择,因此,微型涡流发生器重要参数的优化问题不容忽视。

为了得到微型涡流发生器主要参数和总压损失系数之间的联系,本书将采用近似建模方法对数值仿真结果进行分析。近似建模技术是建立流动控制装置几何参数和压气机气动性能关系的基础和关键技术,其本质是通过对选定的样本点进行数据分析,构造出研究对象的近似模型,并采用近似模型代替精确模型进行分析与研究。近似建模的步骤可归纳为:试验设计、近似建模以及响应面的模型评估。

1. 试验设计

本书借助试验设计方法(design of experiment, DOE)建立必要的试验点,通过对各试验点进行数值计算得到试验点结果。试验设计法是参数优化、模型评估等过程中主要的统计方法之一,其目的是产生具有一定规律的、有代表性的变量空间的试验点,用于判断关键试验因子、确定最佳参数组合、构建近似模型及经验公式等[31]。常见的试验设计法包括:全因子试验设计、正交数组设计、中心点复合设计及 Box - Behnken[32, 33]设计等。

本书将采用 Box - Behnken 方法进行试验设计,这种方法也常被使用于航空领域[34]。它的试验区域内任何一点与设计点距离相等,因试验点都位于等距的端点,不包含各变量上下水平所产生的试验点,因而避免了很多因受限而无法进行的试验。该类方法重要的特点是：能以较少的试验次数来估计具有一阶、二阶及一阶交互作用项的多项式模式。此外，Box - Behnken 对设计试验点的选择使得二阶模型中各系数的估计更有效。

2. 近似建模

基于响应面方法(response surface methodology, RSM) 的近似建模是目前较为成熟的建模方法之一。其本质是采用多元二次回归方程来拟合各因素与响应值之间的函数关系，建立独立变量与响应值之间的近似关系。其基本思路是通过数值试验对试验设计样本点的输入参数及响应值进行分析，建立研究对象的近似模型，并用该近似模型代替原有复杂模型进行计算分析或参数优化。

根据拟合函数构造方法的不同，响应面法可分为：多项式拟合法、Kriging 函数法、神经网络法及径向基函数法等。其中，多项式拟合法是采用多项式对试验点进行回归拟合，得到响应与输入变量之间的近似函数关系来建立响应面的方法，是建立响应面最常用的方法。由于采用多项式拟合法建立响应面，建模过程简单，且具有较高的拟合精度及非常高的计算效率，因而在实际计算中被广泛采用。多项式响应面模型的拟合函数一般可用式(7 - 1)表示：

$$\hat{y}(x) = \sum_{i=1}^{n} b_i f_i(x) \qquad (7 - 1)$$

式中，$f_i(x)$ 为多项式基函数；b_i 为多项式拟合系数，也称作回归系数；n 为拟合系数的个数。

多项式的阶数并非越高越好，随阶数增加，多项式中待定系数的个数呈指数增长，它不但影响近似模型建立过程及分析过程，而且需要更多的试验点，增加了数值试验设计的难度，影响了计算的效率。实际使用中，对于非线性问题通常采用二次多项式进行拟合，一般表达形式如下：

$$\hat{y}(x) = b_0 + \sum_{i=1}^{n} b_i x_i + \sum_{i=1}^{n} b_{ii} x_i^2 + \sum_{1 \le i < j \le n}^{n} b_{ij} x_i x_j \qquad (7 - 2)$$

二次多项式拟合回归系数的个数为 $(n + 1)(n + 2)/2$，回归系数可采用最小二乘法获得。利用 Kriging 方法的近似模型往往不能给出确定的表达式，神经网络法及径向基函数法也存在类似问题。因此，本书将采用多项式拟合法进行基于响应面法的近似建模，对于其他方法不再介绍。

3. 响应面的模型评估

用于评估近似模型拟合程度的方法通常有两种：相对均方根误差法和 R^2 判定系数法。目前，R^2 判定系数法(coefficient of multiple determination) 的应用更为广泛，它是通过建立能够表征拟合程度的变量来进行判断的，其定义如下：

$$R^2 = 1 - \cfrac{\sum\limits_{i=1}^{n} (y_i - \hat{y})^2}{\sum\limits_{i=1}^{n} (y_i - \bar{y})^2} \quad (0 \leqslant R^2 \leqslant 1) \qquad (7-3)$$

式中，y_i 为真实响应值；$\bar{y}$ 为真实响应值的平均值；$\hat{y}$ 为响应面模型得到的拟合值。

R^2 值反映了响应面模型与真实值之间的差异程度，该值越大，表示响应面模型拟合精度越高。若 R^2 在 0.75～1，则表明两者之间相关性较好。通常认为 $R^2 >$ 0.9 时，该近似模型满足精度要求，如不满足要求，则需要调整设计空间变量范围，重复进行近似模型的建立，直到精度满足要求。

最后，通过对近似模型的分析得到微型涡流发生器参数与叶栅气动性能的联系，并基于该近似模型对微型涡流发生器进行性能优化设计，寻求最优空间位置和几何参数，近似模型的建立以及优化思路如图 7-20 所示。

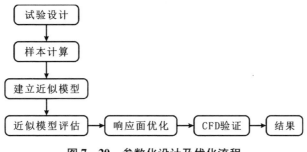

图 7-20　参数化设计及优化流程

本节将借助上文介绍的近似建模原理，得到微型涡流发生器各参数与总压损失系数 ζ 之间的关系，下文将用英文缩写 MVG 代表微型涡流发生器。图 7-21 给出了本书所采用的 MVG 空间位置及几何参数示意图，根据微型涡流发生器的几何特征，值得关注的参数有：叶片高度 h_{VG}、叶片间距 d_{VG}、叶片安装角 β_{VG}、叶片长度 l_{VG}、轴向位置以及周向位置。其中，轴向位置由 MVG 叶片尾缘与叶片前缘线之间的轴向间距 l 来反映，周向位置通过 MVG 中紧靠叶片吸力面的小叶片尾缘与叶片前缘之间的周向距离 d 来反映。

根据对涡流发生器的进展分析可知，高度小于 0.5 附面层厚度的 MVG 是

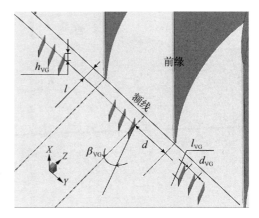

图 7-21　微型涡流发生器空间位置与几何参数

目前用于控制附面层分离的发展趋势。根据 Lin 等[4]的实验研究可知,叶片形涡流发生器在延缓分离发生、促进气体分离再吸附方面存在明显优势,其中高度为 0.2 附面层厚度的叶片型 MVG 在控制分离方面的表现比高度为 0.8 附面层厚度的 VG 更优。因此,本书将采用高度为 0.2 附面层厚度的 MVG,且不做改变。根据前人的研究经验[10-12],将 MVG 的叶片数固定为 3,且不做改变。计算工况为设计攻角,响应变量为总压损失系数 ζ,得到 MVG 对于叶栅气动性能影响的优化模型表示如下:

$$\min \zeta = f(d_{VG}, \beta_{VG}, l_{VG}, l, d) \tag{7-4}$$

参考前人的研究经验,并基于 MVG 各参数的约束范围建立研究对象的样本空间。已知,MVG 的高度固定不变,且与来流附面层厚度 δ 存在 $h_{VG} = 0.2\delta$ 的关系。为了建立起 MVG 设计参数与叶栅气动参数之间的联系,提出将 MVG 的设计参数与其高度 h_{VG} 联系起来,得到 MVG 设计参数与叶栅气动参数之间的关系。样本空间如表 7-3 所示,MVG 的设计参数参照图 7-21。

表 7-3　微型涡流发生器的样本空间

d_{VG}	$\beta_{VG}/(\degree)$	l_{VG}	l	d
$0.5h_{VG}$	15	h_{VG}	h_{VG}	$1.78h_{VG}$
h_{VG}	30	$1.5h_{VG}$	$1.5h_{VG}$	$5.34h_{VG}$
$1.5h_{VG}$	45	$2h_{VG}$	$2h_{VG}$	$8.9h_{VG}$

MVG 位于端壁上的样本空间如图 7-22 所示,图中 l_1、l_2、l_3 分别代表轴向位置 h_{VG}、$1.5h_{VG}$、$2h_{VG}$。考虑到叶栅在周向方向上具有周期性,因此将叶片前缘所对应的周向位置定为周向样本选择的起始位置,相邻叶片前缘对应位置则为下一个周期的起始点。其周向样本选择位置如图 7-22 中 d_1、d_2、d_3 所示,而 d_1'、d_2'、d_3'则进入下一个周期。因此,图 7-22 中红色圆点为 MVG 所在位置的样本点,数量为 9。

确定样本空间后,借助试验设计 DOE 方法生成样本空间,样本空间由 45 个试验点组成,在此不逐个列出样本点方案。由于总压损失系数 ζ 是影响叶栅性能的重要性能指标,因此选择 ζ 作为响应值。本书采用具有两因子一阶交互作用的幂次多项式进行建模,采用最小二次回归拟合多项式系数。检验方法采用 R^2

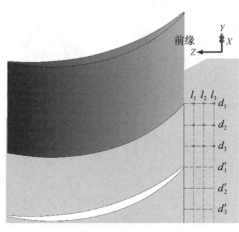

图 7-22　微型涡流发生器位置参数的样本空间

法,拟合后所得 $R^2 = 0.91$,表明该模型能够用来代替真实模型,并且具有较高的精度。得到设计攻角下,各变量与响应值 ζ 的关系如下:

$$\zeta_{(-1°)} = 0.11255 + 8.59 \times 10^{-4} \times l_{VG} - 3.46 \times 10^{-3} \times l - 1.95 \times 10^{-3} \times d_{VG} - 9.15 \times$$
$$10^{-4} \times d - 3.13 \times 10^{-4} \times \beta_{VG} + 2.29 \times 10^{-5} \times l \times l_{VG} - 4.12 \times 10^{-6} \times d_{VG} \times$$
$$l_{VG} - 1.01 \times 10^{-5} \times d \times l_{VG} - 6.66 \times 10^{-5} \times l_{VG} \times \beta_{VG} + 1.01 \times 10^{-4} \times l \times d_{VG} +$$
$$4.15 \times 10^{-5} \times d \times l + 7.47 \times 10^{-6} \times l \times \beta_{VG} + 4.13 \times 10^{-5} \times d \times d_{VG} - 3.53 \times$$
$$10^{-5} \times d_{VG} \times \beta_{VG} - 8.34 \times 10^{-6} \times d \times \beta_{VG} + 1.26 \times 10^{-4} \times l_{VG}^2 + 1.07 \times 10^{-4} \times$$
$$l^2 + 1.43 \times 10^{-4} \times d_{VG}^2 + 1.69 \times 10^{-5} \times d^2 + 1.32 \times 10^{-5} \times \beta_{VG}^2 \qquad (7-5)$$

图 7－23 给出了具有显著影响的微型涡流发生器一阶交互项与总压损失系数 ζ 之间的响应关系。从图 7－23 中可以看出,MVG 某一参数的改变都会影响另一参数与总压损失系数之间的变化关系。图 7－23(a) 为 MVG 长度 l_{VG} 与安装角 β_{VG} 之间的响应关系,当长度 l_{VG} 一定时,总压损失系数 ζ 会随着安装角 β_{VG} 的增加出现逐渐减小的趋势,l_{VG} 的值越大,这一趋势越明显。当安装角大于 33° 后,ζ 值减小的趋势逐渐平缓,且当 MVG 的长度 l_{VG} 越小,这一趋势越明显。

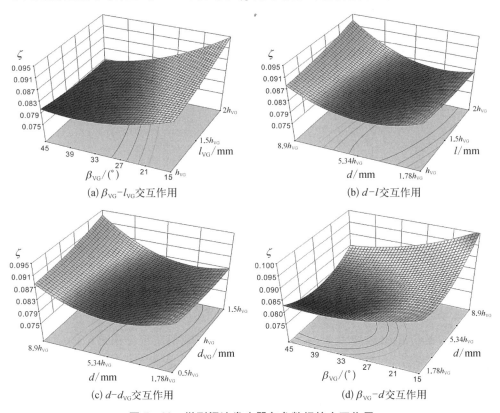

(a) β_{VG}-l_{VG} 交互作用　　　　(b) d-l 交互作用

(c) d-d_{VG} 交互作用　　　　(d) β_{VG}-d 交互作用

图 7－23　微型涡流发生器各参数间的交互作用

图 7-23（b）、图 7-23（c）反映了一阶交互项 $d\text{-}l$ 和 $d\text{-}d_{VG}$ 对总压损失系数 ζ 的影响。可以发现，两种交互项的变化非常相似，当 l 或 d_{VG} 值保持不变时，总压损失系数 ζ 随着 MVG 周向位置 d 的增加出现了显著的先减小后增大的变化趋势，这说明了 MVG 的周向位置 d 显著影响着叶栅的总压损失大小。

图 7-23（d）反映了一阶交互项 $\beta_{VG}\text{-}d$ 对总压损失系数 ζ 的影响。可以看出，安装角 β_{VG} 与周向位置 d 之间存在显著的交互关系。当周向位置 d 保持不变时，总压损失系数 ζ 同样随着安装角 β_{VG} 的增加出现了逐渐减小的趋势，当安装角大于 33°时，这一趋势趋于平缓。当安装角 β_{VG} 一定时，总压损失 ζ 随着周向位置 d 的增加出现了先减小后增加的趋势。

根据上述分析可以判断，总压损失系数 ζ 总是随着 d 的增加表现出先减小后增加的趋势，因此一定存在一个合适的周向位置，使得总压损失最小。根据总压损失系数 ζ 随安装角 β_{VG} 的变化可知，当安装角大于 33°后，总压损失系数 ζ 几乎不再减小，说明了最佳的安装角度在 33°~45°。

在得到了各参数间的交互关系后，将借助响应面法得到使叶栅总压损失系数 ζ 值最小的 MVG 设计方案。图 7-24 给出了各设计方案下叶栅的总压损失系数 ζ、优化结果以及数值验证结果。图中横坐标代表各个样本的编号，该样本空间共由 47 个样本点组成，纵坐标代表各样本点对应的总压损失系数 ζ 值。观察样本空间内的计算结果，发现大部分样本点的总压损失系数 ζ 都非常接近优化结果 ζ_{Opt}，并且分布较为均匀，为下一步的寻优提供了保障。

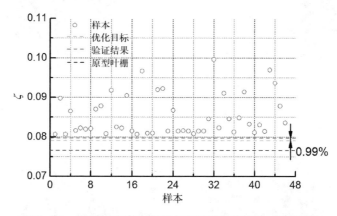

图 7-24　微型涡流发生器样本空间及优化设计、验证结果

MVG 的优化参数如表 7-4 所示，优化结果与数值验证结果之间的误差由公式（7-6）来表示，得到的优化误差 $\Delta\omega$ 为 0.99%＜5%，认为本次优化结果成功。

$$\Delta\omega = \left| \frac{\zeta_{Ver} - \zeta_{Opt}}{\zeta_{Opt}} \right| \times 100\% \qquad (7-6)$$

表 7-4　微型涡流发生器优化参数及结果验证

参数	l_{VG}	l	d_{VG}	d	β_{VG}	ζ_{Opt}（优化结果）	ζ_{Ver}（数值验证结果）	$\Delta\omega$（误差）
数值	h_{VG}	1.46 h_{VG}	h_{VG}	5.4 h_{VG}	36°	0.078 99	0.079 77	0.99%

可以发现,在设计攻角下,MVG 会使叶栅所有样本点的总压损失系数 ζ 增加,这一结果在本书所选择的叶栅中已经无法避免。根据 7.2 节对叶栅性能的分析可知,该叶栅在设计攻角下的大部分低能流体堆积在大约 30% 叶高位置处。由于端壁上 MVG 影响叶栅通道内流动的范围有限,因此无法改善设计攻角下该叶栅的流动情况。然而,根据 7.1.2 节中对涡流发生器研究进展的分析可知,当轴流压气机内存在明显角区分离现象时,涡流发生器可以有效控制角区分离的发生和发展。考虑到很少有学者会考虑涡流发生器对大攻角(大范围角区分离)或者失速工况下叶栅性能的影响,因此将分析不同攻角下 MVG 对不同尺寸角区分离的影响以及延缓角区失速发生的能力。

7.3.2　微型涡流发生器对叶栅流动特性的影响

7.3.1 节完成了微型涡流发生器的几何参数优化和空间位置的确定,这只是研究 MVG 影响叶栅性能的第一步,而深入分析叶栅内部流场的变化原因才是关键。目前,压气机静子的角区失速问题逐渐受到关注,却只有少部分学者研究了大攻角(小流量)下涡流发生器对压气机性能的影响,学者 Diaa 等[18]和 Zheng 等[35]都曾提出,涡流发生器可以显著改善叶栅在大攻角下的气动性能。但是,很难发现有学者将压气机的角区失速问题和涡流发生器的使用相结合。因此,下文还将以叶栅为研究对象,针对变攻角下微型涡流发生器对叶栅性能的影响进行深入探讨,并将叶栅角区失速点作为主要的性能评价标准。

在对叶栅性能分析的过程中发现,通过改变进口来流的角度便可以得到不同流量下叶栅的性能。为了便于后续的研究,将用 Baseline 代表原型叶栅,采用矩形(rectangular)微型涡流发生器的叶栅用 MVG_R 表示。根据 7.2 节中针对叶栅性能的分析可知,通过总压损失随攻角的变化可以较为准确地判断出叶栅角区失速的发生。图 7-25 给出了原型叶栅和 MVG_R 的总压损失系数 ζ 随攻角变化的攻角特性对比。正如 7.3.1 节的研究结果,设计攻角下 MVG_R 的 ζ 是明显高于 Baseline 的,并且一直持续到 3° 攻角。当攻角大于 3° 以后,MVG_R 的 ζ 开始低于原型叶栅。当攻角增加至 10.4° 时,MVG_R 的总压损失系数出现了突然增加,甚至高于该攻角下 Baseline 的总压损失系数,判断叶栅在该工况下发生了失速。下文将针对 MVG_R 的气动性能以及失速过程进行详细的分析。

根据图 7-25 所表现的叶栅性能随攻角变化的情况,图 7-26 给出了典型攻角下 MVG_R 的流场特性,图中奇点的命名方式与图 7-16 保持一致,SL 代表叶片

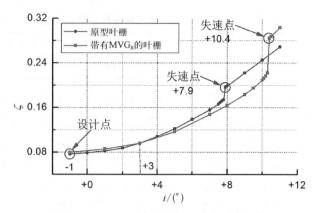

图 7 - 25　出口边界总压损失系数随攻角的变化

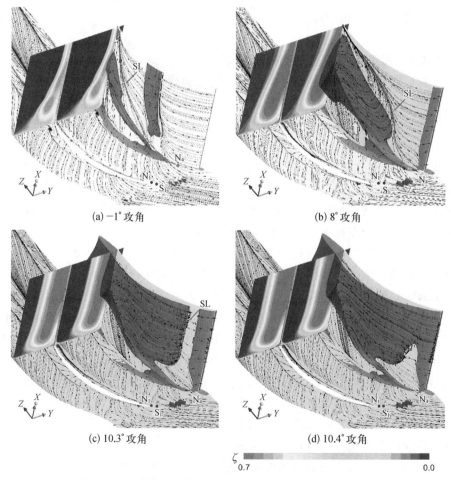

图 7 - 26　逆流区和表面极限流线随攻角的变化（ MVG_R ）

吸力面的分离线。蓝色三维等值面代表轴向速度小于 0 的逆流区,叶片尾缘处的横截面用总压损失系数 ζ 着色。图 7-26(a)为设计工况下的叶栅流场,尽管在前文的研究中发现微型涡流发生器会使叶栅的总压损失系数增加,但是单从流场来看,并未发现与 Baseline 之间存在明显变化[图 7-26(a)]。随着攻角增加到 8°,与原型叶栅 7.9°攻角下的流场进行对比[图 7-26(b)],发现诱导涡在进入叶片通道后,由于受到横向压力梯度的影响而流向叶片吸力面,遇到堆积在靠近叶片前缘端壁上的低能流体并与之相互作用,使堆积的低能流体明显减少。此时,代表叶栅角区失速的一对奇点(鞍点 S_5 和结点 N_5)也随之消失,流场重新回到稳定状态,尾缘截面上的总压损失系数 ζ 也明显减少。

　　值得注意的是,微型涡流发生器使三维角区分离变成了尾缘分离。Taylor 等[30]曾在文中提到,当叶片吸力面上沿展向对称的分离线 SL 连接起来,并随着攻角的增加开始远离叶片尾缘,此时便形成了尾缘分离。当攻角继续增加到 10.3°,叶片吸力面已经被大面积的低能流体所覆盖,但是此时叶栅失速还未发生。攻角增加到 10.4°时,尾缘分离线 SL 突然消失,参考图 7-25 可以发现,此时的叶栅进入了不稳定的流动状态,标志着尾缘失速的发生。

　　图 7-27 为原型叶栅出口边界处静压系数 C_p 和扩散因子 DF 随攻角的变化。攻角在-1°~7°时,C_p 和 DF 值随着攻角的增加变化缓慢,但是当攻角增加到 7.5°时,这两个参数都出现了突然降低的情况,说明在叶栅角区失速发生之前已经出现了不稳定流动现象的预兆。因此,下文的研究将选用 7°攻角作为近失速工况点对叶栅性能进行进一步分析。

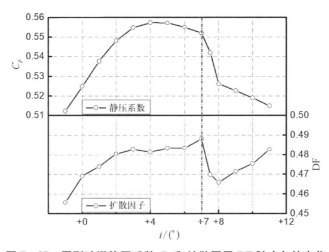

图 7-27　原型叶栅静压系数 C_p 和扩散因子 DF 随攻角的变化

　　图 7-28 给出了 Baseline 和 MVG_R 在设计工况(-1°攻角)和近失速工况(7°攻角)下总压损失系数 ζ 沿轴向的变化情况。观察总压损失系数在不同工况下的变

化可以发现,气流在遇到叶片前缘以前,ζ 的增加速率保持不变。这是由于本书所定义的总压损失系数 ζ 具有迁移性,当地的 ζ 值都是由进口边界和当地位置之间的损失叠加而成的。因此,可以将相邻两个截面上的总压损失之差近似地认为是当地损失大小。在计算域进口段(Inlet - LE),ζ 的增加速度保持不变,说明该区域内的当地损失几乎不变,且几乎全部来自气流与端壁之间的黏性作用。气流在流过 LE 和 TE 之后,ζ 都出现了一小段突然增加的情况,说明叶片前缘绕流和尾迹掺混会显著增加当地损失。

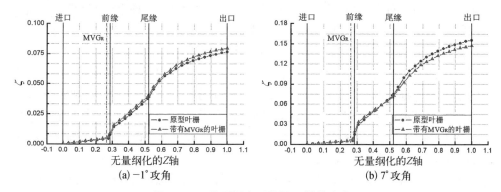

图 7 - 28　总压损失系数沿 Z 轴的变化

在设计工况下[图 7 - 28(a)],气流在遇到微型涡流发生器之前,总压损失并无明显变化,而遇到微型涡流发生器以后,总压损失便开始增加,且这一现象一直延续到出口边界。在近失速工况下[图 7 - 28(b)],气流遇到微型涡流发生器以后,ζ 也开始增加。然而,由于叶片吸力面角区低能流体和主流之间受到了诱导涡的作用而发生掺混,导致了 ζ 在经过一段过程的增加之后,开始在叶片通道中间位置处小于 Baseline的总压损失,且在计算域出口段(Outlet - TE)的减小程度越来越大,直到出口边界。

图 7 - 29 给出了 Baseline 和 $\mathrm{MVG_R}$ 在设计工况(-1°攻角)和近失速工况(7°攻角)下总静压系数 C_p 沿轴向的变化情况。与总压损失系数 ζ 的定义相同,静压系数 C_p 同样具有迁移性,此处将不再详述。在设计工况下[图 7 - 29(a)],气流在遇到叶片前缘以后,静压系数出现了显著增加,而在靠近叶片尾缘的区域出现了降低的情况,说明该处通道内堆积了过多的低能流体,通道的流通面积变小导致了静压变小。观察 C_p 随轴向的变化可知,微型涡流发生器的使用对静压的变化没有显著影响。在近失速工况下[图 7 - 29 (b)],原型叶栅通道内的最高静压系数点前移,随后便迅速下降,说明通道堵塞的位置发生了前移。微型涡流发生器的使用明显减小了通道内低能流体的堆积,使得气流的流通面积增大,增压能力变强。因此,在气流遇到微型涡流发生器以后,C_p 值显著增加且远远大于 Baseline。

为了进一步详细分析微型涡流发生器对叶栅流场的影响,图 7 - 30 给出了叶

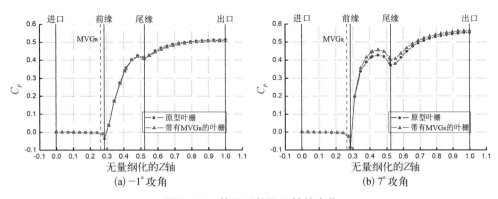

图 7 - 29　静压系数沿 Z 轴的变化

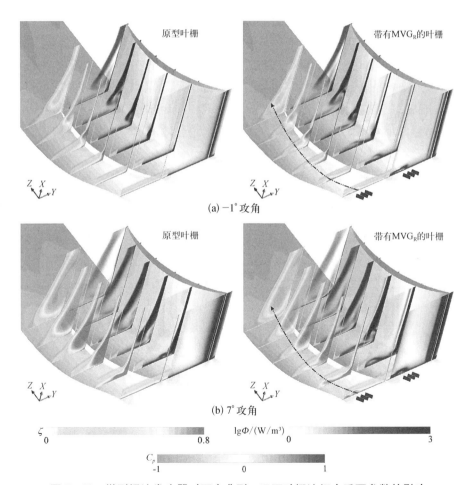

图 7 - 30　微型涡流发生器对两个典型工况下叶栅流场内重要参数的影响

栅内部流场重要参数的分布,可以更直观地体现出 MVG 对叶栅性能的影响。图 7-30 中叶片以及端壁用静压系数 C_p 着色,用于体现叶栅的增压能力。在叶片前缘到尾缘的双通道内截取了六个等距截面,并分别用总压损失系数 ζ 和 $\lg \Phi$ 云图进行着色。Φ 代表耗散函数,即 $\Phi(x, y, z) = \dfrac{\mu_{\mathrm{eff}}}{2}\left(\dfrac{\partial V_i}{\partial x_j} + \dfrac{\partial V_j}{\partial x_i}\right)^2 - \dfrac{2}{3}\mu_{\mathrm{eff}}\left(\dfrac{\partial V_i}{\partial x_i}\right)^2$,式中 V 为速度,μ_{eff} 为修正黏性系数,详见文献[36]。总压损失系数是目前用于评价压气机静子性能最直接也最普遍的标准之一,它的大小往往反映了静子通道的堵塞程度。强的速度剪切会产生高的流体耗散,因此,压气机中高的耗散往往出现在低能流体和主流之间发生掺混的位置以及近壁面区。利用耗散函数云图的分布可以准确判断流场内低能流体的范围。

在设计工况下,从微型涡流发生器上产生的诱导涡将附面层卷起并随着主流向后运动,在叶栅通道中靠近端壁的区域出现了显著增加的总压损失和高耗散区,并受到横向压力梯度的影响逐渐靠近叶片吸力面并混入叶片吸力面角区,导致叶片尾缘截面上近端区的 ζ 和 $\lg \Phi$ 出现了轻微的增加。近失速工况下,微型涡流发生使叶栅通道内的总压损失系数和耗散区的范围明显减小,说明附面层流过微型涡流发生器后产生的诱导涡成功减小了叶片吸力面-端壁角区低能流体的堆积。计算域出口通道端壁上的静压系数明显变强,进一步说明了叶栅通道的堵塞程度得到了缓解,增压能力变强。

图 7-31 为两种典型工况下叶片尾缘下游 0.4 轴向弦长位置处重要气动性能评价参数沿展向的分布,用于体现微型涡流发生器对叶栅性能沿叶高的影响程度。在设计工况下,微型涡流发生器对叶中展附近的气动性能影响较小,尤其是总压损失系数 ζ 和气流角 β。来自 MVG 的诱导涡影响了原本稳定流动的主流区,使 0~40% 叶高方向上的总压损失系数出现了增加的情况,并且全叶高方向的静压系数

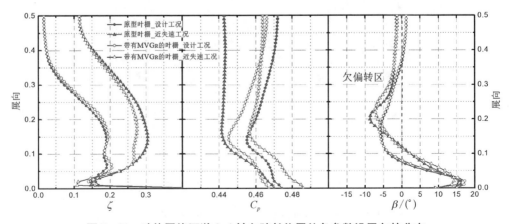

图 7-31　叶片尾缘下游 0.4 轴向弦长位置处各参数沿展向的分布

均有所减小。

在近失速工况下,MVG 改善叶栅气动高性能的能力较强,除了近叶中展区域以外,其余叶高方向上的总压损失均明显减小。由于该叶栅的设计出口气流角为轴向出气,因此欠偏转区气流角的大小可以直接反映该位置处低能流体的堆积情况。可以发现,原型叶栅的最大欠偏转角出现在 20%叶高处,达到$-8.7°$。而MVG 将叶片吸力面角区堆积的一部分低能流体推向叶中展,使最大欠偏转位置上移至大约 23%叶高处,且角度减小到了$-7.2°$,说明叶片吸力面堆积的低能流体沿周向的范围明显减小。此外,MVG_R 工况中静压系数沿叶高的分布均有所增加。

图 7-32 给出了设计工况以及近失速工况下,Baseline 和 MVG_R 在 10%叶高截面上的轴向速度分布云图。图中蓝色区域内的气流速度方向与 Z 轴方向相反,被定义为逆流区。可以发现在设计工况下,原型叶栅中只在叶片中间的轴向位置处存在很小的逆流区。而加入微型涡流发生器以后,逆流区的范围略有增加。在近失速工况下,MVG 的使用使原型叶栅中原本很大范围的逆流区明显减小。

以上分析说明,由于本书研究所选用的叶栅的叶片吸力面叶根存在较强的展

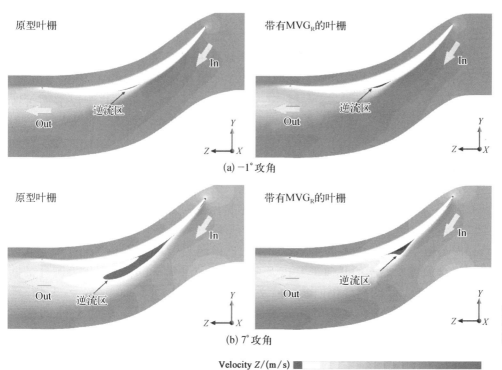

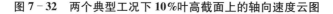

图 7-32　两个典型工况下 10%叶高截面上的轴向速度云图

向压力梯度,导致叶片吸力面角区堆积的低能流体沿着展向向上运动。但是本书所研究的微型涡流发生器位于端壁上,这就限制了 MVG 的有效作用范围,使得设计工况下叶栅的气动性能反而变差。但是随着攻角的增加,原型叶栅中角区分离的起始位置处堆积了大量的低能流体,最终因为叶片前缘附近的流场发生崩溃导致了叶栅的失速。因此在大攻角下,MVG 便发挥了它的优势,有效地减小了低能流体在叶根附近的堆积,有效延缓了失速的发生。

7.3.3 微型涡流发生器的结构优化

由于微型涡流发生器的尺寸较小,其几何形状的改变及优化对压气机流场性能的影响不会太大,因此很少有学者针对 MVG 的几何参数进行优化。曾经有学者[18, 19]针对楔形涡流发生器进行了几何形状优化分析,提出带有曲边的涡流发生器对于减少叶栅总压损失来说更加有效。基于该研究成果,本书提出了一种带有叶型弯角 θ_{VG} 的微型涡流发生器,其几何结构示意图如图 7-33(2)所示。采用

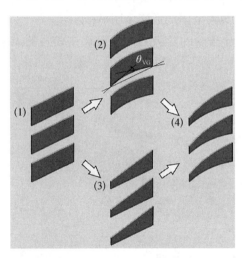

图 7-33 四种 MVG 的参数定义
及几何示意图

这种弯曲矩形(curved rectangular)微型涡流发生器的叶栅用 MVG_{CR} 表示。Hergt 等[12]曾在研究中提出,减少涡流发生器前缘尺寸可以有效降低对来流产生的阻力。因此,本书在这一理论指导的基础上降低了 MVG_R 的前缘高度,形成了一种梯形(trapezoidal)涡流发生器,如图 7-33(3)所示。基于以上两种改型思路,本书还提出了一种带有叶型弯角的梯形(curved trapezoidal)涡流发生器,如图 7-33(4)所示。下面将主要对比三种经过几何优化后的微型涡流发生器和传统的矩形涡流发生器对叶栅性能的影响。

有关微型涡流发生器的重要几何参数已由图 7-21 给出,图 7-33 展示了改型后微型涡流发生器的几何形状以及各参数定义。h_L 和 h_T 分别代表叶片的前缘和尾缘高度,h_T 的高度仍旧参照前文中所确定的尺寸(5 mm)。$h_L = 0.5h_T = 2.5$ mm。前期曾针对 MVG 的叶型弯角采用了控制变量法进行分析[37],发现不同的弯角 θ_{VG} 对设计工况下的叶栅性能影响不大。而在近失速工况下,30°的叶型弯角在减少叶栅总压损失方面具有一定优势。因此,本书研究将 MVG 的叶型弯角确定为30°且不做改变。具体的命名方式由表 7-5 给出,编号和图 7-33 保持一致。

表 7 - 5　微型涡流发生器的命名方式

编　号	几 何 特 征	英 文 名 称	英文缩写
（1）	矩形	rectangular	MVG$_R$
（2）	弯曲的矩形	curved rectangular	MVG$_{CR}$
（3）	梯形	trapezoidal	MVG$_T$
（4）	弯曲的梯形	curved trapezoidal	MVG$_{CT}$

　　为了定量分析四种结构 MVG 对叶栅性能的影响,图 7 - 34 对比了从设计工况到失速工况下,使用不同结构 MVG 后的叶栅总压损失系数改变量,图 7 - 34 中的纵坐标代表总压损失系数变化量的百分比。利用前文提到的判断叶栅失速点的方法,得到了采用不同 MVG 后叶栅的失速工况,并由表 7 - 6 给出。

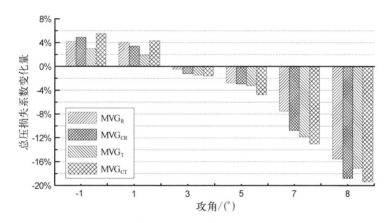

图 7 - 34　不同结构的 MVG 影响叶栅总压损失系数的程度

表 7 - 6　叶栅采用不同 MVG 后的失速点

名　称	MVG$_R$	MVG$_{CR}$	MVG$_T$	MVG$_{CT}$
失速攻角	10.4°	10.6°	10.5°	10.6°

　　根据图 7 - 34 可以明显发现,当攻角小于 3° 时,不同类型的微型涡流发生器均会使叶栅的总压损失增加。其中,气动性能表现最差的几何为弯曲的梯形涡流发生器 MVG$_{CT}$,而梯形的涡流发生器 MVG$_T$ 则表现出了明显的优势。然而,当来流攻角大于 3° 时,叶栅总压损失系数开始出现了减少的趋势。尤其是 MVG$_{CT}$,在减少叶栅总压损失方面表现出了显著的优势,总压损失在攻角为 8° 时减小了 19.4%。当来流攻角大于 3° 时,对比其他三种经过几何优化后的微型涡流发生器来说,传统的矩形微型涡流发生器 MVG$_R$ 减小总压损失的能力一直处于明显的劣势,并且其延缓叶栅失速的能力较其他三种方案来说也较弱(表 7 - 6)。此外,梯形涡流发生器 MVG$_T$ 的表现一直较为稳定,当来流攻角小于 3° 时,其导致叶栅总压损失增加的

程度最小。当攻角大于 3°时,其减少总压损失的能力也一直优于 MVG_R 和 MVG_{CR} (除失速攻角 8°以外)。

综合考虑叶栅总压损失的改变量以及各研究对象的失速点,发现传统的矩形微型涡流发生器 MVG_R 无论是在减少叶栅总压损失,还是延缓叶栅失速方面能力均较弱。而 MVG_{CT} 在攻角大于 3°以后,其减少总压损失的能力明显增强,且延缓叶栅失速的能力较强,达到了 10.6°。因此,本书将选取 MVG_R 和 MVG_{CT} 进行详细的气动性能对比,用于进一步说明微型涡流发生器几何造型优化的必要性。

在对比微型涡流发生器的性能之前,先对原型叶栅的损失源组成和分配进行分析。强的速度剪切会产生高的流体耗散,因此,损失源的大小代表了流动剪切的强弱,反映了当地损失产生的快慢。图 7-35 给出了原型叶栅的五类损失源随攻角变化的趋势,可以发现叶型损失源 γ_{Pro} 和角区损失源 γ_{Corn} 随着攻角增加出现了逐渐减小的趋势。这是由于在小攻角工况下,叶片附近的耗散不仅来自气流与叶片之间的剪切作用,还有角区低能流体与主流之间所发生的剪切。随着攻角变大,叶片吸力面角区堆积的低能流体逐渐增多,导致了回流区沿周向的范围逐渐扩大,低能流体和主流之间的剪切作用也随之远离叶片吸力面。因此,三维角区分离越严重,靠近叶片区域的 γ_{Pro} 和 γ_{Corn} 就越小。

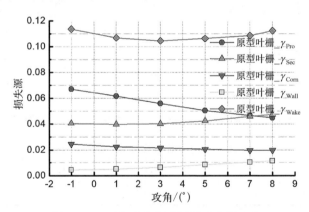

图 7-35　叶栅中各损失源随攻角的变化

二次流损失源 γ_{Sec} 和端壁损失源 γ_{Wall} 随着攻角的增加逐渐增加。对于 γ_{Wall} 来说,攻角的增加导致了前缘马蹄涡吸力面的分支越来越难重新吸附到叶片表面上,使得更多的低能流体堆积在靠近叶片前缘的端壁上。此外,大偏转角的来流会受到更强的横向压力梯度,因此,近端区的损失源随着攻角的变大而逐渐增加。攻角的增加导致了叶片吸力面-端壁角区堆积的低能流体逐渐增加,是二次流损失源 γ_{Sec} 增加的主要原因。可以发现,当攻角大于 3°以后,尾迹损失源也逐渐增加,说明在叶片吸力面的尾迹区出现了越来越多的低能流体与来自压力面的高速流体发生掺混,同时产生了更多的流动损失。

　　基于以上对原型叶栅损失源变化的分析,图7-36对比了两种典型微型涡流发生器(MVG_R 和 MVG_CT)在不同攻角下对各类损失源影响的变化趋势,纵坐标代表不同损失源变化量的百分比。观察不同损失源的变化可以发现:在失速发生之前($i<7.9°$),攻角越大,MVG减少叶栅损失源的能力就越强。此外,MVG_CT 减少损失源的能力明显比 MVG_R 强,并且攻角越大,这一优势就越明显。说明当叶栅通道内的角区分离越显著,MVG_CT 抑制角区分离的能力就越强。

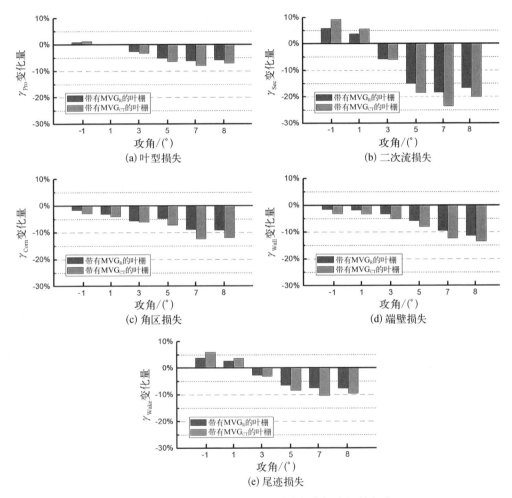

图7-36　不同攻角下 MVG 影响各类损失源的程度

　　MVG 的使用对二次流损失源的影响最大,尤其是来流攻角大于3°以后,MVG_CT 在减少二次流损失源方面表现出显著优势[图7-36(b)],使 γ_{Sec} 在近失速工况(7°攻角)下减小最多,达到了23.6%。当攻角小于3°时,MVG 使叶栅的总压损失增加(图7-34)。通过图7-36可以总结出:在近设计工况下,MVG 主要增加了叶栅的二次流损失源和尾迹损失源[图7-36(b)、(e)]，减少了角区损失源和端壁损失源[图7-36(c)、(d)]，而对叶型损失源的影响最小。因此，在采用微型涡流发生器的基础上，可以引入一种减少二次流损失/尾迹损失/叶型损失的流动控制技术，为后期的主/被动流动控制融合方法提供了设计思路。

图7-37给出了 Baseline、MVG_R 和 MVG_{CT} 在设计工况(-1°攻角)和近失速工况(7°攻角)下总压损失系数 ζ 沿轴向的变化情况。具体的参数变化过程已经在前文中论述过，本小节主要对比 MVG_R 和 MVG_{CT} 的气动性能。在设计工况下[图7-37(a)]，当气流遇到微型涡流发生器以后，总压损失均开始增加，且 MVG_{CT} 的总压损失增加程度逐渐高于 MVG_R，并一直延续到出口边界。在近失速工况下[图7-37(b)]，气流遇到微型涡流发生器以后的 ζ 均开始增加。然而，ζ 在叶栅通道内经过一段过程的增加之后变得低于 Baseline。在出口段(TE-Outlet)，MVG_{CT} 的总压损失逐渐低于 MVG_R，直到出口边界。

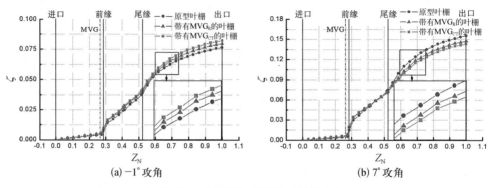

图7-37 总压损失系数沿 Z 轴的变化

图7-38给出了 Baseline、MVG_R 和 MVG_{CT} 在设计工况(-1°攻角)和近失速工况(7°攻角)下总静压系数 C_p 沿轴向的变化情况。在设计工况下[图7-38(a)]，气流在遇到叶片前缘以后，静压系数出现了显著增加。使用 MVG 后的叶栅静压系

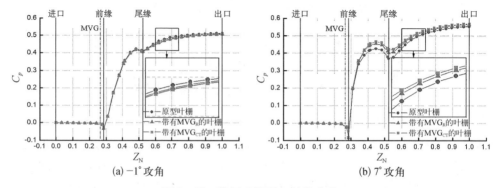

图7-38 静压系数沿 Z 轴的变化

数并未出现显著变化,一直到叶片尾缘。从叶栅出口段的放大图中可以发现,带有MVG 的叶栅静压系数有所下降,且 MVG_{CT} 使 C_p 下降得更多。在近失速工况下[图7-38(b)],微型涡流发生器的使用减小了通道内低能流体的堆积,使得叶栅的增压能力变强。此外, MVG_{CT} 的增压能力在叶栅通道中就表现出了明显的优势,一直延续到出口边界。

　　以上分析说明:在设计工况下,MVG 的使用既增加了总压损失,又减少了静压系数,对叶栅的气动性能具有负面影响,尤其是使 MVG_{CT} 的性能变得更差。而在近失速攻角下,叶栅通道内已经堆积了大量的低能流体,MVG 在这种恶劣的工况下充分发挥了其自身优势,使叶栅总压损失降低,增压能力升高。其中, MVG_{CT} 在改善叶栅气动性能方面表现出了显著优势。

　　为了更直观地观察 MVG 对叶栅性能的影响,图7-39 和图7-40 分别给出了设计工况和近失速工况下,叶栅通道前缘、50%轴向弦长以及尾缘横截面上总压损失系数 ζ 和 $\lg\Phi$ 的云图分布。图7-41 给出了两个典型工况下, MVG_R 和 MVG_{CT} 中叶片前缘截面上的 Q 值云图分布,用于判断微型涡流发生器产生诱导涡的位置及范围。

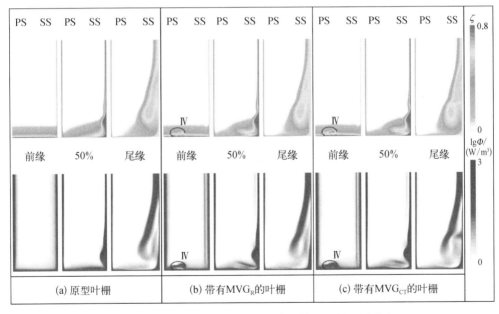

图7-39　三个截面上 ζ 和 $\lg\Phi$ 在设计工况的云图分布

　　与前文的研究表现一致,当附面层流过叶片通道前缘端壁上的 MVG 后,在MVG 的尾缘下游形成了与通道涡方向相同的诱导涡Ⅳ,从而导致了在通道前缘截面上靠近端壁的区域形成了高损失、高耗散区。由于弯曲梯形结构的微型涡流发

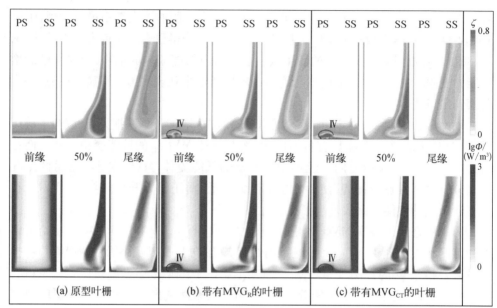

图 7-40　三个截面上 ζ 和 $\lg \Phi$ 在近失速工况下的云图分布

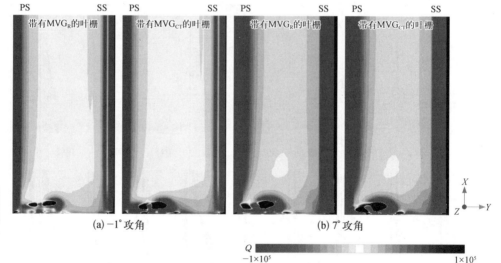

图 7-41　两个典型工况下叶片前缘截面上的涡量分布

生器产生了更大范围的诱导涡［图 7-41(a)］，导致 MVG_{CT} 的总压损失系数和耗散均高于 MVG_R。随后，Ⅳ 进入叶片通道并向下游移动。由于受到横向压力梯度的影响，Ⅳ 逐渐靠近叶片吸力面（图 7-41 中用 SS 表示），并在叶片尾缘附近完全混入叶片吸力面角区的分离区。从设计工况下原型叶栅的云图［图 7-39(a)］可以发现，Ⅳ 的运动轨迹上并未存在高损失区和强的耗散区。因此，MVG 所产生的诱导涡使原本稳定的流场增加了额外的涡系结构,促进了通道涡的形成,增加了 IV 和主流之间的剪切作用,使叶栅性能恶化。

在近失速工况下(图7-40),从叶片前缘截面上 ζ 和 $\lg \Phi$ 的云图分布可以发现,MVG_{CT} 由于其几何形状的优化,导致诱导涡 IV 所产生的耗散更强,同时也引发了更高的总压损失。从图7-41可以发现,带有叶型弯角的 MVG 在两种典型工况下均产生了范围更大的诱导涡,这是总压损失和耗散在叶片通道前缘区域增加的主要原因。由于叶片吸力面-端壁区堆积了大量低能流体,IV 在叶栅通道内向下游运动的过程中更早的遇到低速区,并将一部分外部能量引入该区域,使一部分堆积的低能流体随着主流流出叶片通道。因此,图7-40中使用 MVG 后的叶栅在 50%轴向弦长截面上的总压损失系数 ζ 和 $\lg \Phi$ 的周向范围明显减小,由于弯曲梯形结构的微型涡流发生器能够产生更显著的涡结构,导致 MVG_{CT} 中的总压损失减少程度明显增加。尤其是在叶片尾缘横截面上,MVG_{CT} 减少叶栅总压损失的能力远远要比 MVG_R 强,这与图7-37(b)中的总压损失系数 ζ 沿 Z 轴变化的趋势一致。

图7-42给出了两个典型工况下微型涡流发生器对叶栅通道内流场特性的影响。图7-42中的端壁用流向壁面摩擦系数 C_{fz} 云图进行着色,用于表征当地附面层厚度。叶栅通道内各垂直于轴向的横截面用轴向涡量着色,用于判断当地涡的范围和方向。蓝色三维流线为流经微型涡流发生器表面的流线,由这部分流线形

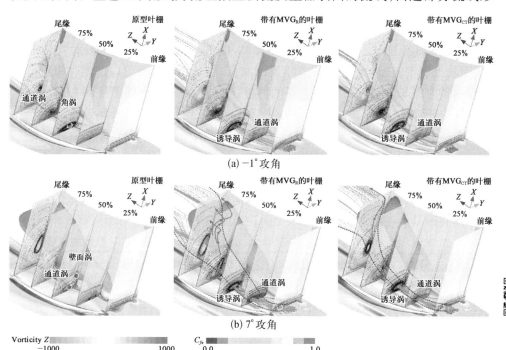

图7-42 两个典型工况下微型涡流发生器和对三维叶栅流场的影响

成的涡系结构被称作诱导涡。灰色等值面为 $V_z<0$ 的区域,代表低速区。观察设计工况下的原型叶栅,发现端壁附面层由于受到横向压力的影响,在 25% 轴向位置处已经出现了一个不太显著的通道涡。当气流抵达 50% 轴向位置处时,通道涡逐渐靠近叶片吸力面角区,且范围也逐渐扩大,此时的二维流线还捕捉到了角涡的存在,旋转方向与通道涡相反。在设计工况下[图 7-42(a)的 MVG_R 和 MVG_{CT}],位于诱导涡下洗区域的流向壁面摩擦系数较 Baseline 来说显著增加,说明当地的端壁附面层变薄。但是诱导涡的方向与通道涡方向一致,从而增强了通道涡的强度和范围(可以从 50% 轴向位置处迹线观察到),导致更多的低能流体堆积在角涡附近,使得全局总压损失增加。

观察近失速工况下原型叶栅的流场,发现在 50% 轴向位置处的界面上出现了壁面涡,这是由于在大攻角来流工况下,叶栅通道载荷变高,导致更多的附面层被推向叶片吸力面,吸力面附面层受到叶根的径向压力向上运动,遇到低速区后卷起,形成与通道涡方向相同的壁面涡。随着气流向下游运动,通道涡逐渐向上抬升,并与壁面涡融合成一个大的通道涡。使用微型涡流发生器后[图 7-42(b)的 MVG_R 和 MVG_{CT}],进入叶栅通道的诱导涡由于受到横向压力的作用逐渐靠近叶片吸力面角区。图中诱导涡经过区域的低能流体明显消失,说明诱导涡成功将能量传给了部分低能流体,使其有能力从叶栅通道内流走。对比 MVG_R 和 MVG_{CT} 中的流场特性,发现 MVG_R 中端壁上的流向剪切应力较弱,说明传统的矩形微型涡流发生器所产生的诱导涡强度较弱,导致诱导涡在沿流向运动的过程中更容易受到主流的黏性作用而加快了耗散的速度。当 MVG_R 中的诱导涡运动到叶片尾缘附近时,因其速度较弱而无法抵抗来自下游的高压,在流出叶栅通道以前就在靠近叶片尾缘的吸力面附近形成了较大范围的回流区。而 MVG_{CT} 中的诱导涡在向后运动的过程中能够抵抗主流的黏性作用并顺利通过叶片通道,在进入尾迹区后才产生小范围回流,导致近失速工况下 MVG_{CT} 的总压损失明显小于 MVG_R。

为了对比叶栅 MVG_R 和 MVG_{CT} 中所生成通道涡的区别,弄清诱导涡和通道涡之间的发展关系,图 7-43 给出了两种典型工况下叶栅通道靠近叶片前缘部分的三维流场。图 7-43 中横截面位于 25% 轴向位置,截面上为二维流线,该位置处的诱导涡和通道涡还没有融合成为一个涡,左边为诱导涡,右边为通道涡。图 7-43 中圆形虚线标出了诱导涡通过 25% 轴向截面时的大致范围,可以发现在两种工况下,MVG_R 中的诱导涡通过面积更大,扩散现象明显,并且有相当一部分的诱导涡参与了通道涡的形成,促进了通道涡的发展。而 MVG_{CT} 产生的诱导涡通过 25% 轴向截面时范围较小,且只有极少部分参与了通道涡的形成。

在近失速攻角下,由于 MVG_R 中微型涡流发生器与来流之间存在较大角区,导致在微型涡流发生器尾迹区域存在大面积的低速区,而 MVG_{CT} 中的微型涡流发生器由于增加了叶型弯角而使攻角减小,其尾迹区域的低速区也随之消失。还可以

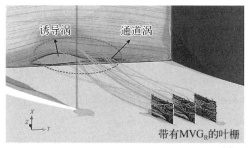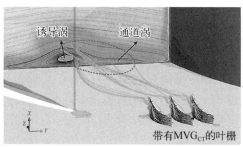

(a) -1° 攻角

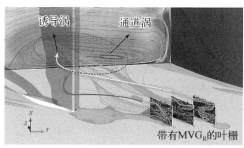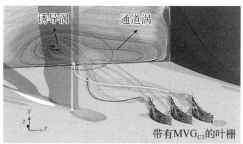

(b) 7° 攻角

图 7 - 43　MVG_R 和 MVG_{CT} 生成的诱导涡对比

发现,带弯角的微型涡流发生器在改变攻角的同时,也改变了尾缘出口气流角,使流出涡流发生器的气流方向与叶片前缘线之间的夹角变小,使诱导涡具有更小的转折角,减少了诱导涡的耗散。以上分析说明,几何优化后的微型涡流发生器能够产生一组高速、凝聚且具有合适方向的诱导涡,使其从叶栅通道中流过时可以带走更多的低能流体,并且可以成功抵抗轴向逆压梯度的作用而流出叶栅通道,导致叶栅性能比使用传统形状微型涡流发生器时更优。

7.4　微型涡流发生器与吸气槽相结合对高负荷叶栅性能的影响

高负荷轴流压气机静子的角区分离/失速问题已经受到国内外众多学者的关注[38-40],控制角区分离、延缓角区失速的发生是提高压气机性能的重要途径之一。微型涡流发生器在控制流动分离方面表现出显著优势[6],从而得到了充分发展。

研究结果发现:当叶片吸力面角区不存在过量堆积的低能流体时,微型涡流发生器只会使叶栅的性能变差。当攻角增加,角区分离变严重时,微型涡流发生器则表现出了很好的扩稳能力。效率衡量了压气机对机械功的利用率,而微型涡流发生器在扩稳的同时却牺牲掉了一部分总压,使压气机的效率降低。是否可以通过某种手段来弥补微型涡流发生器的不足?阅读大量的文献后发现:叶片吸力面附面层抽吸技术（boundary layer suction，BLS）是目前用于减少压气机总压损失较为有效的手段之一[41-45]。Ding 等[46]曾在其研究中发现，全叶高的吸力面抽吸技术可以有效减少低能流体在叶中展位置处的堆积，但是对角区分离的吸除能力较弱。考虑到本书研究对象 MVG 的作用位置以及其控制静子角区分离的能力，以 MVG 和 BLS 相结合的流动控制方式为主要研究对象，并对比流动控制融合技术对叶栅性能的影响。

7.4.1　全叶高吸气槽的参数介绍

参考前人的研究经验[46]，附面层抽吸技术采用全叶高叶片吸力面槽式吸气。在真实的吸气过程中，不均匀的吸力存在于吸气槽和主流的交界面上，必然导致槽内存在不同程度的回流区。为了模拟真实的吸气过程，整个计算域包含单通道半叶高叶栅流域、吸气腔（olenum）和吸气槽。带有吸气槽的叶片俯视结构如图 7-44

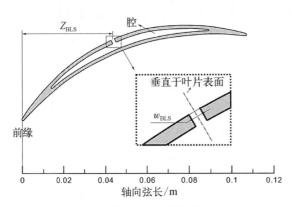

图 7-44　槽式吸气叶片的俯视结构

所示，横坐标为叶栅轴向长度，Z_{BLS} 代表吸气槽和叶片前缘之间的轴向距离，吸气槽的中轴线垂直于叶片表面。槽宽定义为放大图中两个红点之间的距离，并用 w_{BLS} 表示。参考前人的研究经验，将研究中的 w_{BLS} 定义为 1%的轴向弦长。吸气槽的轴向距离 Z_{BLS} 是影响吸气作用的主要参数之一，后面将讨论不同轴向位置的吸气槽对叶栅性能的影响。考虑

到涉及的流动控制方式较多，为了在研究时便于区分研究对象，将根据不同流动控制技术的英文缩写对其重新命名，命名方式如表 7-7 所示。考虑到已经对微型涡流发生器的几何/位置参数进行了优化，为了确定该优化结果是否适用于流动控制融合技术，将借助近似建模方法进行建模，并通过试验设计 DOE 方法生成样本空间，得到 MVG 几何参数/吸气槽位置与总压损失系数之间的响应关系，从而判断各参数之间的响应关系。在参考了前人的研究经验后，首先确定了吸气槽的吸气量以及槽宽，因此用于建立样本空间的吸气槽参数仅选择其轴向位置 Z_{BLS}。微型涡流发生器的几何参数则选择了对叶栅性能影响最大的三个参数：叶片数 N_V、周向位置 d 和安装角 β_{VG}，得到的样本空间如表 7-8 所示。响应变量为针对吸气叶栅修正后的总压损失系数 ζ_{suc}，得到的响应模型如下：

$$\min \zeta_{suc} = f(N_V, \beta_{VG}, d, Z_{BLS}) \tag{7-7}$$

表 7-7　各流动控制技术的命名方式

编　号	几 何 特 征	英 文 名 称	英文缩写
单一流动控制	微型涡流发生器	Micro-Vortex generator(Curved Trapezoidal)	MVG_{CT}
	全叶高附面层抽吸	boundary layer suction(Full Span)	BLS_{Full}
	分段式附面层抽吸	boundary layer suction(Segment)	BLS_{Sec}
流动控制融合	融合技术(微型涡流发生器+全叶高附面层抽吸)	combined flow control technology(MVG$_{CT}$+BLS$_{Full}$)	COM_{CT_F}
	融合技术(微型涡流发生器+分段式附面层抽吸)	combined flow control technology(MVG$_{CT}$+BLS$_{Sec}$)	COM_{CT_S}

表 7-8　流动控制融合技术的样本空间

N_V	$\beta_{VG}/(°)$	d	Z_{BLS}
$0.5h_{VG}$	20	$4h_{VG}$	$0.3C_a$
h_{VG}	30	$5h_{VG}$	$0.5C_a$
$1.5h_{VG}$	40	$6h_{VG}$	$0.7C_a$

ζ_{Suc} 的定义如式(7-8),该式参考 Ding 等[46]在研究中曾提到的定义方式。为了排除吸气槽和吸气腔对仿真结果的影响,下角标 Suc 代表位置为叶片吸力面上的吸气截面,$\dot{m}$ 代表吸气流量率,用 m_{Suc}/m_{in} 表示。

$$\zeta_{Suc} = \frac{(1-\dot{m})\cdot(Pt_{in}-Pt_{out})+\dot{m}\cdot(Pt_{in}-Pt_{Suc})}{Pt_{in}-P_{in}} \qquad (7-8)$$

生成样本空间的工况在近失速点(7°攻角)进行,生成的样本空间最终由 29 个试验点组成,此处将不逐个列出样本方案。采用具有两因子一阶交互作用的幂次多项式进行建模,采用最小二次回归拟合多项式系数。拟合后所得 $R^2 = 0.922$,表明该模型能够用来代替精确模型,并且具有较高的精度。

图 7-45 分别给出了微型涡流发生器三个参数和吸气槽轴向位置与修正后总压损失系数 ζ_{Suc} 之间的响应关系。图 7-45 中的红点代表 ζ_{Suc} 的最低点,可以发现,最低总压损失点均出现在吸气槽位置 $Z_{BLS} = 0.3$ 轴向弦长位置处,这是由于在近失速工况下,叶片吸力面-端壁角区分离的起始位置位于靠近叶片前缘位置处,吸气槽逐渐前移后更接近角区分离的起点,而减少角区分离起始位置处的低能流体被认为是降低叶栅总压损失重要的途径之一。因此,最低的总压损失均出现在当吸气槽位于 0.3 轴向弦长时的叶栅中,有关的详细分析见公开发表论文[20],此处不再赘述。由于考虑到叶栅/静子叶片通常较薄,在靠近叶片的两端不宜做空腔结构,因此只考虑位于 $0.3C_a \sim 0.7C_a$ 的吸气槽位置。

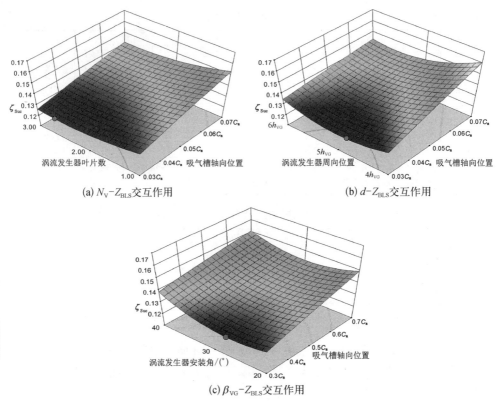

(a) N_V-Z_{BLS}交互作用

(b) d-Z_{BLS}交互作用

(c) β_{VG}-Z_{BLS}交互作用

图 7 - 45　MVG 与吸气槽轴向位置之间的交互作用[20]

分析图 7 - 45 中的三个响应关系还可以发现，无论 MVG 的三个参数 N_V、β_{VG}、d 的值为多少，总压损失系数 ζ_{Suc} 均出现随着 Z_{BLS} 的减小而逐渐下降的趋势，说明 MVG 的几何参数和吸气槽位置之间的交互作用不明显。因此，在今后进行类似组成的流动控制融合方案研究时，可以对两种流动控制手段分别进行优化，以减小工作量。

7.4.2　微型涡流发生器与全叶高吸气槽相融合对叶栅性能的影响

选取 50% 轴向弦长位置的吸气槽为例来研究附面层抽吸对叶栅性能的影响，并基于该研究结果在下文中提出新的吸气槽分布方式。主要针对叶片吸力面附面层抽吸技术以及流动控制融合技术对叶栅性能的影响进行讨论。为了初步把握各研究对象的整体气动性能随来流攻角的变化，图 7 - 46 对比三种流动控制策略在不同攻角下对叶栅总压损失系数的影响，根据图 7 - 46 中 ζ 的变化趋势可以预判出叶栅发生失速的工况点，并依此对叶栅内的流场细节进行进一步详细分析。图 7 - 47 和图 7 - 48 分别为典型工况下 BLS_{Full} 和 COM_{CT_F} 的流场细节。

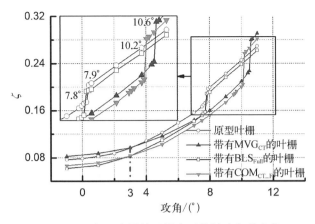

图 7-46　出口边界总压损失系数随攻角的变化

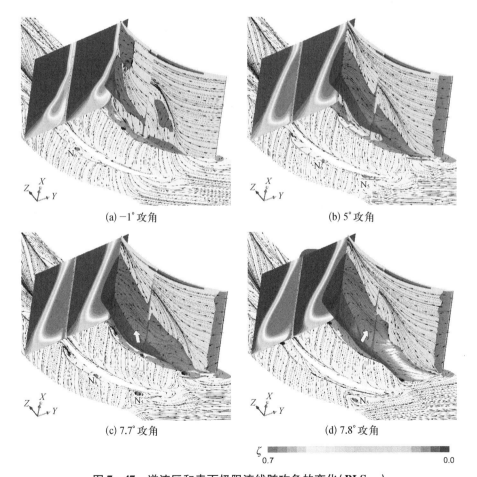

(a) -1° 攻角

(b) 5° 攻角

(c) 7.7° 攻角

(d) 7.8° 攻角

图 7-47　逆流区和表面极限流线随攻角的变化（BLS$_{\text{Full}}$）

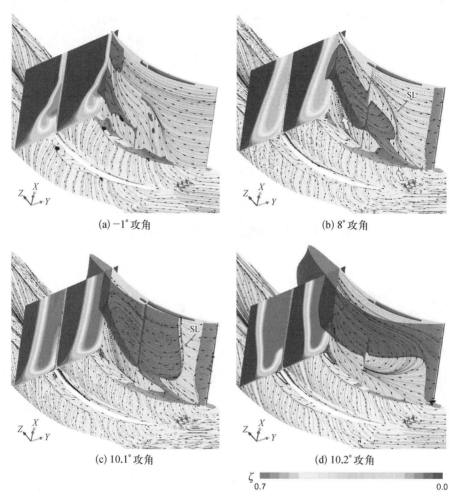

(a) −1°攻角　　　　　　　　　　　(b) 8°攻角

(c) 10.1°攻角　　　　　　　　　　(d) 10.2°攻角

ζ 0.7 ████████████ 0.0

图 7 - 48　逆流区和表面极限流线随攻角的变化（COM_{CT_F}）

　　值得注意的是，BLS_{Full} 技术在全工况范围内减小叶栅总压损失的能力较强，这与 Ding 等[46] 的研究结果一致。但是由于外部的吸力对流场结构有一定程度的干扰，在设计工况下，叶栅端壁上靠近吸气槽的位置出现了明显的"分离结点"N_6[图7-47(a)]。当攻角增加至5°时[图7-47(b)]，在原型叶栅中标志着角区失速的"分离结点"N_5 提前出现，说明吸气槽的干扰加速了低能流体在叶栅端壁上的堆积。当攻角增加到7.7°时，结点 N_6 逐渐远离叶片吸力面，且靠近叶根附近的气体由于受到径向压力梯度的作用仍旧呈现爬升状态，该工况下叶栅的总压损失系数依然低于原型叶栅（图7-46）。当攻角持续增加至7.8°，BLS_{Full} 的总压损失系数发生突增，根据前文的研究经验判断，此时的叶栅发生了角区失速。观察图7-47(d)可以发现，叶片吸力面角区内的低能流体过度堆积，导致靠近叶片前缘的端壁上突然堆积了大量回流,此时的"分离结点"N_5迅速扩展到叶栅通道中间,且叶根处向上爬升的气流也失去了径向压力的推动而流向叶片前缘,促进了低能流体在叶片前缘端壁上的堆积。

根据图 7-48 可以发现,由于微型涡流发生器的作用,使得设计攻角附近 COM_{CT_F} 的总压损失高于 BLS_{Full},直到攻角大于3°以后才低于 BLS_{Full}。攻角增加至 10.2° 时,总压损失系数 ζ 突然增加,判断此时的叶栅发生了失速。流动控制融合技术确实综合了 MVG_{CT} 和 BLS_{Full} 的性能优势,不仅使叶栅的总压损失在所有攻角下都明显减少,而且失速点也被推迟到 10.2°。通过图 7-48 中 COM_{CT_F} 在不同攻角下的流场特性可以发现:在设计攻角下,叶片吸力面上的转捩气泡几乎完全消失,但是由于受到了微型涡流发生器所产生的诱导涡的影响,导致了损失核心区域的强度增加,使 COM_{CT_F} 在设计攻角下的总压损失高于 BLS_{Full}。

攻角增加至8°时,流场分布与图 7-26 中单独使用微型涡流发生器时相似,只是由于吸气槽将一部分低能流体带走,使得槽与叶片尾缘之间堆积的低能流体变少,总压损失下降,这一现象在图 7-46 中也有所体现。当攻角增加至 10.1° 时,叶栅的分离类型已经变成明显的尾缘分离,这依旧来自诱导涡的影响,此时的尾缘分离已经几乎覆盖了全部叶片吸力面。攻角增加到 10.2° 时,分离线 SL 突然消失,总压损失突然上升,认为此时的叶栅发生尾缘失速,这与单独采用 MVG 时的失速类型一致。

为了定量对比 MVG_{CT}、BLS_{Full} 和 COM_{CT_F} 的气动性能,图 7-49 给出了各损失源基于原型叶栅随攻角的变化趋势。有关 MVG_{CT} 的损失源变化已经进行了详细分析。观察 BLS_{Full} 的各类损失源变化可以发现,其在设计工况下减小损失源的能力最强,尤其是对二次流损失的影响最为明显,降低了 28.93%。随着攻角的增加,附面层抽吸技术减少损失源的能力逐渐减弱,尤其是当攻角大于3°以后,二次流损失、角区损失以及端壁损失源明显增加。进一步说明了当叶栅中存在严重的角区分离时,由于叶片吸力面吸气槽对大分离的吸除能力有限,导致其在减少叶型损失源后影响了叶栅流场的分布,使更多的低能流体堆积在端壁上,促进了叶栅失速的发生。

对于流动控制融合技术 COM_{CT_F} 来说,除了二次流损失源在设计工况下有少许增加的情况,其余损失源在不同工况下均显著降低。尤其是攻角大于3°以后,COM_{CT_F} 的各损失源在三种流动控制方案中减少最多,尤其是二次流损失在5°攻角下减小了 28.8%。以上分析说明:流动控制融合技术方法可行,不仅在设计攻角下有效降低了叶栅损失,并且攻角越大,减少损失的能力越强。其中,设计攻角下叶栅损失源的减少主要来自叶型损失,近失速工况下损失源的减少主要来自二次流损失和尾迹损失。此外,角区损失和端壁损失的减少程度随着攻角的增加而逐渐增加。

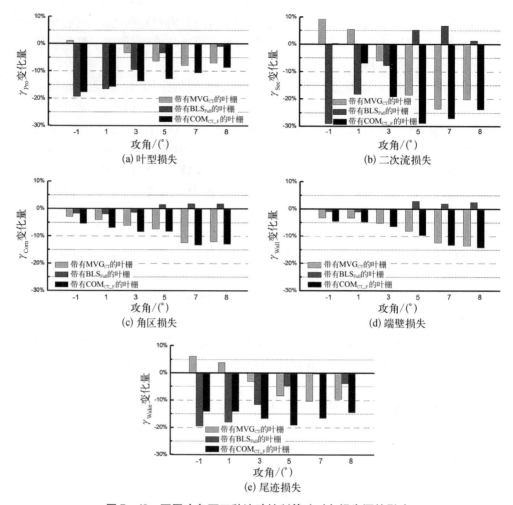

图7-49　不同攻角下三种流动控制策略对各损失源的影响

图7-50给出了原型叶栅和三种流动控制技术在设计工况（-1°攻角）和近失速工况（7°攻角）下总压损失系数 ζ 沿轴向的变化情况。主要对比 BLS_{Full} 和 COM_{CT_F} 的气动性能。在设计工况下［图7-50（a）］，气流遇到吸气槽之前，BLS_{Full} 和 Baseline 的总压损失系数分布保持一致，COM_{CT_F} 和 MVG_{CT} 的总压损失系数变化一致，说明了吸气槽对自身位置上游的流场没有影响。气流遇到吸气槽后，总压损失系数发生了显著降低，并且一直持续到出口边界，说明 BLS_{Full} 和 COM_{CT_F} 流动控制技术在设计攻角下均可以有效减少总压损失。在近失速工况下［图7-50（b）］，总压损失系数 ζ 在吸气槽的下游出现了轻微的下降，BLS_{Full} 中的总压损失在吸气槽下游区逐渐上升并超过 Baseline，说明在近失速工况下，吸气作用对流场的干扰使总压损失增加，导致 BLS_{Full} 的失速提前发生。而 COM_{CT_F} 中的总压损失在

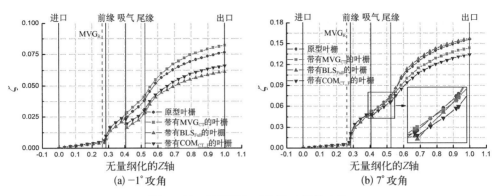

图 7-50　总压损失系数沿 Z 轴的变化

吸气槽的作用下持续降低,直到出口边界。

　　图 7-51 给出了 Baseline、MVG_{CT}、BLS_{Full} 和 COM_{CT_F} 在设计工况(-1°攻角)和近失速工况(7°攻角)下静压系数 C_p 沿轴向的分布。在设计工况下[图 7-51(a)],带有吸气槽结构的叶栅(BLS_{Full}、COM_{CT_F})均出现了明显的静压升高现象,且该现象在吸气槽上游就已经出现,并一直持续到通道的出口边界。在近失速工况下[图 7-51(b)],叶栅的增压能力在气流遇到 MVG 后开始变强(叶栅 MVG_{CT}、COM_{CT_F})。此外,叶栅 COM_{CT_F} 的静压系数在吸气槽所在位置处出现了一次提升,使得其增压能力在所有工况中保持最强。

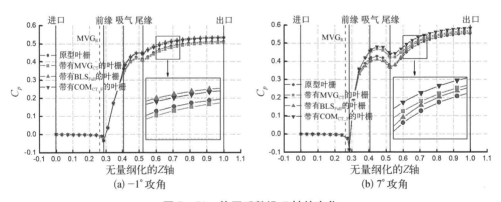

图 7-51　静压系数沿 Z 轴的变化

　　以上分析说明:在设计工况下,BLS 可以有效减少总压损失,增加静压系数,对叶栅的气动性能具有积极影响。而 COM_{CT_F} 在改善叶栅性能方面虽然不及 BLS_{Full},但还是表现出了一定优势。在近失速攻角下,附面层抽吸技术在吸除低能流体方面能力较弱,但是在对流场干扰后使叶栅失速提前发生(从图 7-46 可以发现,失速攻角从 10.6° 提前至 10.2°)。而 COM_{CT_F} 由于微型涡流发生器与附面层抽吸共同作用,使叶栅内总压损失系数显著降低,增压能力上升。

　　为了直观对比不同流动控制方法对叶栅流场的影响,图7-52给出了设计工况和近失速工况下叶片尾缘下游$0.4C_a$截面上总压损失系数和$\lg \Phi$的云图分布。根据设计工况下总压损失分布的变化可以发现:MVG_{CT}中的总压损失核心区域强度显著增加[图7-52(a)中红色圆圈中],而损失区范围并未发生明显变化,但是强耗散区的范围变大,导致MVG_{CT}中的总压损失和当地耗散强度增加。

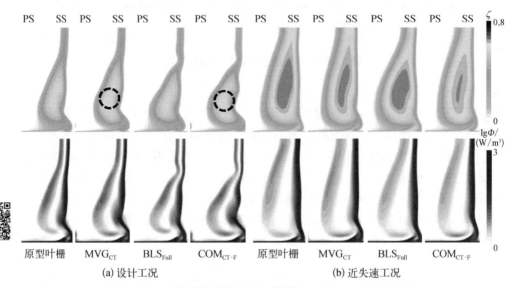

图7-52　叶片尾缘下游$0.4C_a$截面上ζ和$\lg \Phi$的云图分布

　　对于BLS_{Full}来说,靠近叶中展区域的高总压损失和强耗散区的范围明显减小,但是高损失区范围沿周向明显扩大,说明吸气槽对流场的干扰使分离区的周向范围变大。对于COM_{CT_F}来说,ζ和$\lg \Phi$的云图分布包含了MVG_{CT}和COM_{CT_F}的流场特点,这主要是由于微型涡流发生器和全叶高吸力面附面层抽吸技术的作用位置不同,使两者之间存在的干扰较少所导致的。因此,设计工况下的流动控制融合技术表现出了较好的控制角区分离的能力。

　　在近失速工况下,微型涡流发生器可以使总压损失明显减小,并且高损失和强耗散区的范围也有一定程度的降低。对于BLS_{Full}来说,叶中展附近的总压损失和耗散强度有所减弱,但是损失核心区的范围明显增加,说明附面层抽吸技术对大分离区域内低能流体的吸除能力较弱,其影响还会增加低能流体沿周向堆积的范围,加速了角区分离向叶片前缘的运动,使叶栅失速提前发生。根据前面研究可知,微型涡流发生器产生的诱导涡使低能流体和主流充分混合,有效控制了通道内低能流体的堆积。分析可知,叶片吸力面附面层抽吸技术在控制较弱分离时能力较强,因此,在MVG_{CT}中加入全叶高附面层抽吸技术以后(COM_{CT_F}),沿整个叶高方向上的总压损失均出现了显著降低,导致采用流动控制融合技术的叶栅在大分离情况下也表现出很好的气动性能。

7.4.3　微型涡流发生器与分段式吸气槽相融合对叶栅性能的影响

全叶高吸气是学者们在研究时普遍所选用的吸气槽结构,研究过程中发现,全叶高吸气槽由于受到了其吸气位置以及吸气能力的限制,导致叶栅角区失速提前发生。为了兼顾原型叶栅和 MVG_{CT} 中角区分离的具体情况,图7-53(a)和图7-53(b)分别给出了 Baseline 和 MVG_{CT} 在设计工况以及近失速工况($-1°$和$7°$)下回流区的分布情况。图7-53(c)为以上四种流场分布的叠加效果,图中虚线为角区分离的轮廓线。可以发现,角区分离开始于靠近叶片前缘的端壁上,并逐渐向后上方一直延伸到叶片尾缘附近靠近叶中展的位置处。分离范围在大约30%轴向弦长位置处开始快速扩大,直到尾缘处达到最大。基于以上分析,本书提出将吸气槽根据低速流体堆积的具体位置重新排布,并详细研究这种新的排布方式对叶栅性能的影响。

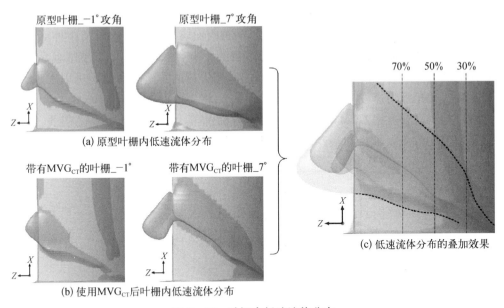

原型叶栅_$-1°$攻角　　　　原型叶栅_$7°$攻角

(a) 原型叶栅内低速流体分布

带有MVG_{CT}的叶栅_$-1°$　　　带有MVG_{CT}的叶栅_$7°$

(b) 使用MVG_{CT}后叶栅内低速流体分布

70%　50%　30%

(c) 低速流体分布的叠加效果

图7-53　叶栅内低速流体分布

图7-54给出了分段式吸气槽的排布方式,叶片吸力面上红色的矩形代表了吸气槽所在位置。为了保证仿真结果具有可比性,将全叶高吸气槽等距分成三段,并根据图7-53(c)中角区分离的范围分成上中下三个位置,三个吸气槽将气体吸入同一个腔内部,且该腔的出口流量仍为1%的进口流量。考虑到角区分离范围在30%轴向弦长位置处开始快速扩大,将下面一段吸气槽(Slot_D)的轴向位置设定

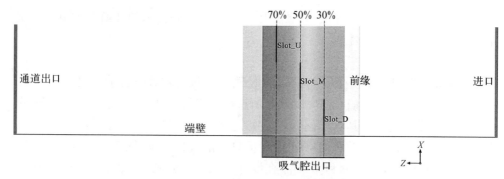

图 7 - 54　叶片吸力面分段吸气槽的排布

在图 7 - 54 中 30%位置处。叶栅/静子的叶片通常较薄,考虑到其强度问题,将上面一段吸气槽(Slot_U)的轴向位置设定在图中 70%位置处。中间段吸气槽(Slot_M)位于 Slot_D 和 Slot_U 的中间(50%轴向位置)。

为了便于后期对比,将这种带有分段式吸气槽的叶栅用 BLS_{Sec} 表示,COM_{CT_S} 代表同时使用 MVG_{CT} 和 BLS_{Sec} 流动控制技术的叶栅,命名方式参考表 7 - 7,主要对比两种吸气槽叶栅(BLS_{Full} 和 BLS_{Sec})以及这两种吸气槽与微型涡流发生器共同作用对叶栅性能的影响。图 7 - 55 给出了两种附面层抽吸槽结构以及两种流动控制融合技术对不同工况下叶栅总压损失系数的影响,该图不仅可以直观地反映出攻角对叶栅性能的影响,还可以准确判断出叶栅失速的发生。对比后可以发现,分段式吸气槽延缓失速发生的能力远高于 BLS_{Full},将失速点推迟到了 10.0°攻角。虽然流动控制融合方案 COM_{CT_S} 在延缓失速方面的能力较 COM_{CT_F} 来说稍弱,但是总压损失在攻角大于 3°以后却出现了显著降低的现象。

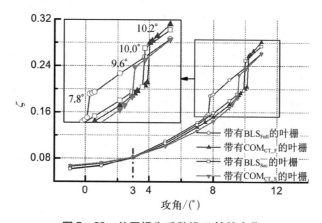

图 7 - 55　总压损失系数沿 Z 轴的变化

图 7 - 56 为典型工况下 BLS_{Sec} 的流场细节,发现在设计工况下,分段式吸气槽控制叶片吸力面角区分离的能力与全叶高吸气槽差异不大。从图 7 - 55 也可以发

现, $-1°$ 攻角下 BLS_{Full} 和 BLS_{Sec} 的总压损失系数值非常相近。由于吸气作用对流场结构的干扰,使设计工况下的叶栅端壁上同样出现了"分离结点" N_6 [图 $7-56$ (a)]。然而,由于吸气槽的重新排布,使得更多的低能流体被吸除。位于 30% 轴向位置的吸气槽有效防止了低能流体在靠近叶片前缘的端壁上堆积,导致攻角增加到 $8°$ [图 $7-56(b)$]时还未发生失速,此时的端壁上出现了"分离结点" N_5 ,说明此时有更多的低能流体在叶栅端壁上的堆积。然而,随着攻角继续增加,更多的低能流体堆积在叶片尾缘吸力面上。由于吸气槽对大分离的控制能力有限,导致分离起点前移,角区分离逐渐变成尾缘分离[图 $7-56(c)$],分离线用 SL 表示。当攻角持续增加至 $10.0°$, BLS_{Sec} 的总压损失系数发生突增,根据前文的研究经验判断,此时的叶栅发生了失速,失速类型为尾缘失速。观察图 $7-56(d)$ 可以发现,分离线 SL 和"分离结点" N_5 消失,失速特点与前面提到的尾缘失速一致。

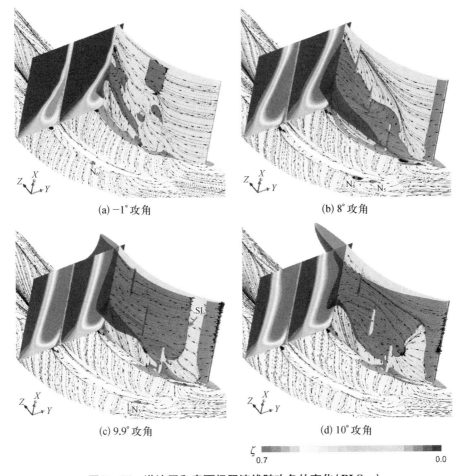

(a) $-1°$ 攻角　　　　　　　　　　(b) $8°$ 攻角

(c) $9.9°$ 攻角　　　　　　　　　　(d) $10°$ 攻角

ζ　0.7　　　　　　　　　　　　0.0

图 $7-56$ 　逆流区和表面极限流线随攻角的变化(BLS_{Sec})

图 7-57 给出了典型工况下 COM_{CT_S} 的流场细节。选取 MVG_{CT} 和分段吸气槽来进一步讨论不同流动控制融合方案的优劣。由于微型涡流发生器被使用到带有分段吸气槽的叶栅当中,使得设计攻角附近（-1°~3°）的总压损失高于 BLS_{Sec}。攻角增加至 8° 时,由于来自微型涡流发生器的诱导涡将一部分低能流体推向靠近叶中展的区域,使分段吸气槽充分发挥了其控制分离的能力,导致该工况下的总压损失系数达到了最低（图 7-55）,此时的分离类型已经变成了尾缘失速。然而,随着攻角的增加（图 7-55 中攻角大于 8° 时）,更多的低能流体堆积在叶中展附近,由于 70% 轴向位置处吸气槽的控制能力有限,使得低能流体快速堆积,总压损失迅速增加。攻角增加到 9.6° 时,分离线 SL 突然消失,总压损失突然上升,认为此时的叶栅发生尾缘失速,这与 MVG_{CT} 的失速类型一致。这种流动控制融合技术也综合了 MVG_{CT} 和 BLS_{Sec} 的性能优势,与 COM_{CT_F} 不同的是,COM_{CT_S} 在大攻角下的总压损

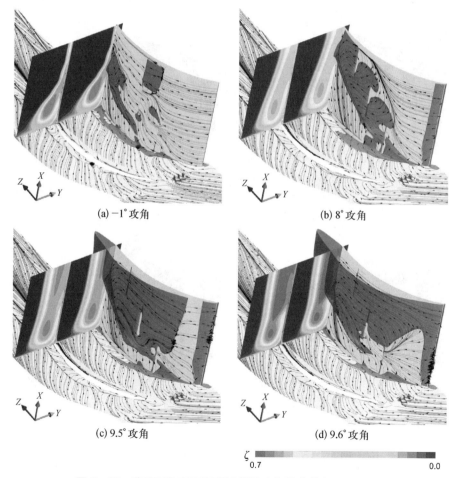

(a) -1° 攻角   (b) 8° 攻角

(c) 9.5° 攻角   (d) 9.6° 攻角

ζ 0.7 ▮▮▮▮▮▮▮▮ 0.0

图 7-57　逆流区和表面极限流线随攻角的变化（COM_{CT_S}）

失更低,但是低能流体增长速度更快,导致失速比 COM_{CT_F} 提前发生。

为了定量对比 BLS_{Full} 和 BLS_{Sec} ,COM_{CT_F} 和 COM_{CT_S} 的气动性能,图 7-58 给出了不同攻角下各损失源相对于原型叶栅的变化趋势。对比 BLS_{Full} 和 BLS_{Sec} 的各损失源变化可以发现:当攻角小于 3° 时,BLS_{Sec} 在减少叶型损失方面表现出较显著优势,但是减少其他损失的能力却不及 BLS_{Full} 。当攻角大于 3° 时,BLS_{Sec} 中各类损失均显著减小,尤其是在 5° 时,二次流损失减小了 21.3% 。说明当叶栅通道内存在较大分离时,这种根据角区分离分布特征重新排布的分段吸气槽在减少叶栅流动损失方面具有显著优势。

对比 COM_{CT_F} 和 COM_{CT_S} 的各损失源变化,发现在设计攻角下,COM_{CT_S} 中的二次流损失显著增加,说明分段式吸气槽对该工况下低能流体结构的影响较大。

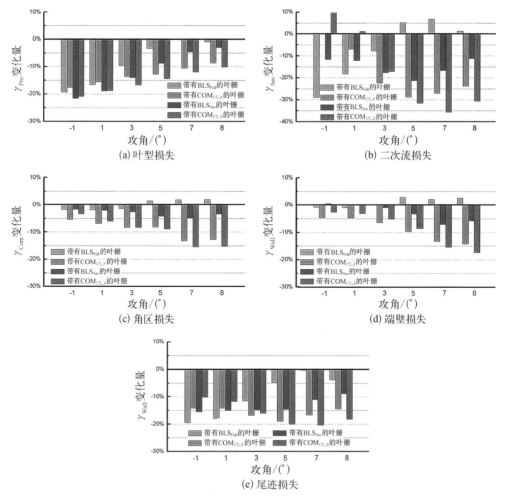

图 7-58　不同攻角下三种流动控制策略对各损失源的影响

攻角小于 5°时，COM_{CT_S} 减少叶型损失的能力较强，但在减少其余四种损失源方面的能力却远不及 COM_{CT_F}。然而，当攻角大于 5°以后，COM_{CT_S} 中各类损失源的减小量突然增加且均超过 COM_{CT_F}。在 7°攻角下，二次流损失源减小最多，达到了35.7%。以上分析再一次验证了流动控制融合技术方法的可行性，并且不同的组合形式对叶栅损失以及失速发生点都存在较大影响。

图 7-59 给出了两种吸气槽和两组流动控制融合技术在设计工况（-1°攻角）和近失速工况（7°攻角）下总压损失系数 ζ 沿轴向的变化情况。在设计工况下［图 7-59(a)］，当气流遇到吸气槽后，总压损失系数的变化较为平缓，并未出现明显的骤降。当气流进入出口段时，带有分段吸气槽的叶栅（BLS_{Sec}、COM_{CT_S}）内总压损失系数逐渐超过 BLS_{Full} 和 COM_{CT_F}。说明在该工况下，分段吸气槽减小总压损失的能力较弱。在近失速工况下［图 7-59(b)］，当气流进入叶栅通道后，BLS_{Sec} 和 COM_{CT_S} 的总压损失系数变化趋势与 BLS_{Full} 和 COM_{CT_F} 基本一致。当气流运动到 70%叶片轴向弦长位置时，叶栅 BLS_{Sec} 和 COM_{CT_S} 的总压损失增加速度明显减弱，一直到出口边界，ζ 的值也明显低于 BLS_{Full} 和 COM_{CT_F}。说明根据角区分离范围排布的分段式吸气槽在控制大范围的角区分离时能力较强。

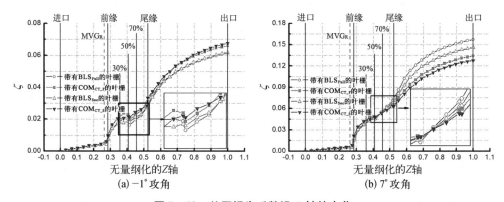

图 7-59　总压损失系数沿 Z 轴的变化

图 7-60 给出了 BLS_{Full}、BLS_{Sec}、COM_{CT_F} 和 COM_{CT_S} 在设计工况（-1°攻角）和近失速工况（7°攻角）下总静压系数 C_p 沿轴向的变化情况。在设计工况下［图 7-60(a)］，BLS_{Full} 和 BLS_{Sec} 的增压能力没有明显差异。从出口段的放大图可以发现，采用分段式吸气槽后，叶栅的增压能力略低于 BLS_{Full}。在近失速工况下［图 7-60(b)］，当气体运动到 30%叶片轴向弦长附近时，采用分段吸气槽的叶栅就表现出了较高的增压能力，且这一优势一直持续到叶栅的出口边界。以上分析说明：这种根据角区分离分布重新排布的分段式吸气槽可以有效抑制大攻角下叶栅通道内低能流体的堆积，使通道内气流的流通面积增加，增压能力变强。当叶栅内存在

较大分离时,流动控制融合技术无论是增压能力还是减少损失的能力都明显好过单独使用附面层抽吸技术时的气动性能。

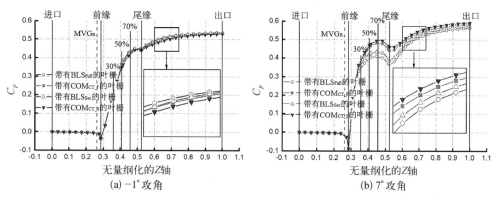

(a) −1°攻角　　(b) 7°攻角

图 7-60　静压系数沿 Z 轴的变化

7.5　微型涡流发生器对跨声速轴流压气机的影响

7.5.1　跨声速轴流压气机介绍

本节所介绍的研究对象为一 3.5 级高负荷轴流压气机。图 7-61 给出了压气机计算域子午面示意图,图中标注了主要的边界条件以及转静交界面的位置。IGV 叶片为进口导叶。为了保证出口通道内的气流充分发展而不影响压气机叶片通道内流动,给定出口通道的轴向长度为 3 倍第三排静子的轴向弦长。

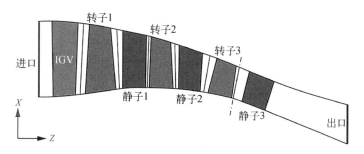

图 7-61　3.5 级压气机子午面示意图

在高负荷压气机中,最后一级静子的叶片吸力面端区容易堆积大量的低能流体,导致压气机通道堵塞[47]。经过研究后发现,该 3.5 级压气机内低能流体的大面积堵塞出现在最后一级静子的吸力面角区。因此,本次研究的重点为:位于最后一级静子叶片上游端壁上的微型涡流发生器对压气机气动性能的影响,因此将原型压气机 Rotor3 − Stator3 转静交界面向上游移动至远离 Stator3 的位置,预留出微型涡流发生器的位置，如图 7 – 61 中虚线位置。

　　虽然该高负荷轴流压气机最后一级静子性能为研究的主要关注点，但是为了不影响得到角区分离的真实流动特性以及发展过程，所有算例均对单通道的 3.5 级压气机计算域进行计算。图 7 – 62 给出了压气机全通道几何模型以及边界条件，红色的环形边界为压力进口（total pressure），给定 1 个大气压以及总温 282 K。蓝色的环形边界为压力出口（static pressure），通过调节静压大小来改变通道内流量。通道周向边界设置为旋转周期（rotational periodicity），叶片、轮毂和机匣表面设置为无滑移壁面（no slip wall），IGV 代表进口导叶。

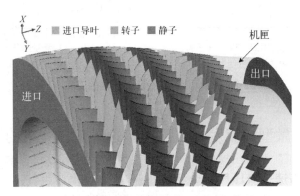

图 7 – 62　3.5 级压气机三维几何模型

　　为了便于后期的分析和理解，主要对比压气机最后一级的空气动力学性能。图 7 – 63 为第三级结构示意图以及关键几何参数。选叶片前缘高度定义为叶高，分别用 H_{R3} 和 H_{S3} 表示，真实弦长分别为 C_{R3} 和 C_{S3}，L_{R3} 和 L_{S3} 分别代表转子和静子叶片排的栅距。图 7 – 63 中圆环面 RS_1、RS_2、RS_3 所在位置分别代表分析压气机性能时提取数据位置。RS_1 和 RS_2 分别为计算时的转静交界面，RS_3 位于压气机第三

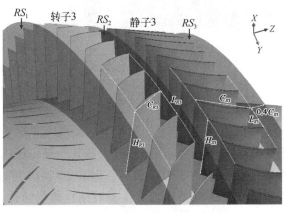

图 7 – 63　轴流压气机第三级转/静子

级静子叶片尾缘下游 0.4 真实弦长 C_{S3} 处,压气机第三级转子和静子的关键几何参数由表 7 – 9 给出。

表 7 – 9　压气机第三级转子/静子几何参数

参　　数	Rotor3	Stator3
叶片数	72	91
叶尖切线速度, V_y /(m/s)	358	—
展弦比, AR	1.2	1.2
叶根稠度, Solidity	1.46	1.63
真实弦长, C /mm	60.1	52.2

7.5.2　跨声速轴流压气机性能分析

压气机内部二次流的生成主要受近端区涡结构(叶尖泄漏涡、前缘马蹄涡、叶片吸力面角涡)以及端壁附面层横流的影响,而绝大多数的涡都会引发压气机的总压损失[48]。因此,压气机叶片端区的二次流涡系以及叶尖泄漏涡是引起流动损失、限制压气机效率的主要因素。因此,压气机的失速诱因可分为两种形式:一种由叶尖区域的堵塞所引发,另外一种由根部堵塞所引发。

前面借助总压损失变化以及近端区流动机制分析,探讨了叶栅角区分离的发展及角区失速的发生过程。与转子叶尖失速不同的是,角区失速的发生并不会引起压气机的喘振,而是导致静子近端壁区域的角区分离突然转变成不稳定的流动结构,使压气机气动性能随着流量的减少而出现显著下滑。鉴于研究重点为轴流压气机角区失速,为减少工作量,在对整级轴流压气机进行数值计算后,只围绕该压气机最后一级的气动性能变化以及最后一级静子的气动性能、流场结构进行深入分析。

图 7 – 64 给出了所介绍的 3.5 级跨声速轴流压气机最后一级的气动特性线,最后一级等熵效率和总压比用 η_{13} 和 π_{13} 来表示。图 7 – 64 中横坐标为被堵塞点流量无量纲化后的流量分布,纵坐标分别为等熵效率和总压比。观察图 7 – 64(a) 中等熵效率随流量的变化可以发现,随着流量逐渐减小,等熵效率很快达到最高效率点。当流量小于 B_{13} 点处流量时,等熵效率突然下降至 A_{13} 点。随着流量进一步降低,等熵效率出现了显著的下降趋势。当流量小于 B_{13} 点时,总压比同样出现了骤降,预示着压气机内部流场在从 B_{13} 点到 A_{13} 点时发生了突然恶化。

为了针对压气机流场进行进一步分析,应定位流场突变发生的具体工况。因此,需要对该轴流压气机最后一级转子和静子的气动性能分别讨论。压气机最后一级转子的等熵效率和总压比用 η_{12} 和 π_{12} 来表示,数据提取位置参照图 7 – 63。图 7 – 65 给出了最后一级转子 Rotor3 的气动特性线,随着流量的减小,等熵效率在达到最高点后逐渐下降,下降过程平缓且并未出现图 7 – 64 中突然下降的现象。总压比随着流

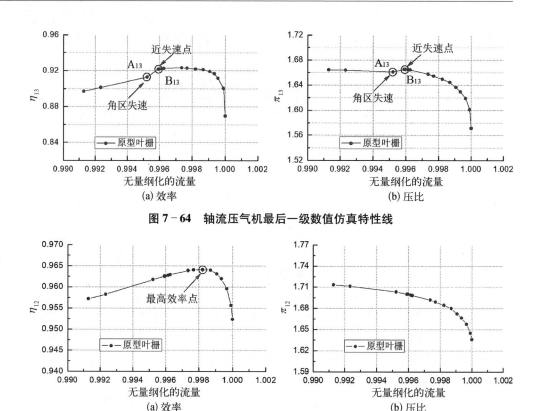

图 7‑64　轴流压气机最后一级数值仿真特性线

图 7‑65　轴流压气机最后一级转子 Rotor3 数值仿真特性线

量的减少出现缓慢增加的趋势，且同样没有突然减小的现象。

　　借助总压损失系数 ζ 来研究轴流压气机最后一级静子 Stator3 的气动性能变化，静子的进口截面定义为图 7‑63 中的 RS_2 截面，得到总压损失系数 ζ_{RS2} 的定义如式（7‑9）所示。图 7‑66 给出了静子总压损失随流量的变化，随着流量的减少，ζ_{RS2} 快速降低到最低损失点 C_{23}，随后缓慢增加至 B_{23} 点。当流量继续减少时，总压损失系数迅速增加至 A_{23} 点，随后总压损失系数增加速率变快，证实了压气机级最后一级等熵效率和总压比的突然下降源自 Stator3 的性能变化。因此可以初步认定，该轴流压气机在点 A_{23} 处发生角区失速。

$$\zeta_{RS2}(x,y,z) = \frac{Pt_{RS2} - Pt(x,y,z)}{Pt_{RS2} - P_{RS2}} \qquad (7\text{-}9)$$

　　为了进一步断定角区失速的发展过程，还需对流场结构变化进行详细分析。提取了图 7‑66 中 4 个具有代表性工况的流场，分别是压气机性能拐点 D_{23}、最低总压损失点 C_{23}、近失速点 B_{23} 以及角区失速点 A_{23}。各工况点的静子内部流动特性如图 7‑67 所示，图中叶片尾缘位置处的横截面上为总压损失系数 ζ_{RS2} 的云图

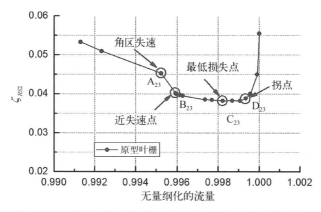

图 7 - 66 静子叶片尾缘截面总压损失系数随流量的变化

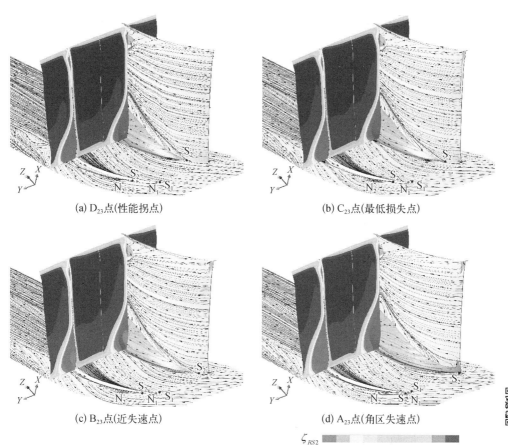

(a) D_{23}点(性能拐点)

(b) C_{23}点(最低损失点)

(c) B_{23}点(近失速点)

(d) A_{23}点(角区失速点)

ζ_{RS2}
1.0   0.0

图 7 - 67 逆流区和表面极限流线随流量的变化

分布,蓝色等值面所包裹的三维区域代表逆流区。

根据针对叶栅的研究可知,三维角区分离的起始点为鞍点 S_2。流量的减小会导致来流攻角的增大,图 7-67(a)~(c)中叶片吸力面-轮毂角区堆积的低能流体逐渐增多,角区分离的起始点 S_2 逐渐向上游移动。当流量减小到工况点 B_{23} 时,三维角区分离起始点仍然停留在叶片吸力面角区,说明此时的流场仍然处于稳定状态。

当流量降低到工况点 A_{23} 时,此时的角区分离起始点 S_2 紧贴叶片前缘,叶片吸力面上的分离线起始位置突然离开鞍点 S_2 并沿叶展方向向上移动,此时的三维分离区域失去了鞍点 S_2 的约束而变成了一个开放的分离区,分离区域在轴向以及展向范围都出现了显著增加,这标志着静子进入了不稳定工况[49]。因此,认为静子的角区失速是由于叶片吸力面-轮毂角区内低速流体的堆积以及过多增长引发流场崩溃所导致的,这也是引发静子总压损失系数 ζ_{RS2} 突增的重要因素(图 7-66),进一步验证了此时的压气机已经进入了静子角区失速工况。

与叶栅的失速流动特性不同的是,在不同流量工况点下,靠近轴流压气机静子叶片吸力面的轮毂上始终存在着一对奇点(鞍点 S_2 和“分离结点” N_2),这对奇点在该轴流压气机当中并不能作为判断角区失速发生的依据。该轴流压气机的内部流动特征以及失速表征还需要进一步分析。通过在叶栅以及跨声速轴流压气机上验证后可知,静子总压损失系数与三维角区分离/失速的关联性较强,其随流量的变化可以对角区失速的发生进行预判[40],这一方法易于实现且具有较强的可靠性。

为了进一步判断该跨声速轴流压气机静子角区失速发生的流场结构变化特征,图 7-68 给出了最低损失点(C_{23})以及角区失速点(A_{23})中静子叶片以及轮毂上的极限流线。由于已经针对叶栅内不同奇点以及涡结构形成的三维流动进行了分析,因此,针对压气机静子通道内的流动研究主要以更加直观的近壁面流动拓扑为主要分析手段。

根据分析可知,附面层中速度较快的一部分来流遇到叶片前缘后在轮毂上形成“附着结点” N_1,从 N_1 发出的气流遇到速度较低的附面层来流便形成了鞍点 S_1。马蹄涡吸力面的分支在进入通道后迅速吸附到叶片吸力面角区并向后运动,说明叶片前缘近端区附近存在极少的前缘绕流,这一现象同样可以在图 7-67 中发现。向后运动的马蹄涡吸力面分支遇到了沿着叶片吸力面-轮毂角区向上游运动的逆流,从而形成鞍点 S_2。如图 7-68(a)所示,在角区失速发生之前,该轴流压气机静子与前文中叶栅的流动特性有所不同,除了存在奇点对(S_2 和 N_2)以外,在靠近叶片尾缘的轮毂上还存在着另一对奇点(鞍点 S_3 和“分离结点” N_3)。

观察图 7-68(b),随着流量减小到工况点 A_{23},流场结构突然出现了显著变化,除了标志着流场进入不稳定工况的现象出现以外(三维分离区域失去了鞍点

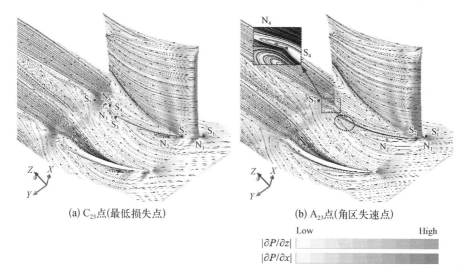

(a) C_{23}点(最低损失点)　　　　(b) A_{23}点(角区失速点)

$|\partial P/\partial z|$ Low ▬▬▬ High
$|\partial P/\partial x|$ Low ▬▬▬ High

图 7-68　逆流区和表面极限流线随流量的变化

S_2 的约束而变成了一个开放的分离区),轮毂上靠近叶片吸力面尾缘位置处的一对奇点 N_3 和 S_3 消失了。由于角区低能流体的大量堆积,造成了角区失速的发生,角区分离的范围在轴向和展向方向上都出现了明显的增加,这就使得过多的低能流体接触到了轮毂上,改变了轮毂区域的流动拓扑结构。同时,轮毂上"分离结点" N_2 的位置明显向下游移动并且远离叶片吸力面,这也是由于角区突然堆积了过多的低能流体造成的。

图 7-68 中的叶片表面采用径向压力梯度$|\partial P/\partial x|$进行着色,轮毂表面采用轴向压力梯度$|\partial P/\partial z|$着色。该轴流压气机静子叶片吸力面根区的径向静压梯度较弱,因此该区域并未出现气流沿叶片向上爬升的现象。因此,低能流体直接堆积在介于鞍点 S_2 和叶片尾缘之间的轮毂上,这也导致了奇点对(鞍点 S_2 和结点 N_2)一直存在于各个工况中。在发生角区失速时,低能流体在整个叶片轴向范围内都出现了大量的堆积现象,形成了与叶栅完全不同的失速现象。根据以上分析可以推断,叶片吸力面根区静压梯度的差异是导致角区失速现象不同的主要原因。

通过对轴流压气机叶栅和轴流压气机最后一级静子内的气体流动特性以及角区失速类型进行分析后发现:静子角区失速发生的直接原因都是由于叶片吸力面角区内低能流体的过度堆积所导致的,且失速的发生都伴随着流场结构的突变。因此,可以通过把握流场细节的变化来判断静子角区失速的发生。然而,角区失速会因为分离形式的不同存在差异,所以不能使用特定的流动拓扑改变形式来判断角区失速是否发生。而借助总压损失系数变化趋势来预先判断角区失速发生的流量点,再通过分析流场结构,捕捉流场特征变化来进一步断定失速发生的思想较为可信,是一种易于实现的失速判定手段。

7.5.3　流动控制方法的几何参数介绍

研究对象 3.5 级轴流压气机在发生转子叶尖失速之前率先发生了静子角区失速。通过研究发现,发生角区失速以后的压气机仍旧可以继续工作,但其性能却表现出了明显的恶化趋势。由于主要研究对象为压气机的静子角区分离/失速,因此,只关注压气机在发生静子角区失速以前的流场性能变化。根据前面的研究内容可知,微型涡流发生器的高度与静子通道入口处的来流附面层厚度有关。图 7-69 给出了最后一级静子入口(图 7-63 中的 RS_2 截面)无量纲化后的速度沿展向分布,定义 50% 叶高位置处的速度大小为主流速度 V_m,则得到靠近轮毂附近的附面层厚度为 0.13 叶高。

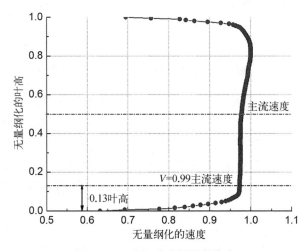

图 7-69　进口速度沿展向分布

参照前文中微型涡流发生器的设计方法,定义其高度为 0.2 来流附面层厚度($h_{VG} = 0.2\delta = 0.026Span$)。由于主要以流动控制技术在级环境中的应用为研究内容,因此不再讨论其几何参数变化对轴流压气机性能的影响,直接应用前文中微型涡流发生器的优化结果来分析压气机性能的变化。表 7-10 给出了所用微型涡流发生器的几何参数,各参数的定义和命名与前面保持一致。

表 7-10　微型涡流发生器几何参数

参　数	l_{VG}	l	d_{VG}	d	β_{VG}
数　值	h_{VG}	$1.46\,h_{VG}$	h_{VG}	$5.4\,h_{VG}$	36°

3.5 级轴流压气机的最后一级静子为主要研究对象,且研究重点为分析主/被动融合技术对轴流压气机性能影响,因此图 7-70 分别给出了全叶高附面层抽吸和分段式附面层抽吸与微型涡流发生器相结合的三维计算域。将分段式吸气槽结

构应用于轴流压气机静子上时,需要将吸气槽沿 50% 叶高平面做径向对称,得到图 7-70(b) 中的结构。

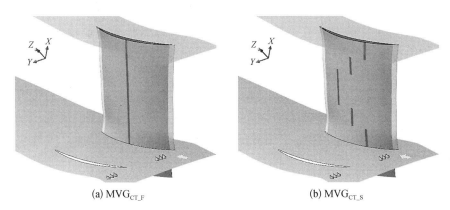

(a) MVG$_{CT\_F}$ (b) MVG$_{CT\_S}$

图 7-70　流动控制融合技术几何结构示意图

7.5.4　微型涡流发生器和吸气槽对轴流压气机性能的影响

流动控制技术在改善压气机静子气动性能的同时,对压气机级的性能影响也是研究过程中所不容忽视的。依据针对叶栅的研究经验,在分析流动控制技术改善压气机性能时,同样先从特性线的变化开始分析。图 7-71 对比了不同流动控制手段对轴流压气机最后一级气动性能的影响,由于吸气叶片将通道内部分低能流体吸除,导致从通道出口边界流出的气流变少,使得攻角特性线整体向左移动,为了使不同研究对象之间具有可比性,各特性线的流量均为最后一级静子的进口流量,并以原型压气机阻塞点流量为基准进行无量纲化,最终得到无量纲化后的特性线。图中预判断出了不同研究对象的近失速点(蓝色实心点)以及失速点(红色实心点)的具体位置,最高效率点用绿色实心点表示。可以发现,作用于静子上的不同流动控制手段对压气机最后一级的气动性能都有不同程度的改善。当发生静

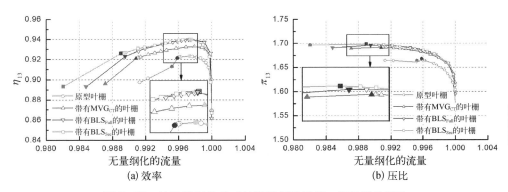

(a) 效率　　　　　　　　　　　(b) 压比

图 7-71　流动控制技术对轴流压气机最后一级性能的影响

子角区失速时,压气机最后一级的效率均出现了骤降的现象[图7-71(a)]。观察图7-71(b)中的特性线放大图,发现采用不同流动控制手段后的级压比也出现了轻微的降低,从而判断压气机在图7-71中的红色工况点下发生了角区失速。

为了定量地衡量不同流动控制技术对压气机最后一级失速裕度的影响,表7-11给出了失速裕度改进量和峰值效率改进量。很明显,微型涡流发生器无论是在改善压气机的效率还是失速裕度方面,能力都不及附面层抽吸技术(吸气流量率为1%入口流量),但还是表现出了较高的提升压气机性能的能力。而位置经过重新分布的分段式吸气槽技术则表现出了比全叶高吸气槽更强的改善压气机性能的能力,再一次说明了吸气槽位置的合理排布有助于充分发挥该吸气技术的优势。

表 7 - 11   轴流压气机最后一级性能的改进量

流动控制方案	ΔSM	$\Delta \eta_e$
MVG_{CT}	2.1%	1.02%
BLS_{Full}	2.48%	1.78%
BLS_{Sec}	2.69%	1.83%

通过对压气机最后一级性能的分析,已经初步掌握了不同流动控制技术对压气机性能的影响,下面将着重对比流动控制技术对最后一级静子性能的改善情况。图7-72给出了静子的攻角特性,图中同样用红色实心点代表失速点,蓝色实心点代表近失速点,而绿色实心点则代表最低损失点,橙色实心点代表原型静子攻角特性的拐点。对比不同研究对象在相同工况下的流场特性有助于更直观地认识压气机性能的变化,便于对流场信息进行进一步的量化分析。为了突出流动控制技术在改善压气机性能方面具有的优势,有必要给出与原型压气机近失速点流量相同时,采用流动控制技术后压气机静子的流场特性。因此,将给出图7-72中

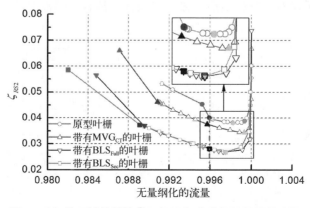

图 7 - 72   静子叶片尾缘截面总压损失系数随流量的变化

MVG_{CT}、BLS_{Full} 和 BLS_{Sec} 攻角特性线上与原型压气机近失速点相同流量工况下的三维流场,用黑色实心点表示,并称这三点为相同流量点工况。

通过图 7-72 可以发现,使用不同流动控制技术后,压气机静子的总压损失系数在全工况下都有显著降低。与有关叶栅的研究结果不同的是,使用微型涡流发生器后,压气机静子的总压损失并没有出现降低的情况,这是由于轴流压气机静子在设计工况下的角区已经堆积了大量的低能流体[图 7-67(a)]。因此,认为流动控制技术对轴流压气机流场的作用并不受所在工况的限制,而是与不同研究对象在不同工况下的内部流场特点有关。

图 7-73、图 7-74、图 7-75 分别对比了典型工况下,单一流动控制技术(微型涡流发生器/叶片吸力面附面层抽吸)对静子通道内流场的影响。图 7-73 体现了 MVG_{CT} 的逆流区和表面极限流线随流量的变化,图 7-73(a)~(d)的流量逐渐减小,逐渐减小的流量使来流攻角逐渐增大,导致叶片吸力面角区堆积的低能流体逐

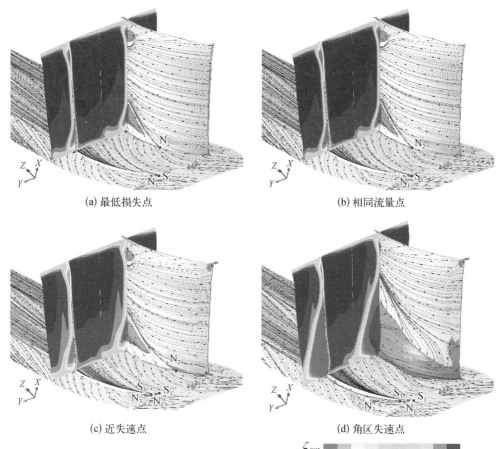

(a) 最低损失点 　　　　　　　　　　　　　　　(b) 相同流量点

(c) 近失速点 　　　　　　　　　　　　　　　(d) 角区失速点

ζ_{RS2}　1.0　　　　　　0.0

图 7-73　逆流区和表面极限流线随流量的变化(MVG_{CT})

渐增加。从图中可以发现，随着流量逐渐减小，叶片尾缘截面上的高损失区和角区分离范围逐渐增大，分离起始点逐渐向上游移动。

图 7-73(b)的流量与原型压气机近失速点流量一致，但是由于微型涡流发生器的使用，使叶片吸力面-轮毂角区之间的低速流体明显减少，从而导致存在于原型静子轮毂上由于低能流体的影响产生的奇点对(N_2 和 S_2)也随之消失。此时，三维角区分离在轮毂上的起始点类型从鞍点(S_2)转化为结点(N_2)。随着流量逐渐减小，角区分离的范围沿着展向和弦向扩大，导致分离起始点 N_2 逐渐向通道上游移动。当流量减小到近失速点时[图 7-73(c)]，三维角区分离的起始点仍然处于叶片吸力面角区，说明此时的流场仍然处于稳定状态。但是在靠近叶片前缘的吸力面角区出现了少量堆积的低能流体，导致在靠近叶片前缘的轮毂上出现了奇点对($鞍点 S_3 和结点 N_3$)，这预示着角区失速即将发生。

随着流量继续下降，叶片吸力面上的分离线起始位置突然离开叶片吸力面角区，并沿叶展方向向上移动。此时的三维角区分离和叶片吸力面前缘角区的低能流体连通成一体，导致结点 N_2 消失，三维分离区域失去了结点 N_2 的约束而变成了一个开放的分离区，分离区域在轴向和展向范围都出现了显著增加，这标志着静子进入了不稳定工况。因此，认为静子的角区失速是由于叶片吸力面-轮毂角区内低速流体的过度堆积所引发的流场崩溃导致的，这也是引发静子总压损失系数 ζ_{RS2} 突增的重要因素（图 7-72），进一步验证了此时的压气机已经进入了静子角区失速工况。

图 7-74 给出了 BLS_{Full} 的逆流区和表面极限流线随流量的变化，从最低损失点到相同流量点，静子角区内低能流体的范围几乎没有发生改变，而总压损失有少量增加。图 7-74(b)的流量与原型压气机近失速点流量几乎一致，但是全叶高附面层抽吸技术使叶片吸力面-轮毂角区之间的低速流体明显减少，总压损失显著降低。由于附面层抽吸槽位于50%轴向弦长位置，导致发生在叶片周围的三维分离区域被吸气槽分成两部分。角区分离的起始点 S_2 一直停留在吸气槽的下游，并未随着流量的减小而改变位置。

当流量减小到近失速点时[图 7-74(c)]，三维角区分离起始点仍然停留在吸气槽下游的叶片吸力面角区，更多的低能流体堆积在吸气槽上游的角区位置，导致在靠近叶片前缘的轮毂上出现了奇点对($鞍点 S_3 和结点 N_3$)，角区分离起始点类型也由鞍点变成了结点 N_2，鞍点 S_1 也出现了远离叶片前缘的情况。这一变化与 MVG_{CT} 中近失速点流场特征表现一致，都预示着角区失速即将发生。由于吸气槽的存在，导致在发生静子的角区失速之前[图 7-74(a)~(c)]，角区分离的起始点均位于吸气槽的下游。而随着流量继续下降，三维分离区域失去了结点 N_2 的约束而变成了一个开放的分离区。这一现象与 MVG_{CT} 中失速流场特点一致，只是此时的三维分离范围更大。

图 7-75 为 BLS_{Sec} 的部分流场特性随流量的变化图，从最低损失点到近失速

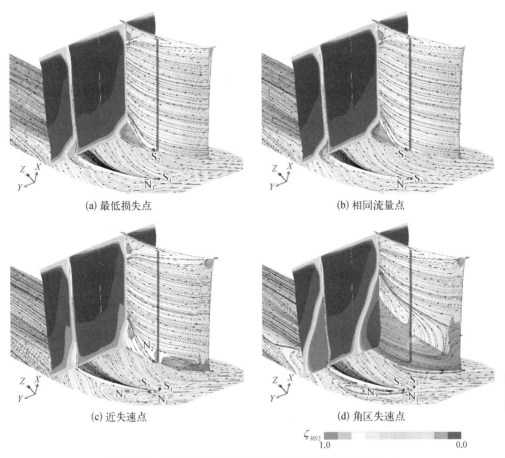

(a) 最低损失点

(b) 相同流量点

(c) 近失速点

(d) 角区失速点

ζ_{RS2} 1.0   0.0

图 7 - 74　逆流区和表面极限流线随流量的变化（ $\mathbf{BLS_{Full}}$ ）

点,低能流体的范围和总压损失逐渐增加。图 7 - 75(b) 的流量与原型压气机近失速点流量几乎一致,但是分段式吸气槽吸除了大量的低能流体,使总压损失显著降低。此时的角区分离起始位置主要受靠近轮毂部分的吸气槽（Slot_D）位置的影响,该部分吸气槽位于 30% 轴向弦长位置,导致发生在叶片周围的三维分离区域从该位置处被分成两部分。与 BLS_{Full} 的情况相似,角区分离的起始点一直停留在吸气槽的下游而不随着流量的减小而移动。

当流量减小到近失速点时 [图 7 - 75(c)],三维角区分离范围沿弦向逐渐增加。与 BLS_{Full} 中的流场变化不同的是,由于分离起始点受到吸气槽位置的影响而更靠近叶片前缘。此外,与 BLS_{Full} 的情况类似,在靠近叶片前缘的吸力面角区也出现了过量堆积的低能流体,导致在靠近叶片前缘的轮毂上出现了鞍点 S_3 和结点 N_3 ,鞍点 S_1 也出现了远离叶片前缘的情况,但此时的流场仍然处于稳定状态。随着流量继续下降,三维分离区域失去了结点 N_2 的约束而变成了一个开放的分离

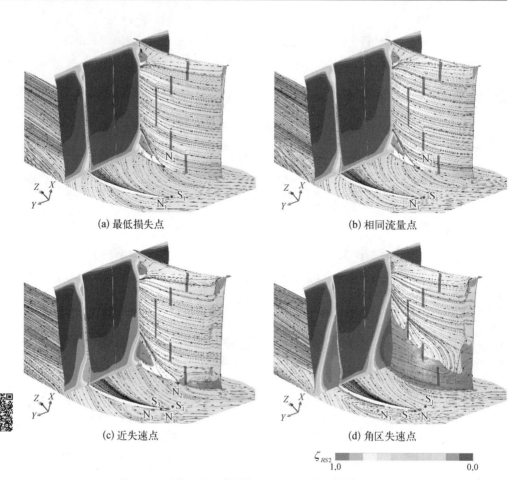

(a) 最低损失点

(b) 相同流量点

(c) 近失速点

(d) 角区失速点

ζ_{RS2}
1.0   0.0

图 7-75   逆流区和表面极限流线随流量的变化（$\mathrm{BLS_{Sec}}$）

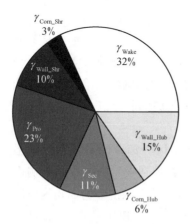

图 7-76   压气机静子在最低
损失点的各损失源
所占比重

区，导致静子角区失速的发生。

在定量分析不同流动控制技术对静子性能的影响之前，先对原型压气机静子的损失源组成和分配进行分析。强的速度剪切会产生高的流体耗散，损失源的大小代表了剪切的强弱，反映了当地损失产生的快慢。图 7-76 给出了原型压气机静子在最低损失点的不同损失源所占比重情况，发现尾迹损失是静子计算域中损失源的主要组成部分，达到了32%，这一结论与针对叶栅进行的研究结果一致。还可以发现，靠近轮毂附近的区域（Corn_Hub 和 Wall_Hub）由于角区分离的影响，产生的损失比靠近机匣区域（Corn_Shr 和 Wall_Shr）的损失源更强。

基于原型静子各损失源所占比重,图 7 - 77 对比了三种流动控制技术在最低损失点工况下对各类损失源的影响,纵坐标代表不同损失源变化量的百分比。观察不同损失源的变化可以发现:不同流动控制技术在减少二次流损失和尾迹损失方面均表现出了显著优势。其中,BLS_{Sec} 中的 γ_{Sec} 和 γ_{Wake} 减少最多,分别达到了 52.7%和 33.1%。由于流动控制技术的加入,导致流场内的扰动增加,尤其是静子通道内靠近轮毂的区域,从而增加了静子通道中靠近轮毂角区内的流动剪切作用,增加了轮毂角区的损失源。对于微型涡流发生器来说,由于其特殊的作用位置,导致靠近轮毂区域的流动剪切现象更加明显,从而显著增加了靠近轮毂区域的端壁损失源,并少量增加了叶型损失源。

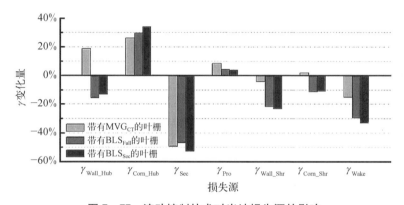

图 7 - 77 流动控制技术对当地损失源的影响

7.5.5 微型涡流发生器和吸气槽相融合对轴流压气机性能的影响

图 7 - 78 将三种流动控制手段与主/被动流动控制融合技术对轴流压气机最后一级气动性能的影响进行了对比,并着重讨论融合技术存在的优势与劣势,图中各色实心点的定义与图 7 - 71 保持一致。图 7 - 78 中预判断出了不同研究对象的

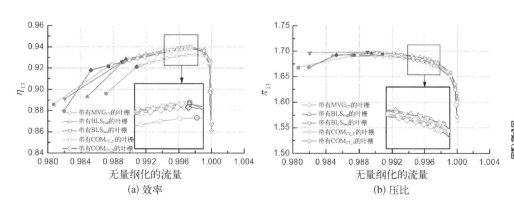

(a) 效率   (b) 压比

图 7 - 78 流动控制技术对轴流压气机最后一级性能的影响

近失速点以及失速点的具体位置。除了 MVG_{CT} 以外,其余四种流动控制方案对压气机最后一级等熵效率的影响没有明显差距。观察图 7-78(b) 中的局部放大图可以发现,两种排布方式的吸气槽和微型涡流发生器组合以后（COM_{CT_F}、COM_{CT_S}）,其增压能力略低于其余三种单一的流动控制方案（MVG_{CT}、BLS_{Full}、BLS_{Sec}）。当发生静子角区失速时,不同研究对象的效率和压比均出现了不同程度的骤降,预示着角区失速的发生。而观察图 7-78(a) 中各研究对象的近失速点流量位置可以发现,流动控制融合技术在延缓角区失速的发生方面表现出了显著优势。

为了定量地衡量流动控制融合技术对压气机最后一级失速裕度的影响,表 7-12 给出了失速裕度改进量（SMI）和峰值效率改进量（PEI）。失速裕度改进量常采用如下公式:

$$ SMI = \left[\left(\frac{\pi_{IM}}{\pi_{BS}} \right)_s \cdot \left(\frac{m_{BS}}{m_{IM}} \right)_s - 1 \right] \times 100\% \qquad (7-10) $$

峰值效率改进量公式如下:

$$ PEI = \left[\frac{(\eta_e)_{IM}}{(\eta_e)_{BS}} - 1 \right] \times 100\% \qquad (7-11) $$

式中,π_{BS} 为原型压气机的压比;m_{BS} 为原型压气机的流量;π_{IM} 为优化后压气机的压比;m_{IM} 为优化后压气机的流量;s 为失速点;η_e 为峰值效率点。

表 7-12　轴流压气机最后一级性能的改进量

流动控制方案	SMI	PEI
COM_{CT_F}	2.46%	1.83%
COM_{CT_S}	2.71%	1.63%

对比表 7-11 中单一流动控制技术对压气机最后一级性能的影响,发现主/被动流动控制融合技术（COM_{CT_F}、COM_{CT_S}）在提升压气机的效率、改善失速裕度方面的能力均优于微型涡流发生器。COM_{CT_F} 在提升压气机最高效率点方面表现出一定优势,而 COM_{CT_S} 在扩大压气机稳定工作范围方面能力较强。

在分析过流动控制技术对轴流压气机最后一级性能的影响后,将着重分析最后一级静子气动性能以及流场的变化。图 7-79 对比了五种流动控制手段对轴流压气机攻角特性的影响。主/被动流动控制融合技术将作为研究重点。通过对比图中各研究对象的攻角特性,发现流动控制融合技术在减少总压损失方面能力不及附面层抽吸技术,但是在延缓失速的发生方面表现出了显著优势,这一趋势也和叶栅所表现出的规律一致。为了进一步了解流动控制技术对压气机性能的影响,下文将借助静子内部流场结构的变化进行详细分析。

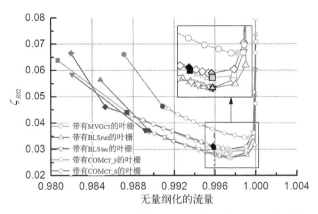

图 7 - 79　静子叶片尾缘截面总压损失系数随流量的变化

图 7 - 80 给出了 COM_{CT_F} 的逆流区和表面极限流线随流量的变化图,从最低损失点到相同流量点,静子角区堆积的低能流体范围逐渐变大,分离点位置逐渐向

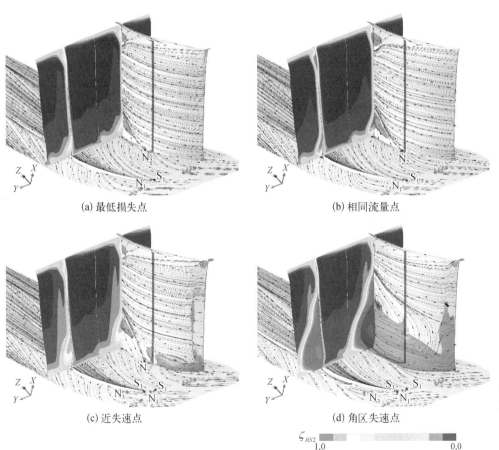

(a) 最低损失点　　　　　　　　　　　　(b) 相同流量点

(c) 近失速点　　　　　　　　　　　　(d) 角区失速点

ζ_{RS2}　1.0　　　　　　0.0

图 7 - 80　逆流区和表面极限流线随流量的变化(COM_{CT_F})

上游移动。与 BLS_{Full} 的流场特点一致,由于附面层抽吸槽位于 50% 轴向弦长位置,导致角区分离的起始点在运动到吸气槽位置时便不再变化。当流量减小到近失速点时［图 7-80(c)］,可以发现分离部分被吸气槽分为两段。由于诱导涡的作用,导致低能流体在吸气槽后半部分处堆积的速度变慢,从而延缓了角区失速的发生。随着流量的持续减少,更多的低能流体堆积在吸气槽上游的角区位置,鞍点 S_1 也出现了远离叶片前缘的情况,这一变化与 BLS_{Full} 中近失速流场特点一致,预示着角区失速即将发生。当流量继续减小,三维分离区域失去了鞍点 S_2 的约束而变成了一个开放的分离区,导致静子角区失速的发生,这一现象与 BLS_{Full} 中失速流场特点一致。

图 7-81 给出了不同流量下 COM_{CT_S} 的部分流场特性图。从最低损失点到近失速点,低能流体的范围和总压损失逐渐增加。该静子中的角区分离起始位置同样受到了靠近轮毂部分吸气槽(Slot_D)位置的影响,随着流量的减少,角区分离的起始点向上游运动到 30% 轴向位置(吸气槽位置)后便不再发生变化。与 BLS_{Sec}

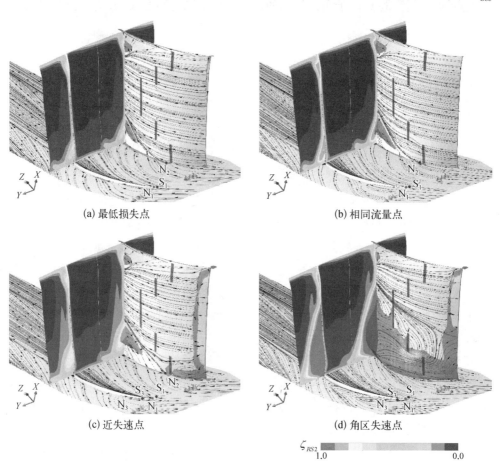

(a) 最低损失点　　(b) 相同流量点　　(c) 近失速点　　(d) 角区失速点

图 7-81　逆流区和表面极限流线随流量的变化（COM_{CT_S}）

的情况相似,角区分离的起始点一直停留在吸气槽的下游而不随着流量的减小而
移动。通过与 BLS_{Sec} 和 MVG_{CT} 的流场对比可以发现,流动控制融合技术可以很好
地汲取两种流动控制技术的优点,既减少了堆积在角区的低能流体,又延缓了角区
失速的发生。

当流量减小到近失速点时[图7-81(c)],三维角区分离范围沿弦向逐渐增
加。与 BLS_{Sec} 相同的是,由于靠近轮毂的附面层抽吸槽位于30%叶片轴向弦长处,
导致角区分离的起始点 S_2 向上游移至靠近轮毂的吸气槽的下游。此外,在靠近叶
片前缘的吸力面角区也堆积了少量的低能流体,鞍点 S_1 也出现了远离叶片前缘的
情况,但此时的流场仍然处于稳定状态。随着流量继续下降,三维分离的起始点突
然前移至叶片前缘位置,且分离线沿展向上移,使分离区域失去了鞍点 S_2 的约束
而变成了一个开放的分离区,导致静子角区失速的发生。

基于图7-76中原型静子各损失源所占比重,图7-82对比了两种流动控制
融合技术(COM_{CT_F} 、 COM_{CT_S})在最低损失点工况下对静子计算域内各类损失源的
影响,纵坐标代表不同损失源变化量的百分比。观察不同损失源的变化可以发现:
两种流动控制融合技术在减少二次流损失和尾迹损失方面同样表现出了显著优
势。其中,二次流损失 γ_{Sec} 分别减小了53.6%和52.8%,尾迹损失 γ_{Wake} 分别减小
了27.5%和27.6%。与图7-77对比后发现,流动控制融合技术对不同损失源的
减少方面都表现出了积极的作用。

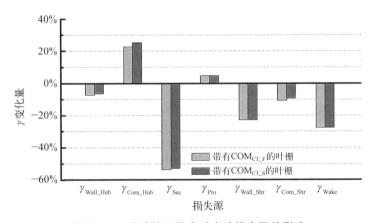

图7-82　流动控制技术对当地损失源的影响

7.6　本章小结

微型涡流发生器能够有效地控制角区分离的发展,能够在全工况下提升压气
机的等熵效率和稳定性。目前,对于角区分离现象以及失速的发生机制的探索还

处于发展阶段,且微型涡流发生器用于控制压气机角区分离的发展还并不完善。因此,本章根据压气机角区分离的结构特点以及角区失速的发生机制,进行了有关微型涡流发生器的研究,并由此发展出了不同的流动控制融合方案,并进一步分析了不同流动控制技术对轴流压气机叶栅/静子性能的影响。本章主要开展了以下三部分的研究。

1. 分析角区分离结构,判断角区失速发生机制

书中分别以一亚声速轴流压气机叶栅和一多级轴流压气机为研究对象,对比分析了叶栅/静子的角区分离结构以及失速特点。研究发现:研究的叶栅由于受其叶型、稠度、展弦比等设计因素的影响,在叶片吸力面靠近尾缘的叶根处存在较强的径向压力梯度,使得叶片吸力面堆积的低能流体沿着展向被推向靠近叶中区域。因此,随着攻角变大,低能流体逐渐堆积在靠近叶片前缘的端壁上,并沿斜后方向上延伸。当低能流体过度堆积时,靠近叶片前缘端壁上的流场最先发生崩溃,使叶片通道内靠近上游的端壁上出现一对远离叶片吸力面的奇点(一个鞍点,一个结点),这一现象标志着角区失速的发生。

在分析了轴流压气机静子角区失速过程后发现:不同类型的角区分离发展成角区失速的过程截然不同。所研究的轴流压气机最后一级静子叶片吸力面根部不存在局部高压压力梯度,导致低能流体堆积的位置以及分布形式与叶栅有所不同。在压气机最高效率点工况下,角区分离紧贴轮毂;随着流量减小,角区分离的起始点逐渐前移;发生角区失速时,叶片吸力面上的分离线起始位置突然离开鞍点 S_2 并沿叶展方向向上移动,此时的三维分离区域失去了鞍点 S_2 的约束而变成了一个开放的分离区,分离区域在轴向以及展向范围都出现了显著增加,这标志着静子进入了不稳定的流动工况。

2. 流动控制方法的研究及优化设计

书中借助试验设计方法建立起与流动控制几何参数相关的样本空间点,构造出近似模型,并借助响应面优化方法得出流动控制技术的优化参数。由于影响流动控制方法的参数较多,在进行研究以前不能对其几何尺寸盲目选择,因此,对其位置以及几何尺寸的优化问题不容忽视。考虑到微型涡流发生器对叶栅角区分离的控制以及对叶栅性能的影响是本章的研究重点。因此,本章对微型涡流发生器的几何进行了优化。通过总结前人的研究经验,发现轴流压气机通道内的堵塞与流动损失总是相伴而生的。因此,为了定量分析流动控制方法对轴流压气机性能的影响,本章基于堵塞分布发展了一种新的损失定义方式,用于评价轴流压气机的气动性能。

研究发现:微型涡流发生器的几何安装角、周向位置以及几何高度是影响压气机性能的主要因素,且不同控制参数间存在着不同程度的响应关系。而微型涡流发生器的几何长度、轴向位置以及小叶片之间的距离对叶栅的气动性能影响较

小。此外,微型涡流发生器对二次流损失源的影响最大,说明来自微型涡流发生器的诱导涡对通道内二次流的抑制能力较强。

由于微型涡流发生器的尺寸较小,其几何形状的改变及优化对压气机流场性能的影响不会太大,因此很少有学者针对其几何参数变化进行深入探讨。书中针对微型涡流发生器几何特点,提出了几种几何优化思路,发现传统的矩形微型涡流发生器无论是在减少叶栅总压损失,还是延缓叶栅失速方面的能力均较弱。而经过优化后的弯曲梯形微型涡流发生器则产生了具有更高流动速度的诱导涡,使诱导涡在向后运动的过程中带走更多的低能流体。带弯角的微型涡流发生器不仅减小了与来流之间的夹角,也改变了尾缘出口气流角,使流出涡流发生器的气流方向与叶片前缘线之间的夹角变小,使诱导涡具有更小的转折角,减少了诱导涡的耗散。

在对主/被动流动控制融合技术的参数进行响应面分析后发现,微型涡流发生器与叶片吸力面附面层抽吸技术的主要几何参数之间干扰较小。因此,在今后进行类似的融合流动控制策略研究时,可以分别对两种流动控制手段进行设计优化,以减小工作量。

3. 流动控制融合技术对叶栅/压气机性能的影响

在深入研究了微型涡流发生器对叶栅/压气机性能的影响后发现:当角区堆积的低能流体被径向压力梯度推向高叶展区(书中设计攻角下的轴流叶栅),微型涡流发生器由于受到自身尺寸以及位置的限制而无法使诱导涡作用到低能流体堆积区,从而导致设计工况下叶栅的总压损失不降反增。因而,本书在此研究背景下,借鉴前人的研究思想,提出具有针对性的主/被动流动控制融合方法,用于进一步提升轴流压气机的性能。全叶高的吸力面抽吸技术可以有效减少低能流体在叶中展位置处的堆积,但是对大范围角区分离的吸除能力较弱。考虑到书中微型涡流发生器的作用位置以及其控制静子角区分离的能力,选用了将微型涡流发生器与叶片吸力面附面层抽吸技术相结合的流动控制方式为主要研究对象,并进行了深入的对比分析。

研究发现:将主/被动流动控制融合技术应用于叶栅当中可以很好地汲取两者的优点。采用微型涡流发生器与全叶高吸气槽相融合,可以使叶栅总压损失系数在设计工况下减小13.77%,在失速工况下减小13.85%,失速攻角也从7.9°推迟到10.2°。在设计攻角下,损失源的减少主要来自叶型损失和尾迹损失的减少,主要依靠吸气槽对附面层的吸除作用。在近失速攻角下,损失源的减少主要来自二次流损失的降低,主要依靠微型涡流发生器产生的诱导涡对角区分离的扰动作用。

在本章所选用的轴流压气机中,微型涡流发生器对压气机性能的影响则表现出了不同的变化,由于叶根区不存在局部高压梯度,低能流体始终位于靠近端壁的角区。因此,微型涡流发生器不仅使最后一级静子的总压损失在全工况范围内均有明显下降,还显著延缓了角区失速的发生。为了探索不同流动控制方法在面对级环境中复杂问题时的表现,将研究不同流动控制技术对多级轴流压气机气动性能的影响。

研究发现:主/被动流动控制融合技术仍旧可以很好地汲取两种单一流动控制方法的优点。采用微型涡流发生器与全叶高吸气槽相融合,可以使压气机最后一级的失速裕度改进量达到2.464%,最高效率改进量达到1.833%。根据角区分离的分布重新排布的分段式吸气槽和微型涡流发生器融合后,压气机最后一级的压比和等熵效率的趋势与COM_{CT_F}没有明显差别,但是压气机的工作稳定范围明显变大,使失速裕度改进量达到2.712%。

参考文献

[1] Taylor H D. The elimination of diffuser separation by vortex generators [R]. Hartford: United Aircraft Corporation, 1947.

[2] Mueller-Vahl H, Pechlivanoglou G, Nayeri C N, et al. Vortex generator for wind turbine blades: acombine wind tunnel and wind turbine parametric study [C]. Copenhagen: ASME Turbo Expo 2012: Turbine Technical Conference and Exposition, 2012.

[3] Rao D M, Kariya T T. Boundary-layer submerged vortex generators for separation control an exploratory study [C]. Cincinnati: AIAA 1st National Fluid Dynamics Congress, 1988.

[4] Lin J C, Howard F G, Selby G V. Small submerged vortex generators for turbulent flow separation control [J]. Journal of Spacecraft & Rockets, 1990, 27(5): 503 – 507.

[5] Lin J C, Howard F G, Bushnell D M, et al. Investigation of several passive and active methods for turbulent flow separation control [C]. Seattle: AIAA 21st Fluid Dynamics, Plasma Dynamics and Lasers Conference, 1990.

[6] Lin J C, Selby G V, Howard F G. Exploratory study of vortex-generating devices for turbulent flow separation control [C]. Hampton: AIAA 29th Aerospace Sciences Meeting, 1991.

[7] Lin J C. Control of turbulent boundary-layer separation using micro-vortex generators [C]. Hampton: 30th AIAA Fluid Dynamics Conference, 1999.

[8] Ruchika A, Anand D, Narayanan S R, et al. Numerical investigation on the effect of vortex generator on axial compressor performance [C]. Dusseldorf: ASME Turbo Expo 2014: Turbine Technical Conference and Exposition, 2014.

[9] Agarwal R, Narayanan S R, Goswami S N, et al. Numerical analysis on axial compressor stage performance with vortex generators [C]. Montreal: ASME Turbo Expo 2015: Turbine Technical Conference and Exposition, 2015.

[10] Hergt A, Meyer R, Muller M W. Loss reduction in compressor cascades by means of passive flow control [C]. Berlin: ASME Turbo Expo 2008: Power for Land, Sea, and Air, 2008.

[11] Hergt A, Meyer R, Engel K. Effect of vortex generator application on the performance of a compressor cascade [C]. Glasgow: ASME Turbo Expo 2010: Power for Land, Sea and Air, 2010.

[12] Hergt A, Meyer R, Engel K. Experimental investigation of flow control in compressor cascades [C]. Barcelona: ASME Turbo Expo 2006: Power for Land, Sea, and Air, 2006.

[13] Wetzel K, Farokhi S. Interaction of riblets and vortex generators on an airfoil [C]. New Orleans: 14th AIAA Applied Aerodynamics Conference, 1996.

[14] Meyer R, Bechert D W, Hage W. Secondary flow control on compressor blades to improve the performance of axial turbomachines [C]. Prag: 5th European Conference on Turbomachinery, 2003.

[15] Diaa A M, El-Dosoky M F, Abdel-Hafez O E, et al. Secondary flow control on axial flow compressor cascade using vortex generator [C]. Montreal: Proceedings of the ASME 2014 International Mechanical Engineering Congress and Exposition, 2014.

[16] Rajendran A K, Shobhavathy M T, Ajith K R. CFD Analysis to investigate the effect of vortex generators on a transonic axial flow compressor stage [C]. Hyderabad: Proceedings of the ASME 2015 Gas Turbine India Conference, 2015.

[17] Diaa A M, El-Dosoky M F, Ahmed M A, et al. Effect of a new vortex generator on the performance of an axial compressor cascade at design and off-design conditions [C]. Houston: Proceedings of the ASME 2015 International Mechanical Engineering Congress and Exposition, 2015.

[18] Diaa A M, El-Dosoky M F, Ahmed M A, et al. Boundary layer control of an axial compressor cascade using nonconventional vortex generator [C]. Houston: Proceedings of the ASME 2015 International Mechanical Engineering Congress and Exposition, 2015.

[19] Şahin F C. Experimental investigation on flow improvement in compressor cascades [J]. International Journal of Energy Research, 2017, 41: 526 – 539.

[20] Ma S, Chu W L, Zhang H G, et al. A combined application of micro-vortex generator and boundary layer suction in a high-load compressor cascade [J]. Chinese Journal of Aeronautics. 2019,32(5): 1171 – 1183.

[21] Zhang B, Zhao Q, Xiang X, et al. An improved micro-vortex generator in supersonic flows [J]. Aerospace Science and Technology, 2015, 47: 210 – 215.

[22] Santner C, Gottlich E, Marn A, et al. The application of low-profile vortex generators in an intermediate turbine diffuser [J]. Journal of Turbomachinery, 2012, 134: 011023.

[23] Xue D W, Chen Z H, Jiang X H, et al. Numerical investigations on the wake structures of micro-ramp and micro-vanes [J]. Fluid Dynamics Research, 2014, 46(1): 015505.

[24] Lin J C. Review of research on low-profile vortex generators to control boundary-layer separation [J]. Progress in Aerospace Sciences, 2002, 38(4 – 5): 389 – 420.

[25] Rao D M, Kariya T T. Boundary-layer submergedvortex generators for separation control an exploratory study [C]. Cincinnati: American Institute of Aeronautics and Astronautic, 1988.

[26] Lee S, Loth E. Supersonic boundary-layer interactionswith various micro-vortex generator geometries [J]. Aeronautical Journal, 2009, 113(1149): 683 – 697.

[27] 张燕峰. 高载荷压气机端壁流动及其控制策略研究[D]. 西安: 西北工业大学, 2010.

[28] Hah C, Loellbach J. Development of hub corner stall and its influence on the performance of axial compressor blade rows [J]. Journal of Turbomachinery, 1999, 121(1): 67 – 77.

[29] Lewin E, Koulovi D, Stark U. Experimental and numerical analysis of hub-corner stall in

compressor cascades [C]. Glasgow: ASME Turbo Expo 2010: Power for Land, Sea, and Air, 2010.

[30] Taylor J V, Miller R J. Competing three-dimensional mechanisms in compressor flows [J]. Journal of Turbomachinery, 2017, 139(2): 021009.

[31] 史经纬. 固定几何气动矢量喷管流动机理及性能评估技术研究[D]. 西安: 西北工业大学, 2015.

[32] 梁煜, 程小全, 郦正能, 等. 基于代理模型的气动外形平面参数多目标匹配设计[J]. 航空学报, 2010, 31(6): 1141-1148.

[33] 何为, 薛卫东, 唐斌. 优化试验设计方法及数据分析[M]. 北京: 化学工业出版社, 2012.

[34] 李龙婷. 叶片弯曲及端区射流对扩压叶栅流动的控制研究[D]. 哈尔滨: 哈尔滨工业大学, 2017.

[35] Zheng T, Qiang X, Teng J. Effects of vortex-vortex interaction in a compressor cascade with vortex generators [C]. Montreal: ASME Turbo Expo 2015: Turbine Technical Conference and Exposition, 2015.

[36] 李相君. 高负荷轴流压气机叶端流动机制及被流控动机制[D]. 西安: 西北工业大学, 2018.

[37] Ma S, Chu W L, Zhang H G, et al. Impact of vortex produced by a novel curve-micro vortex generator on secondary flow in compressor cascade [C]. Charlotte: ASME Turbo Expo 2017: Turbomachinery Technical Conference and Exposition, 2017.

[38] Yu X J, Liu B J. A prediction model for corner separation/stall in axial compressors [C]. Glasgow: ASME Turbo Expo 2010: Power for Land, Sea and Air, 2010.

[39] Yu X J, Liu B J, Jiang H K. Characteristics of the tip leakage vortex in a low-speed axial compressor [J]. AIAA Journal, 2007, 45(4): 870-878.

[40] Taylor J V, Miller R J. Competing three-dimensional mechanisms in compressor flows [J]. Journal of Turbomachinery, 2017, 139(2): 021009.

[41] Peacock R E. Boundary layer suction to eliminate corner separation in cascades of airfoils [R]. London: National Advisory Committee for Aeronautics, 1965.

[42] Loughery R J, Horn R A, Tramm P C. Single stage experimental evaluation of boundary layer blowing and bleed techniques for high lift stator blades [R]. Indianapolis: General Motors Corp; Detroit Diesel Allison Div, 1971.

[43] Kerrebrock J L, Reijnen D P, Ziminsky W S, et al. Aspirated compressors [C]. Orlando: ASME 1997 International Gas Turbine and Aeroengine Congress and Exhibition, 1997.

[44] Kerrebrock J L, Drela M, Merchant A A, et al. A family of designs for aspirated compressors [C]. Stockholm: ASME 1998 International Gas Turbine and Aeroengine Congress and Exhibition, 1998.

[45] Kerrebrock J L. The prospects for aspirated compressors [C]. Denver: Fluids 2000 Conference and Exhibit, 2000.

[46] Ding J, Wang S T, Xu H, et al. The effect of aspiration configuration on aerodynamic performance in compound lean compressor cascades of gas turbines [J]. Applied Thermal Engineering, 2018, 130: 264-278.

[47] Taylor J V, Miller R J. Competing 3D mechanisms in compressor flows [C]. Montreal: ASME

Turbo Expo 2015: Turbine Technical Conference and Exposition, 2015.

[48] Segaert P, Hirsch Ch, de Ruyck J. Radial mixing in turbomachines [R]. Brussel: Vrije University Brussel, 1991.

[49] Ma S, Chu W L, Zhang H G, et al. Effects of modified micro-vortex generators on aerodynamic performance in a high-load compressor cascade [J]. Proceedings of the Institution of Mechanical Engineers Part A: Journal of Power & Energy, 2019, 233(3): 309 – 323.

第八章
离心压气机机匣处理扩稳技术

与轴流压气机类似,离心压气机在恶劣的非设计工况下,如失速工况、喘振工况,这时压气机内部会出现不稳定流动,压气机性能降低且产生强烈的振动,严重时会使压气机叶片断裂。此外,诸多研究发现叶尖区域是诱发离心压气机失速等非稳定工况的主要区域之一。叶尖损失的增大直接导致了离心压气机稳定工作范围减小,使离心压气机更容易进入失速、喘振等非稳定工作状况,因此对于离心压气机动叶尖部区域流场进行改善是增加离心压气机气动稳定性的一条行之有效的手段。目前,离心压气机的扩稳措施主要为机匣处理、进口喷气处理、放气处理及可调进口导叶等。本章主要介绍机匣处理技术在离心压气机上的应用。

8.1   径流式叶轮机匣处理研究现状

径流式叶轮由于其较轴流式叶轮更为复杂的几何结构和叶轮内部流动,使得在径流式叶轮上进行机匣处理研究变得更为困难,国内外对径流式叶轮进行机匣处理研究的成果还很少,其中绝大多数研究都是在径流式叶轮进口处和扩压器进口处进行研究的。下文将阐述国内外径流式叶轮机匣处理的研究成果。

在离心压气机的机匣面上进行喷气放气处理,是在离心叶轮领域常被采用的一种增加离心叶轮稳定工作裕度的机匣处理方法。Stein、Niazi 和 Sankar[1-5]分别对 NASA 低转速大尺度的离心压气机 LSCC 和高转速的 KRAIN 叶轮的进口处进行喷气处理,见图 8 - 1,研究表明该举措可有效改善叶轮叶顶区域的气流流动状况,抑制间隙泄漏涡的发生和发展,有效增大离心压气机的稳定工作范围。戴四敏[6]在离心压气机导风轮轮罩上开了周向引气槽进行研究,发现该机匣处理方式的基本机制是通过吸除叶轮罩壁面上的附面层,避免了这股低能量气体与主流区高能量气体的掺混,从而改善了叶轮流道内的流动。最佳引气量通过数值试验确定,以最大限度地改进压气机性能而不产生任何明显的能量损失为原则。最后确定两个压气机的引气量都控制在压气机总流量的 2.5% 以内。戴冀等[7]研究表明由于叶轮进口处的顶部边界层主要影响了间隙泄漏流特性,较大的顶部亏损将加大间隙损失的发生;通过在带分流叶片的离心式压气机叶轮进行顶部喷气处理,顶部间隙涡流得到了有效的控制,而且降低了间隙损失的发生,有助于提高流动的稳定性,但在下游区域这种作用逐渐消失。Skoch[8]分别在离心压气机叶片扩压器进口处的轮毂和机匣上进行喷气的实验,通过对喷气角度、喷气量、喷射孔数目、喷气孔位置等一系列参数变化的实验结果进行研究发现,在离心压气机的轮毂和机匣进行喷气都可达到扩稳的目的。

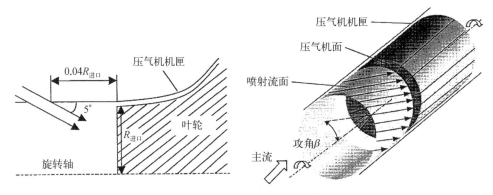

图 8-1　叶轮进口处喷气结构图

Amann 等[9]认为由于叶片扩压器的存在,叶轮叶顶区域的压力场扰动导致速度场的扰动,从而减小了压气机稳定工作范围。因此,其在转子叶轮出口处构造一周向衡压腔通过周向槽与叶轮通道相连,以此来平衡叶轮叶顶区域的压力场变化以减小速度场的扰动,从而使得原压气机稳定工作裕度增加。由于简单的环状和横向槽孔对于离心压气机稳定工作裕度的增益很小,Elder 等[10]在 Amann 所研究机匣处理结构的基础上增加了一系列的周向槽,研究发现随着周向槽数的增加,稳定裕度有所增加。Fisher[11]参照轴流压气机领域机匣处理方法的典型结构,分别在离心压气机的叶轮进口和扩压器进口处开一系列的轴向倾斜缝,取得不错的效果,机匣处理后在多个转速下原离心压气机的稳定工作裕度都有很大提升,其原有压气机的效率略有降低甚至不降低。赵鲁宁等[12]对一离心压气机设计转速下采用了轴向槽机匣处理方案(图 8-2),数值结果表

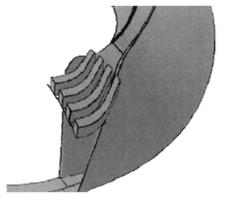

图 8-2　轴向槽机匣处理示意图

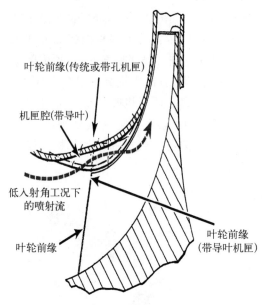

叶轮前缘(传统或带孔机匣)

机匣腔(带导叶)

低入射角工况下
的喷射流

叶轮前缘

叶轮前缘
(带导叶机匣)

图 8-3　带叶片的机匣结构工作示意图

明,采用轴向槽机匣处理后,压气机失速裕度提高了12%,压气机峰值效率降低了约3%。

Barton 等[13] 设计了一种带叶片的机匣结构,参见图 8-3。使得一部分气流从叶片进口处流入此带叶片的机匣结构,并从此结构流出直接从叶轮顶部流入叶片主流通道,研究表明该结构可在尽可能保持高的气动性能的情况下,扩大原有离心压气机的稳定工作裕度。Ishida 等[14-16] 在某离心压气机进口设计了环状槽的机匣处理结构,详见图 8-4,也得出通过抑制间隙泄漏流动达到抑制失速发生,扩大压气机稳定工作范围的结论。

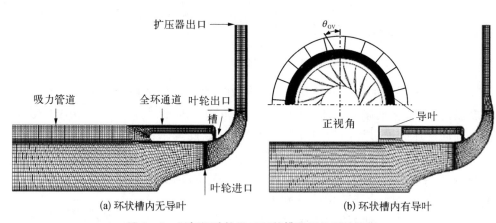

扩压器出口

吸力管道　全环通道　叶轮出口

槽

叶轮进口

θ_{GV}

正视角　导叶

(a) 环状槽内无导叶　　(b) 环状槽内有导叶

图 8-4　压气机叶轮进口环状槽机匣处理结构图

　　此外,自循环机匣处理在轴流压气机中得到了应用,并取得良好的扩稳效果,该技术近年来也被应用于离心压气机中[17-21]。文献[18]通过在一种高速小型离心叶轮上研究自循环机匣处理对失速裕度和叶轮流场的影响。结果表明,采用自循环机匣处理会引导叶轮导流罩壳体附近的低能流体向主流上游移动。因此,叶轮入口处大涡旋的面积减小和低马赫数区域的面积缩小,从而显著提高了叶轮的失速裕度。文献[21]的研究也表明自循环机匣处理明显改善了离心压气机的稳定工作范围。

　　总的看来,国内外关于径流式叶轮的机匣处理扩稳方面的研究大多集中在离

心压气机的叶轮及叶片扩压器进口附近,这些区域也是造成离心压气机失速的主
要影响区域。相比较轴流式叶轮领域而言,关于径流式叶轮机匣处理扩稳方面的
研究国内外还很少,值得更多的关注和研究。

8.2　机匣处理对低速离心叶轮性能的影响

本节采用 LSCC 叶轮作为研究对象,通过参考文献[22]可知该离心叶轮转子
的不稳定流动失稳现象首先在叶片尖部区域出现,故而用来进行机匣处理研究是
合适的。在保证机匣处理流动模型的预测能力和预测精度的基础上,对采用不同
机匣处理结构的离心叶轮转子 LSCC 内部流场进行了详尽的数值模拟研究。通过
对机匣处理与转子通道内气流相互作用机制的深入分析,揭示了不同机匣处理结
构提高其稳定工作裕度的机制,并在此基础上,通过对原有机匣处理结构的优化设
计,得到了更好的扩稳效果。

8.2.1　研究对象与数值计算方法

低速大尺度离心叶轮(low speed centrifugal compressor,LSCC)是美国国家航空
航天局(NASA)Lewis 研究中心为了进行叶轮机械基础研究专门在 1983 年建立的
实验装置。图 8-5 即为 LSCC 叶轮外形及测量截面示意图,表 8-1 为 LSCC 叶轮
的主要几何参数和设计参数。1995 年 NASA 公开发表了实验报告[22]。该报告包

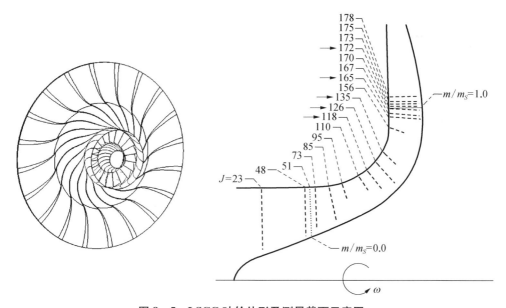

图 8-5　LSCC 叶轮外形及测量截面示意图

括了压力场、温度场以及三维平均速度场的详细实验资料，为验证三维黏性计算分析软件提供了完整可信的实验资料。

表 8-1　LSCC 叶轮主要几何参数及实验设计参数

叶轮进口直径/m, D_1	0.87
叶轮出口直径/m, D_2	1.524
叶轮进口宽度/m, b_1	0.218
叶轮出口宽度/m, b_2	0.141
叶轮进口总温/K, T_{inlet}	293
叶片数, Z	20
叶片出口角/(°), β_2	55
叶顶间隙/m, a	0.002 5
设计质量流量/(kg/s), m	30
小质量流量/(kg/s), $m \times 78.6\%$	23.6
设计转速/(r/min), N	1 862.4
叶尖速度/(m/s), U_2	148.5
级总压比	1.166

　　鉴于半开式离心叶轮的复杂性，将整个流场分为三个相对简单的块来分别生成网格：离心叶轮的主流通道、叶顶间隙区域及叶片尾缘延伸区域。通过各区域间的边界面进行信息的传递和交换。本次数值模拟中，叶轮主流通道网格采用 HI 网格拓扑结构，沿流向、周向、子午方向的网格数分别为 73×61×131，叶顶间隙采用蝶型网格，总网格数约为 65 万。

　　对于本书中的 LSCC 叶轮，计算中在进口处给定绝对速度方向、绝对总压以及绝对总温。近似假设该叶轮轴向进气，绝对总压选定大气压，进口总温选取参见表 8-1。出口边界条件给定质量流量，并假设一个初始出口压力，通过改变出口流量来得到整条离心叶轮性能曲线。轮盘、轮盖内壁面以及叶片表面均设定为无滑移、绝热的固壁边界条件。转子叶片和轮盘均设为旋转部件，其旋转速度为 1 862 r/min，数值计算中采用 Extended Wall Function $k-\varepsilon$ 湍流模型。

8.2.2　叶片流向槽对压气机性能的影响

　　叶片流向槽是一种基于轴流压气机缝式机匣处理而类比给出的机匣处理结构。通过研究发现这种机匣处理结构可有效提高离心叶轮 LSCC 的稳定工作裕度，但同时伴随着较大的效率损失。为了揭示这类机匣结构的扩稳机制以及找到流动损失的来源，对该机匣处理结构进行了详细的数值模拟研究，分析了叶片流向槽内的流动情况及其与叶片通道主流之间的相互作用机制，详细对比了叶片流向槽机匣处理结构引入前后转子叶顶流场结构的变化。图 8 - 6 给出了 LSCC 叶轮结构以及叶片流向槽的结构图。

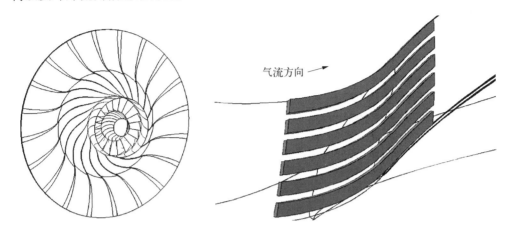

图 8 - 6　LSCC 叶轮结构及叶片流向槽的结构图

1. 总性能分析

由于人类认知范围的局限,虽然非定常结果更能准确体现离心叶轮内部的真实流动状况,但往往时均结果更被人们所接受,得到更为广泛的应用。可见时均结果有助人们建立整体的物理流动画面,对于叶轮机械的设计具有直接的指导意义。由于实际上采用叶片流向槽式机匣处理结构后,除了很接近机匣处理的位置,叶片通道内流场的非定常性较弱,展示叶片通道内流场随时间的演变并无多大意义,所以这里将非定常数值模拟结构进行时间平均,详细对比分析了该机匣处理结构引入前后该离心叶轮转子顶部区域流场的变化。图 8 - 7 给出了采用叶片流向槽式

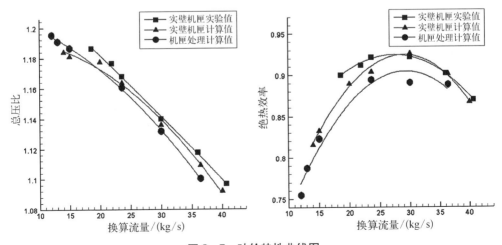

图 8 - 7　叶轮特性曲线图

机匣处理结构与实壁机匣结构的总性能曲线比较图，从图中可见机匣处理后原叶轮失速裕度明显增加，稳定工作范围明显增大。本书将失速流量点定义为计算不收敛工况处流量点。

2. 压气机内部流场分析

图 8-8 给出了实壁机匣结构和带叶片流向槽机匣处理结构后叶轮转子顶部流场状况。由图中可看出，采用叶片流向槽机匣处理之后，使得从转子叶顶上游发出的间隙泄漏流动变得更加接近流向，这是由于在转子叶片通道内逆向的压力梯度和处理槽道的冲压作用下，大部分间隙泄漏流动被抽吸进处理槽中，槽道将这部分的间隙泄漏流动通过处理槽道向转子叶片上游输运，并在转子叶片前重新射流流入转子主流通道。总的来说，该机匣处理结构能够在转子叶片中游区域将叶顶间隙泄漏流抽吸进入处理槽，然后将这部分流体朝转子叶片上游

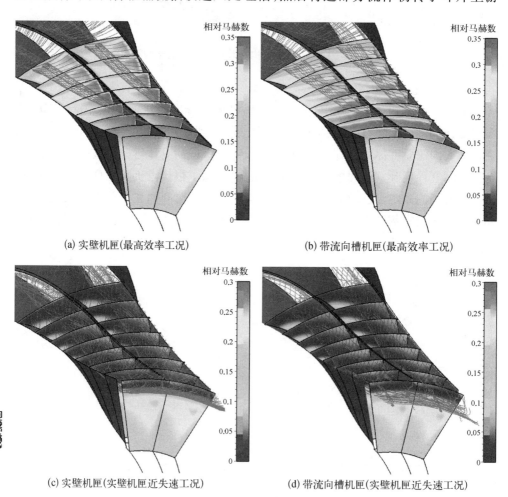

(a) 实壁机匣(最高效率工况)

(b) 带流向槽机匣(最高效率工况)

(c) 实壁机匣(实壁机匣近失速工况)

(d) 带流向槽机匣(实壁机匣近失速工况)

图 8-8　叶片流向槽机匣处理对于叶顶间隙泄漏流动的影响

区域输运并重新射入主流区,这股射流有效地将叶片通道中上游区域由于叶顶间隙泄漏流动造成的堵塞吸除,推迟了相邻叶片压力面前缘附近间隙泄漏流溢流的发展,从而有效提高离心叶轮转子的失速裕度。另一方面,叶片通道中后部气流通过处理槽流向叶片进口前区域,形成环流,并且气流流出处理槽时的射流与主流方向的不一致性使得射流与主流之间的掺混很强,从而带来较高的掺混损失,通过机匣处理叶顶流场改善增大的加工量还不能弥补环流以及掺混损失带来的加工量损失,这也是叶片流向槽在提升离心叶轮失速裕度的同时较大降低叶轮效率的原因。随着叶轮进一步靠近失速工况,转子叶顶载荷不断增大,而叶片流向槽在转子叶片前缘附近的射流进一步增大了叶顶载荷,这使得转子叶顶的泄漏流动增强,当到达机匣处理近失速工况时,叶片流向槽已无法完全吸除叶顶间隙泄漏流动,因此叶顶间隙泄漏流动与来流作用后卷起形成间隙泄漏涡,造成较大的堵塞,最终在这种流动机制作用下,使得带叶片流向槽的离心叶轮内部出现流动失稳。

图 8-9 对比分析了实壁机匣结构和带叶片流向槽机匣处理结构的离心叶轮转子叶顶周向平均的总压损失系数分布,总压损失系数定义为叶片通道内任意截面与数值模拟计算进口截面的相对总压变化值。由图 8-9 可看出,采用实壁机匣结构时,转子叶片上游部分叶顶区域总压损失值较高,达到 0.045 以上的区域几乎覆盖了整个转子通道叶顶区域。而当采用叶片流向槽机匣处理结构后,处理槽能够抽吸转子叶顶间隙泄漏流动,并使得这部分流体在处理槽内向转子叶片上游部分输运,并在转子叶片前缘附近射入主流通道,该射流有效吹除转子通道上游区域叶顶由于间隙泄漏流动所造成的堵塞(即高总压损失区),使得大部分区域的总压损失值降到 0.04 以下,推迟了相邻叶片压力面前缘附近间隙泄漏流溢流的发展,从而有效提高离心叶轮转子的失速裕度。

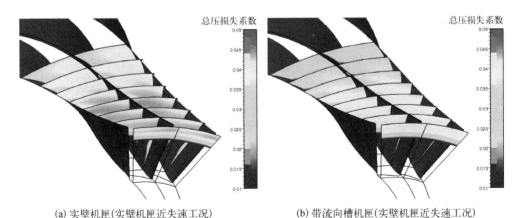

(a) 实壁机匣(实壁机匣近失速工况)　　(b) 带流向槽机匣(实壁机匣近失速工况)

图 8-9　转子叶顶总压损失变化

图 8-10 为不同机匣结构近失速工况 99% 叶高流面相对马赫数分布图。实壁机匣时大范围的低马赫数区域存在于转子叶片进口处叶顶区域，这表示大量的低能气体团占据着转子叶片通道的叶顶区域，当离心叶轮背压增大，进一步节流时，该处的堵塞情况会进一步恶化，使得叶轮内部出现流动失稳。当采用叶片流向槽机匣处理结构后，转子叶片叶顶区域的低能气体团由于压力梯度的原因，被抽吸进入处理槽，并被输运从转子叶片前缘射入主流通道，改善了该离心叶轮叶顶区域由于叶顶间隙泄漏流动所造成的堵塞情况。然而，尽管此时叶尖附近流场的改善，使其处在更高的载荷下工作，加工量有所增大，但还不足以弥补由于叶片流向槽机匣处理的采用形成的回流造成的加工量的损失，总的来说，采用叶片流向槽后，叶轮效率有所降低。

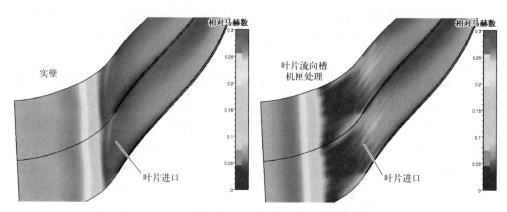

图 8-10　99% 叶高相对马赫数分布云图（实壁机匣近失速工况）

图 8-11 为实壁机匣和叶片流向槽机匣处理在实壁机匣近失速工况流量下沿 S_3 流面的子午速度三维分布图。从图中可看出由于叶片顶部存在大量的低速气体

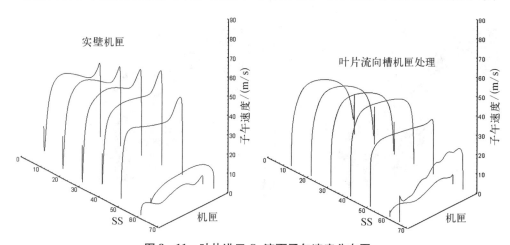

图 8-11　叶片进口 S_3 流面子午速度分布图

团,所以叶轮通道叶顶附近的速度较叶轮通道中间的速度偏低。经过机匣处理后,子午速度的分布与实壁机匣时的子午速度分布相比变化不大,只是叶顶区域的速度有所增大并且速度分布变得不规则,这主要是由于流向槽处理可抽吸叶顶区域的气流,使得一部分气流沿机匣处理反流回转子前部流场,造成不同位置速度大小的差异,所以开槽后叶顶区域的速度变化不规则。机匣处理后,抑制了靠近叶片顶部区域叶顶间隙泄漏涡的形成与发展。通过以上分析可看出经过机匣处理后叶轮通道叶顶区域流场的流动状况有所改善,有效地减弱了叶片通道前面部分的叶顶间隙流动和叶间二次流动逐步发展后对于叶轮通道内部流动的影响,以此达到增大稳定裕度扩稳的目的。

因此,对于这类机匣机构来说,其能否扩大离心叶轮稳定工作范围取决于处理槽内能否产生回流。一般来说回流越强,机匣处理结构的扩稳能力就越强,而处理槽内回流的强弱取决于处理槽上下游感受到的压力梯度大小,但是越强的回流即意味着更大的效率损失。

8.2.3　周向槽机匣处理对压气机性能的影响

周向槽机匣处理结构是在机匣上沿叶轮的周向开数条直槽。其优点是在较小降低效率的前提下获得中等水平的裕度改进量。同时其还有结构简单,易于在叶轮外壳上进行改装等优点,对于改善离心叶轮性能具有一定的意义。为了揭示周向槽机匣处理结构提高低速离心叶轮稳定工作范围的机制,这里对带周向槽机匣处理的低速离心叶轮转子内部进行了详细的数值模拟。图 8 - 12 为采用周向槽机匣处理结构的离心叶轮结构示意图。该周向槽基本几何参数如下:槽宽 3 mm、槽深 5 mm、槽齿宽 1 mm、槽数 3 个。

(a) 实壁机匣的叶轮　　　　　　　　(b) 带周向槽机匣的叶轮

图 8 - 12　LSCC 叶轮结构以及周向槽结构示意图

1. 总性能分析

对于本书所研究的低速离心叶轮转子 LSCC 来说，由于顶部间隙泄漏流所导致的堵塞是触发该叶轮内部流动失稳的主要机制。图 8-13 为计算所得的叶轮性能曲线图。本书对失速流量点的定义为计算不收敛工况处流量点，经过比较分析可知通过周向槽机匣处理，该离心叶轮的失速流量点又向小流量方向拓展，由原先实壁机匣时的 13 kg/s 时达到失速临界点，而变为当流量 11 kg/s 时达到失速临界点，明显提高了该离心叶轮的稳定裕度，使得离心叶轮稳定工作范围增大，但与实壁机匣相比，周向槽机匣结构时的叶轮效率有所降低，相同流量点效率的最大差距为 2.8%，此结果表明周向槽机匣处理确实可以扩大离心叶轮转子的稳定裕度，但同时该叶轮效率有所降低。

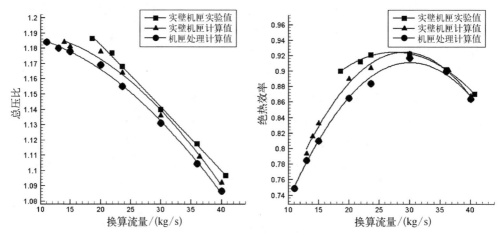

图 8-13　计算所得性能曲线图

2. 压气机内部流场分析

为了揭示周向槽机匣处理对该叶轮叶顶流场的影响，通过图 8-14、图 8-15 对比了实壁机匣结构和带周向槽机匣处理的离心叶轮转子顶部流场结构。图 8-14 中给出了几个截面上相对马赫数的分布云图，另有叶轮叶顶间隙泄漏流线。从图中可看出，采用实壁机匣时，从叶顶前缘附近发出的泄漏流动，它们与转子顶部来流相互作用形成间隙泄漏涡，在叶片通道后部区域的压力面侧形成较大的堵塞，另一部分从转子叶顶中后部区域泄漏出的流体，大多数流向相邻叶片叶尖，形成横断叶片通道的流动。采用周向槽机匣处理结构后，转子叶片顶部区域附近的气流能够借助离心叶轮转子通道内叶片两侧存在的压差，将转子通道内压力面附近的间隙泄漏流动和以边界层形式存在的低能堵塞团抽吸进入处理槽并沿周向槽周向输运，减小了低能堵塞团的径向强度，使叶片压力面附近的堵塞减缓；同时，进入槽内的气流在处理槽内加速后从低压区域流出处理槽，射向转子通道，有效地吹

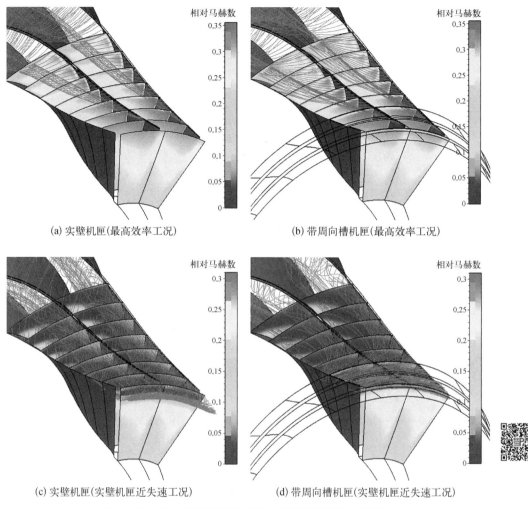

(a) 实壁机匣(最高效率工况)　　　　(b) 带周向槽机匣(最高效率工况)

(c) 实壁机匣(实壁机匣近失速工况)　　(d) 带周向槽机匣(实壁机匣近失速工况)

图 8 - 14　周向槽机匣处理对于叶顶间隙泄漏流动的影响

除了转子通道吸力面侧的低能堵塞团,同时使得间隙泄漏涡产生的原动力消失,有效地消除或者减弱了间隙泄漏涡导致的堵塞。从顶部区域泄漏流动流线可以看出,采用周向槽机匣处理后,使得从叶顶前缘附近发出的泄漏流动明显减小,有效地抑制了间隙泄漏涡的产生与发展,并使得近失速工况下的间隙泄漏流动的方向几乎接近于叶片弦长方向,这些机制都使得叶顶间隙泄漏流动所导致的堵塞被明显地消除,推迟了相邻叶片通道前缘附近间隙泄漏流动的溢出,有效地提高了该离心叶轮的稳定裕度。

图 8 - 15 对比分析了实壁机匣和带周向槽机匣处理结构的离心叶轮转子叶顶周向平均总压损失的分布图。从图中可看出周向槽机匣处理的引入,可有效降低转子叶片顶部区域高总压损失区域范围,即有效降低了转子叶片顶部区域的堵塞。

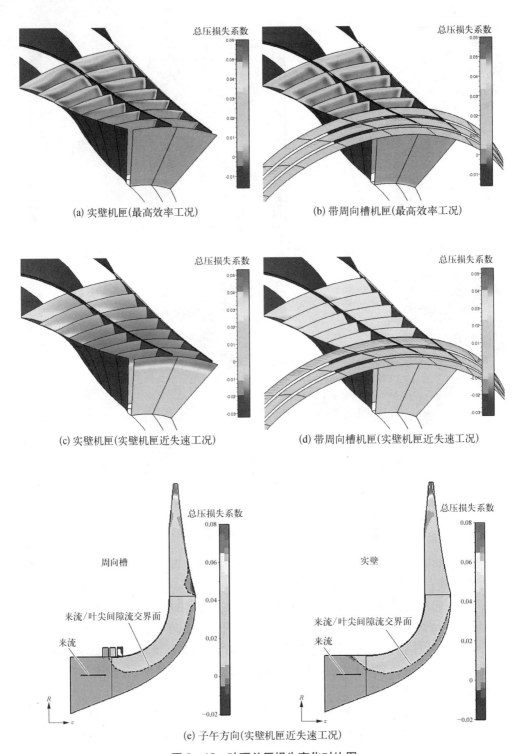

(a) 实壁机匣(最高效率工况)　　　　(b) 带周向槽机匣(最高效率工况)

(c) 实壁机匣(实壁机匣近失速工况)　　(d) 带周向槽机匣(实壁机匣近失速工况)

(e) 子午方向(实壁机匣近失速工况)

图 8-15　叶顶总压损失变化对比图

在实壁机匣结构的情况下,间隙泄漏涡在流道内沿着主流的方向逐渐增大,并且间隙泄漏涡的核心由转子吸力面处生成并不断向转子压力面靠近,直至最终沿周向占据整个叶片通道的叶顶区域,从而在转子顶部区域形成高损失堵塞区。采用周向槽机匣结构时,由于周向槽对于叶顶区域泄漏涡的抽吸作用,使得间隙泄漏涡的强度极大削弱,虽然间隙泄漏涡沿流线方向还在不断增大,最终也沿周向占据整个叶片通道的叶顶区域,但最大损失值已有了明显降低,由实壁机匣时的最大损失值为 0.05 以下,降低到开槽机匣处理时的最大损失值为 0.04 以下。通过子午方向的总压损失分布图可看出,相比实壁机匣,周向槽机匣处理有效地抑制了顶部间隙泄漏涡朝着转子叶片上游区域流动,将来流/间隙泄漏流交接面向转子叶片尾缘推移。对于实壁机匣来说,在近失速工况时,来流/间隙泄漏流交接面已处于转子叶片通道之外,从这里也可看出周向槽机匣处理可有效地提高该离心叶轮的失速裕度,增加其稳定工作范围。但由于周向槽的存在,叶片压力面侧的气流沿着环槽流向叶片吸力面侧。环槽的存在必定使得叶尖附近的转子进出口基元压力均衡,造成加工量的耗损,使得基元损失加大,基元性能降低。尽管此时叶尖附近流场的改善,使其处在更高的载荷下工作,加工量有所增大,但还不能弥补加工量的损失,因此总的来看,采用周向槽式机匣处理结构会使原叶轮的压比与效率有所降低。

图 8-16 可与图 8-15(e)对应,进一步说明周向槽结构对于叶顶间隙泄漏流动的抽吸作用。由于在近失速流量点时,叶片通道内的气流流动已变得十分混乱,由间隙泄漏流动引起的二次流等大量非主流气流流动对于主流的影响已变得十分巨大,严重影响了叶片通道内的气流流动,造成叶片通道的堵塞,从而再进一步造成叶轮的失速及喘振。在实壁机匣结构时,叶片通道内的倒流流动漩涡的影响十分巨大,其影响一直蔓延到叶片进口前的一段,严重堵塞了叶片通道内气流的流动及叶片进口处气流流动,影响离心叶轮的正常工作;而采用周向槽结构机匣时,叶

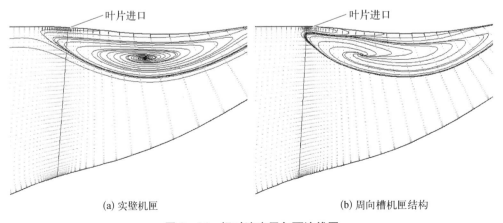

(a) 实壁机匣　　　　　　　　　　　　(b) 周向槽机匣结构

图 8-16　相对速度子午面流线图

顶区域的气体可借助叶片两侧固有的压力差,将转子通道内高压区域的间隙泄漏涡抽吸进入处理槽并周向运输,再将槽内的气体在叶片通道低压区域喷射流出,破坏了低压区域叶顶间隙泄漏涡的发展,使得堵塞影响的范围减小至叶片进口以后,从而有效地抑制了叶顶间隙泄漏流动,达到扩稳的目的。

图 8 - 17 为实壁机匣和周向槽机匣在近失速流量点工况下叶片进口截面位置沿 S_3 流面的无量纲子午速度的三维分布图。从图中可看出由于叶顶间隙泄漏涡以及黏性的影响,叶轮通道叶顶和叶根附近的速度较叶轮通道中间的速度偏低。在经过机匣处理后,沿 S_3 流面的无量纲子午速度的分布与实壁机匣结构时的子午速度分布相比变化不大,只是在靠近叶顶区域子午速度值略有提高。这是由于在实壁机匣时,近失速流量点工况叶片通道内的叶顶间隙泄漏涡的强度很大,在叶片通道内形成堵塞十分严重,所以造成叶片通道内中上叶高这段区域的无量纲子午速度都有所偏低。由于周向槽的抽吸作用,有效降低叶顶间隙泄漏涡的强度,减小堵塞影响,所以 S_3 流面上的叶顶区域子午速度略有增大。这也证明了周向槽的抽吸作用可有效降低叶轮通道内的堵塞,改善了通道内的气流流动,并减弱了叶片通道叶顶间隙流动和叶间二次流动对于叶轮通道流动的影响,以此达到增大稳定裕度扩稳的目的。

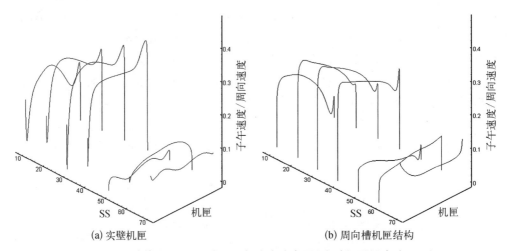

(a) 实壁机匣   (b) 周向槽机匣结构

图 8 - 17   叶片进口处 S_3 流面子午速度分布图(实壁机匣近失速工况)

由于周向槽机匣处理仅仅利用到叶片通道内存在的周向压力梯度,处理槽内的回流量相对较少,因此其改善离心叶轮顶部流场的能力有限。随着该离心叶轮进一步节流,叶顶载荷的增加,当周向槽内相对较少的回流量已不能抑制叶顶间隙泄漏流动所导致的堵塞时,叶轮叶顶重新出现大面积的由于叶顶间隙泄漏流动所导致的堵塞,并且叶顶来流攻角的增大,在叶片吸力面也会开始出现大面积的流动分离,并与叶顶间隙泄漏流动同时作用,使离心叶轮内部出现流动失稳现象。

8.2.4　放气型周向槽机匣处理对压气机性能的影响

国内外许多学者研究表明机匣处理对叶轮转子叶顶区域流场的梳理作用可提高离心叶轮稳定工作范围,但对于通常的叶轮机械机匣处理结构来说,改善离心叶轮稳定裕度的同时常伴随着叶轮效率的降低,因此找到一种既可扩大稳定裕度又可提升原离心叶轮效率的机匣处理成为现今国内外关注的热点。通过在 LSCC 上对一种新型的放气型周向槽机匣处理结构进行数值模拟研究,发现该机匣处理结构可在扩大稳定裕度的同时提升该离心叶轮的效率。

数值模拟中采用的周向槽机匣结构的设计参数具体如下:在叶片进口机匣处开三个周向槽,每个周向槽宽 3 mm,深 5 mm,槽齿宽 1 mm,总体处理宽度 11 mm,槽深与槽宽之比为 3。第一个槽起始于叶片进口前 5 mm。每一叶片通道内分布三个放气孔,每一条周向槽上分布一个。通过改变放气孔出口压力来控制放气量,使三个孔的总放气量为叶轮每工作点出口流量的 1%(图 8-18)。

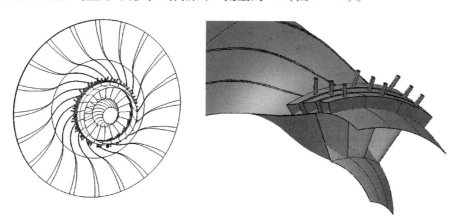

图 8-18　放气型周向槽结构示意图

1. 总性能分析

给出初始 110 000 Pa 的叶轮出口背压,通过改变出口流量值由设计工况点一直向近失速工况点逼近,数值计算发散前的最后一个能够得到收敛解的工况点即对应着近失速工况。考虑到此次机匣处理结构将放出约为出口流量 1% 的气体量,初始计算所得的离心叶轮总体性能参数值与实际值有所偏差,所以重新计算了考虑 1% 的放气量后的叶轮出口流量、总压、总温,以此来计算整个离心叶轮真实的总压比与效率。图 8-19 即为计算所得的性能曲线图。

通过对数值模拟结果进行分析比较,发现增加放气处理的周向槽机匣结构的工作效率比原先实壁机匣时的效率有所提高,相同流量点的最大效率增幅约1.5%;而且放气型周向槽机匣处理结构,也使得该离心叶轮的失速流量点向小流量方向拓展,由原先实壁机匣时的 13 kg/s 时达到失速临界点,而变为当流量

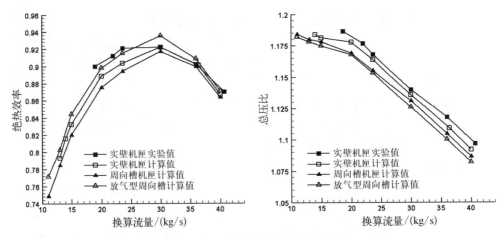

图 8 - 19　计算所得的性能曲线图

11 kg/s 时达到失速临界点,明显提升叶轮失速裕度,由此可见放气型周向槽机匣处理这种机匣处理结构可同时兼顾低速离心叶轮 LSCC 稳定工作裕度与原叶轮工作效率。分析其原因是由于在实壁机匣情况,转子叶片叶顶区域的间隙泄漏流动与边界层内的低能堵塞团相互作用严重堵塞叶片顶部通道的气流流动,使离心叶轮过早地进入失速状态。

采用周向槽机匣结构后,叶顶区域的气流借助叶轮转子通道内的压差,将转子通道内高压区域的间隙泄漏流与边界层内的低能堵塞团抽吸进入处理槽并在周向槽内沿周向运动,减小了低能堵塞团的径向强度,使叶片压力面附近的堵塞减缓;同时进入周向槽内的气流在槽内加速后,从叶片通道内低压区域流出周向槽,射向转子通道,吹除低压区域的低能堵塞团,同时使得间隙泄漏涡产生的原动力消失,有效消除叶片通道内的堵塞。单独采用周向槽机匣结构使得效率降低是因为顶部间隙泄漏流抽吸进入周向槽机匣处理、在周向槽内流动以及最终进入转子通道并与通道主流掺混必然导致新的损失所造成的,通过在周向槽顶部放气处理,将抽吸进周向槽内的气流放出一部分,进而减小其进入流道后与主流掺混所产生新损失的强度,这是其效率增加的原因,但机匣处理的放气量也不能过大,放气过大会减弱周向槽吹除转子通道低压区域低能堵塞团的功用,影响到周向槽的扩稳效果。

2. 压气机内部流场分析

失速的发生与叶顶区域的气流流动状况有着密切的关系,叶顶区域的流动状况决定着离心叶轮是否会过早进入失速等非稳定状况,因此对叶顶间隙导致失速的机制进行分析是十分必要的。图 8 - 20 为最高效率工况时叶顶区域间隙泄漏涡的相对马赫数以及间隙泄漏流线图,从图中可清晰地看出,通过机匣处理转子叶片尖部的间隙泄漏流动的强度和范围都已明显地减小。实壁机匣时叶顶间隙泄漏涡会在叶轮进口附近叶顶产生,并在叶轮通道内部逐渐发展以至在叶轮通道中后部区域形成强烈的涡旋流动,严重堵塞了叶轮内部的气流主流流动。采用机匣处理后,间隙泄漏涡的发展被抑制了,叶轮通道中后部区域的涡旋流动范围变小,流动变得较为规整。这说明放气型周向槽机匣处理有效地削弱了叶轮转子叶顶区域间隙泄漏涡的影响,并且较好地梳理了叶顶间隙气流泄漏流动,使气流沿叶片通道主流流动方向流动,有效减小叶片通道内的堵塞,避免了离心叶轮过早进入失速状态。

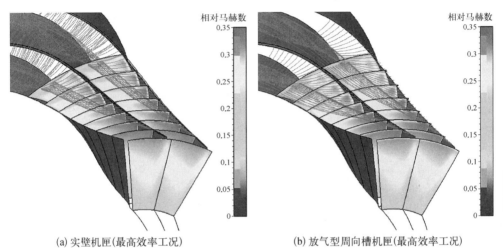

(a) 实壁机匣(最高效率工况)　　　　　　(b) 放气型周向槽机匣(最高效率工况)

图 8‑20　周向槽机匣处理对于叶顶间隙泄漏流动的影响

图 8‑21 详细对比了实壁机匣和带放气型周向槽机匣处理结构的离心叶轮转子叶顶总压损失系数的分布图,总压损失系数定义为叶片通道内任意截面与数值模拟计算进口截面的相对总压变化值。从图中可看出,在实壁机匣近失速工况下,间隙泄漏涡的范围沿流道的主流方向逐渐扩大,总压损失大于 0.04 的高损失区域逐渐沿周向占满整个叶片通道;相比较于实壁机匣,经过机匣处理后这几个横截面的高损失区域不论是范围还是强度都有了一定程度的缩小,其大部分区域的总压损失强度都是低于 0.04 的,尤其是叶片进口前的这个横断面上的总压损失都小于0.02,以致没有显示,这与实壁机匣时的情况形成鲜明对比,即意味着间隙泄漏涡的强度和范围逐渐减小,使得叶片顶部的气流流动更趋于主流流向,减小叶顶区域的堵塞。而在最高效率点工况下,实壁机匣时的高总压损失区域范围也较放气型周向槽机匣结构时更大。通过子午方向的总压损失分布图可看出,相比于实壁机匣,放气型周向槽机匣处理有效地抑制了顶部间隙泄漏涡朝着转子叶片上游区域流动,将来流/间隙泄漏流交接面向转子叶片尾缘推移。对于实壁机匣来说,在近失速工况时,来流/间隙泄漏流交接面已处于转子叶片通道外,从这里也可看出放气型周向槽机匣处理可有效地提高该离心叶轮的失速裕度,增加其稳定工作范围。

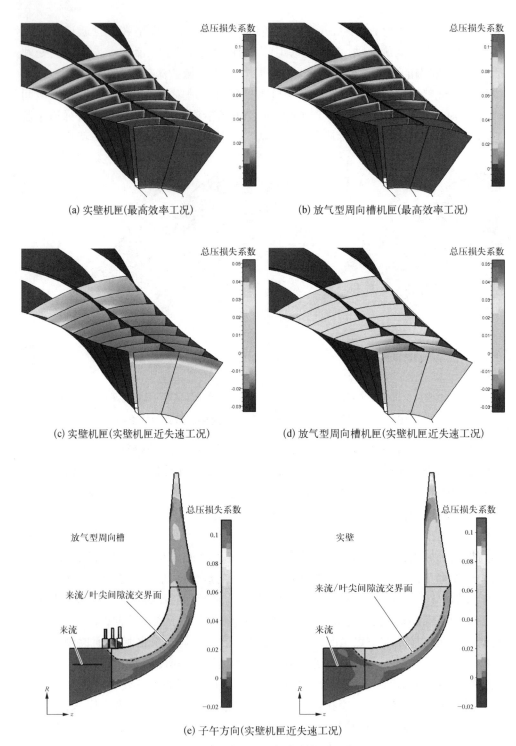

(a) 实壁机匣(最高效率工况)

(b) 放气型周向槽机匣(最高效率工况)

(c) 实壁机匣(实壁机匣近失速工况)

(d) 放气型周向槽机匣(实壁机匣近失速工况)

(e) 子午方向(实壁机匣近失速工况)

图 8 - 21　叶顶总压损失变化对比图

图8-22为实壁机匣和放气型周向槽机匣结构近失速工况99%叶高流面相对马赫数分布图。实壁机匣时大范围的低马赫数区域存在于转子叶片进口处叶顶区域,这表示大量的低能气体团占据着转子叶片通道的叶顶区域,当叶轮背压增大,进一步节流时,该处的堵塞情况会进一步恶化,使得叶轮内部出现流动失稳。当采用放气型周向槽机匣处理结构后,转子叶片叶顶区域的低能气体团由于转子叶片两侧压力梯度的原因,将压力面侧的低能流体抽吸进入处理槽,并被输运从转子叶片吸力面侧射入主流通道,吹除了叶片吸力面侧叶顶的低能流体,从而改善了整个离心叶轮叶顶区域的由于叶顶间隙泄漏流动所造成的堵塞情况。

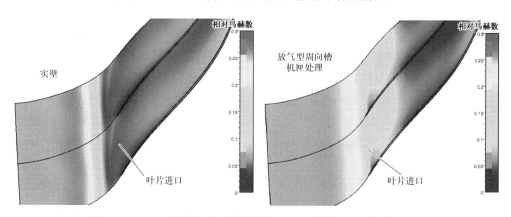

图8-22　99%叶高相对马赫数分布云图(实壁机匣近失速工况)

通过上面的分析,可见利用转子叶片排内存在的压差,周向槽的抽吸作用减弱了叶顶间隙泄漏涡,同时被周向槽所抽吸间隙区域气流被放气孔放出一部分,减弱强度后又从转子通道低压区域重新进入叶片通道,并有效地吹除低压区低能堵塞团,提高离心叶轮稳定工作裕度;减弱了原先只采用周向槽时,槽内气体流入通道后与主流的巨大掺混影响。并且叶尖附近流场的改善所增大的加工量,不仅能够弥补机匣处理的应用造成加工量的损失,还能对总加工量有所增益,从而改善了该离心叶轮的效率。

8.2.5　小结

本节对带各种不同机匣处理结构的低转速离心叶轮 LSCC 内部流场进行了详细的数值模拟研究,并对处理槽内部流动以及机匣处理与叶顶复杂流动机制之间的相互作用深入分析,主要得到以下结论。

(1) 叶片流向槽式机匣处理结构可抑制叶顶间隙泄漏流发展。通过将转子叶片中后部区域的叶顶间隙泄漏流动的大部分流体抽吸进入处理槽,同时将这部分流体向转子叶片上游输运,有效吹除叶片通道上游区域由于间隙泄漏流所导致的堵塞,抑制了叶片前缘附近间隙泄漏流溢流的出现,提高了离心叶轮的稳定裕度。

（2）周向槽机匣处理结构的引入一方面能够抑制叶顶间隙泄漏流,或者改变间隙泄漏流的方向,抑制了叶顶堵塞的生成;另一方面借助于叶顶两侧存在的压力梯度,周向槽能够将叶顶压力面附近由于顶部间隙泄漏流所导致的堵塞吸除。这两种作用机制抑制了相邻叶片压力面前缘附近的间隙泄漏流溢出的出现,扩大了该叶轮的失速裕度。

（3）利用转子叶片排内存在的压差,周向槽的抽吸作用减弱了叶顶间隙泄漏涡,同时被周向槽所抽吸间隙区域气流被放气孔放出一部分,减弱强度后又从转子通道低压区域重新进入叶片通道,并有效地吹除低压区低能堵塞团,提高 LSCC 稳定工作裕度;减弱了原先只采用周向槽时,槽内气体流入通道后与主流的巨大掺混影响,改善了该叶轮的效率。

（4）虽然各种不同的机匣处理结构与叶片通道流动之间的作用机制存在很大的不同,但就它们所起的作用（增大叶轮失速裕度、提高叶轮稳定性）上来看,是有一些共性的：通过对叶顶间隙泄漏流的控制来抑制叶顶间隙泄漏流所导致的堵塞,或者将由于叶顶间隙泄漏流所导致的堆积在叶片压力面附近的堵塞吸除,延迟将来流/间隙泄漏流交接面向转子叶片前缘推移的进程。

8.3　机匣处理对高速离心叶轮性能的影响

1988 年,Krain[23] 使用当时已被广泛应用的激光测量系统对自行设计的一种后弯 30°半开式叶轮（KRAIN 叶轮）流场情况进行了详尽的实验测量。实验结果表明叶轮内部扭曲的漩涡流动严重影响了叶轮的综合流动特征,并通过给出了 6 个不同流道截面子午速度及相对气流角分布,比较完整地揭示了整个叶轮内部的流动特点。1989 年,Krain 等[24] 在文献[23]的工作基础上,又对该叶轮进行了三维黏性流场分析。最令人称道的是,该文献公开发表了 KRAIN 叶轮的叶片型线坐标,为以后其他研究者数值分析研究该实验叶轮内部流动提供了可能[25-29],从而大大提升了该半开式叶轮实验数据的参考价值。

本节将以高转速离心 KRAIN 叶轮作为研究对象（图 8 - 23）,设计了几种不同的机匣处理结构进行详尽的数值模拟研究,并利用全三维的非定常数值模拟手段研究了"凹槽导流叶片式"这种机匣处理结构对该离心叶轮转子性能和稳定性的影响,通过对高转速情况下机匣处理内部流动以及叶顶间隙泄漏流、叶片通道激波之间非定常作用机制进行深入的分析,揭示了机匣处理结构提升高转速离心叶轮失速裕度的机制。

8.3.1　凹槽导流叶片式机匣处理对压气机性能的影响

20 世纪 90 年代以来,Cranfield 技术研究院的 Elder 等[30, 31] 设计了一种"空气

分流器式"机匣处理结构,可使低速风扇的效率和
失速裕度都有改善。杜辉等在此基础上,将此结
构应用于高转速的轴流压气机[32],并进行一系列
的试验,详细对比分析了各几何参数对于机匣处
理效果的影响。然而国内外的研究只是针对轴流
式压气机的研究,对于高转速离心式叶轮领域来
说研究的成果还很少。为了揭示凹槽导流叶片式
机匣处理结构应用于高转速离心叶轮领域的扩稳
机制,对在高转速离心 KRAIN 叶轮上应用"凹槽
导流片式"机匣的情况进行详尽的数值模拟研究,
详细对比分析了机匣处理后和实壁机匣时离心叶
轮内部流场情况,并对不同的轴向叠合量和不同
的机匣处理容腔深度等参数的变化对于该机匣处
理结构改进失速裕度的效果的不同也进行了分析比较。

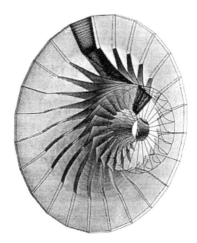

图 8 - 23　KRAIN 叶轮结构示意图

书中对该机匣结构的容腔进行分段设计,内置导流叶片和空腔。其设计思路
是引导转子叶片尖部气流的走向,以改变转子叶片尖部进口截面的气流冲角,推迟
叶背气流的分离,延缓失速,减少端部的流动损失。在图 8 - 24 中,L 为机匣处理容
腔轴向长度,L_0 为机匣处理与转子叶片叶尖轴向叠合尺寸。由于离心叶轮与轴流
叶轮的转子叶片结构不同,故采用与轴流叶轮不同的轴向叠合量的定义,定义相对
叠合长度为 $L_0/L \times 100\%$。基本轴向叠合量为 40%,可调为 48%。基本机匣处理
容腔深 10 mm,可调为 8 mm。

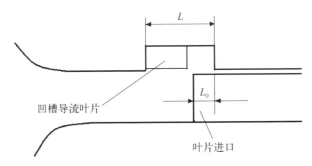

图 8 - 24　凹槽导流叶片式机匣处理结构简图

数值模拟采用 NUMECA FINE 软件包中的 Euranus 求解器。应用 Jameson 有
限体积差分格式并结合 Spalart - Allmaras 湍流模型对相对坐标系下的三维雷诺平
均 Navier - Stokes 方程进行求解,采用显式四阶 Runge - Kutta 法时间推进以获得定
常解,同时加入二阶和四阶人工黏性系数项以消除数值计算中的伪数值振荡。为
提高计算效率,采用了多重网格法、局部时间步长和残差光顺等加速收敛措施。非

定常计算采用了隐式双时间方法,计算中每一个转子通过周期设定了 40 个物理时间步长,每一物理时间步下的虚拟时间步为 20。为了节省计算时间,以定常计算结果作为非定常计算的初场。

数值模拟计算中的边界条件给定如下：在轮毂、机匣以及叶片等固壁上给定绝热无滑移边界条件,出口给定 250 000 Pa 的初始出口背压和不同的出口流量值,通过出口流量的改变来得到离心叶轮的整条性能曲线。此次计算的网格通过分区网格技术来生成,分为转子通道、叶顶间隙、凹槽导流片机匣三部分组成,转子通道网格采用 HI 网格拓扑结构,沿径向、周向、子午方向的网格数分别为 41×33×135；叶顶间隙采用蝶型网格,其沿径向、周向、子午方向的网格数分别为 13×13×73；导流片机匣内采用简单的 H 型网格,此导流片机匣与叶片通道网格之间采用 R - S 连接,总网格数(带机匣处理)为 29 万。

1. 总性能分析

图 8 - 25 为机匣处理前后的总特性曲线图。凹槽导流片式机匣结构的效率较实壁机匣时有所下降,同时采用凹槽导流片式机匣结构时的总压较实壁机匣时也有所降低。然而采用凹槽导流片式机匣处理后,该离心叶轮的稳定工作范围由原先的流量 3.5 kg/s 进入失速工况变为机匣处理后的流量 3.05 kg/s 时进入失速工况。为了方便比较,采用两种裕度改进量的定义。将只考虑流量的流量裕度改进量 $\Delta \Phi_1$ 定义为：$\Delta \Phi_1 = (1 - \Phi_{rs2}/\Phi_{rs1}) \times 100\%$,其中 Φ_{rs2} 和 Φ_{rs1} 分别对应着凹槽导叶机匣处理结构和实壁机匣结构的失速流量系数。将压比与流量综合考虑,定义综合裕度改进量 $\Delta \Phi_2$ 为：$\Delta \Phi_2 = (\Phi_{rs1}/\Phi_{rs2} \times \pi_{rs2}^*/\pi_{rs1}^* - 1) \times 100\%$,其中 π_{rs2}^* 和 π_{rs1}^* 分别代表凹槽导流片机匣处理结构和实壁机匣结构的失速点压升系数。通过计算结果的比较分析可得出如下结果：经过机匣处理后,该离心叶轮的流量裕度改进量为 12.8%,其综合裕度改进量为 17.4%。

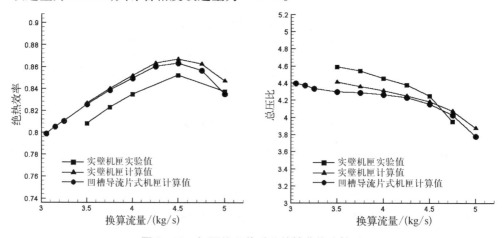

图 8 - 25 机匣处理前后总特性曲线比较图

2. 压气机内部时流场分析

鉴于人类认知范围的局限,虽然非定常计算结果更能准确体现叶轮内部的真实流动状况,但往往时均结果更被人们所接受,得到更多的应用。可见时均结果有助于人们建立整体的物理流动画面,对于叶轮机械的设计具有直接的指导意义。为了揭示凹槽导流叶片式机匣处理结构引入前后转子顶部区域流场结构的变化,应该在相同的状态下进行对比。图 8 - 26 的对比都将在相同的流量下进行。

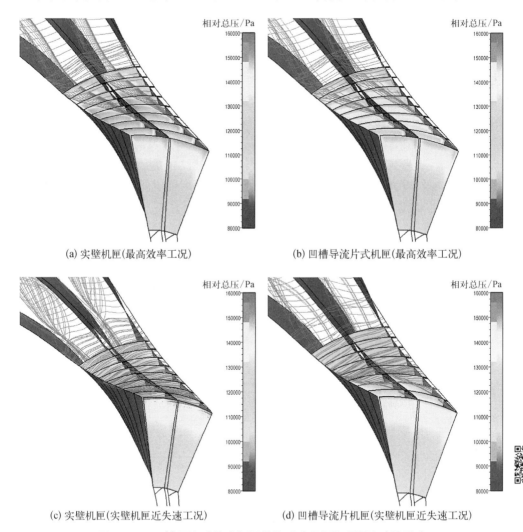

(a) 实壁机匣(最高效率工况)   (b) 凹槽导流片式机匣(最高效率工况)

(c) 实壁机匣(实壁机匣近失速工况)   (d) 凹槽导流片机匣(实壁机匣近失速工况)

图 8 - 26 凹槽导流叶片式机匣结构对叶顶间隙泄漏流动的影响

图 8 - 26 为最高效率工况下与实壁机匣近失速流量工况下该离心叶轮叶顶区域间隙泄漏流线及相对总压示意图。从图中可清晰地看出,通过机匣处理转子叶片尖部的间隙泄漏流动的强度和范围都已明显地减小。实壁机匣时大范围的高强

度的叶顶间隙泄漏流动流线,变为机匣处理后小范围的、流动强度小的间隙泄漏流动流线;转子叶顶区域高相对总压的区域的范围以及叶顶区域高相对总压的压力值都有所降低,由实壁机匣时叶顶有大片最高相对总压值接近 150 000 Pa 的区域,变为机匣处理后叶轮转子叶顶区域的压力值都有大幅度的降低,且相对总压值接近 150 000 Pa 的区域范围明显减小,使得离心叶轮沿叶片径向的相对总压变化变得平缓。这说明凹槽导流片式机匣处理有效地削弱了离心叶轮转子叶顶区域间隙泄漏涡的影响,并且较好地梳理了叶顶间隙气流泄漏流动,使气流沿叶片通道主流流动方向流动,有效减小叶片通道内的堵塞,减小了主流与低能堵塞团之间的掺混损失,避免了离心叶轮过早地进入失速状态,这点也可以从转子叶片顶部的载荷变化(图 8 - 27)反映出。图 8 - 27 中横坐标 0 处为转子叶片进口,1 处为转子叶片出口。随着凹槽导流片式机匣结构的应用,在离心叶轮叶片进口处附近的转子叶顶区域的叶片静压载荷较实壁机匣时有所下降,而在转子其他区域的叶顶处的叶片静压载荷变化不大,这是由于此机匣处理结构主要作用于该离心叶轮叶片进口区域。总的来说,与实壁机匣结构相比,凹槽导流片式机匣对转子通道中上游区域低速流场的抽吸作用使得转子叶片叶顶载荷变小,从而削弱了间隙泄漏流动,避免了离心叶轮过早地进入失速状态。

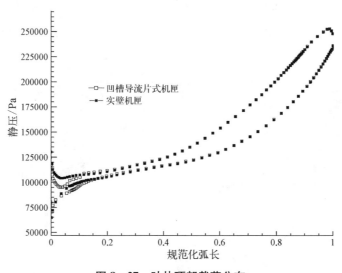

图 8 - 27　叶片顶部载荷分布

　　图 8 - 28 给出近失速流量点工况时采用不同机匣结构的几个叶片通道横截面(近似垂直叶片顶部)上的总压损失系数云图。从图中可看出采用实壁机匣结构时,叶顶间隙泄漏涡的范围沿叶片通道的周向方向逐渐扩大,总压损失大于 0.36 的高损失区域出现在第二个截面与叶片吸力面的交汇处;相比较于实壁机匣结构,经过机匣处理后这几个横截面的高损失区域不论是沿径向方向还是沿周向方向其

范围与强度都有了一定程度的缩小,尤其是实壁机匣时出现在第二个截面与叶片吸力面的交界处的总压损失大于 0.36 的区域已减小到几乎无法发现。机匣处理后的情况与实壁机匣时的情况形成鲜明对比,这些变化意味着间隙泄漏涡的强度和范围逐渐减小,使得叶片顶部的气流流动更趋于主流流向,减小叶顶区域的堵塞,从而扩大该离心叶轮的稳定工作范围。

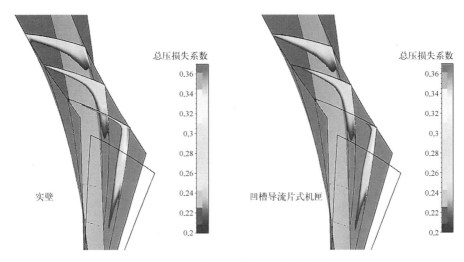

图 8‒28　叶片通道内总压损失分布

图 8‒29 为在叶轮转子进口截面处子午速度分布情况,为实壁机匣和凹槽导流片式机匣处理在近失速工况下沿 S_3 流面的子午速度三维分布图,由于叶片通道顶部附面层的黏性作用和叶轮转子叶片叶顶间隙泄漏流动等的综合影响,从图 8‒29 可看出,在离心叶轮进口截面处,实壁机匣工况下靠近转子叶片叶顶区域的子午速度值很小;然而采用该凹槽导流片式机匣结构后,靠近转子叶片叶顶区域的子午速度值有所增加,而在其他叶高区域,子午速度在经过机匣处理后变化不大。由此可看出此凹槽导流片式机匣结构主要影响范围是靠近叶片叶顶区域,通过凹槽导流片式机匣结构的抽吸作用,抽吸了该离心叶轮转子叶顶区域的低能黏性气流团和叶顶区域由于叶片压力面和吸力面之间压差而产生的间隙泄漏流动气流团,改善了转子叶片叶顶区域的气流流动状况,推迟失速的发生。然而转子叶顶区域流场改善所得到的加工量的提升不足以弥补由于机匣处理的采用而造成的加工量的损失,因此总的来看,该叶轮采用凹槽导流叶片式机匣处理后效率有所降低。

本节还在不同参数的凹槽导流片式机匣处理结构之间进行了分析。表 8‒2 中编号 1 是基本的凹槽导流片式机匣处理,机匣槽深 10 mm,轴向叠合量 40%;编号 2 是改动后的机匣处理,机匣槽深 10 mm,轴向叠合量 48%;编号 3 是另一种改动后的机匣处理,机匣槽深 8 mm,轴向叠合量 40%。

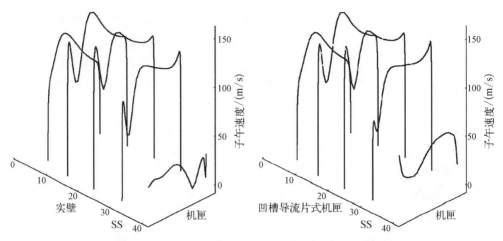

图 8 - 29　叶片进口截面附近 S_3 流面子午速度分布图

表 8 - 2　不同参数凹槽导流叶片式机匣处理计算结果

编号	质量流量/(kg/s)		总　压　比		$\Delta\Phi_1$/%	$\Delta\Phi_2$/%	效　率	
	峰值点	失速点	峰值点	失速点			峰值点	失速点
1	4.5	3.05	4.153 2	4.394 9	12.8	17.4	0.863 1	0.798 9
2	4.5	3.05	4.154 2	4.402 3	12.8	17.64	0.859 0	0.795 0
3	4.5	3.05	4.149 5	4.371 8	12.8	20.9	0.862 5	0.797 6

　　通过对比发现,增大轴向叠合量会使综合裕度值有所增大,增大量不是很大的原因主要是虽然轴向叠合量增大了 8%,但对于整个离心叶轮叶片来说,这点增大的尺寸还是很小的。然而随着轴向叠合量的增加,叶轮效率有所下降,幅度不是很大。而对于降低处理槽深的情况来说,降低了槽深,使得叶轮稳定工作范围相比于处理槽深 10 mm 的情况几乎不变,并且不仅未使流量裕度下降,而且综合裕度改进量有所提升。效率与基本的凹槽导流片式机匣处理编号 1 持平,但其峰值总压比与失速点总压比都有所下降。以方案编号 1 为对象,对其进行了时间精确的非定常数值模拟计算。图 8 - 30 给出了某一瞬时凹槽导流叶片式机匣处理槽道开口附近静压、径向速度、周向速度以及子午速度的分布图,其中静压利用进口总压进行了无量纲化,速度利用叶顶周向速度进行了无量纲化,周向速度以顺时针旋转为正,图中给出了转子叶片的相对位置。从静压分布来看,当转子叶尖完全掠过槽道后,在槽道的中下游叶片吸力面侧出现一个低压区,而中下游叶片压力面侧出现一高压区;从径向速度分布来看,此时仍有流体进入槽道,这应该是由于叶片压力面侧与叶片吸力面侧的压力梯度以及槽道上下游的逆压梯度形成的,从而在处理槽中形成局部的抽吸作用。而处理槽中的射流主要在转子叶片越过处理槽后靠近叶片吸力面侧和处理槽中上游区域出现。总的来说,进出处理槽的流动具有很大的

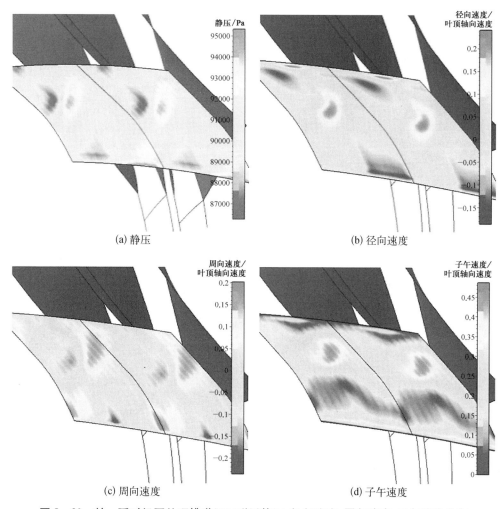

(a) 静压

(b) 径向速度

(c) 周向速度

(d) 子午速度

图 8 - 30　某一瞬时机匣处理槽道开口附近静压、径向速度、周向速度、子午速度分布

非定常特性。周向速度基本上是与径向速度相互关联的,在处理槽对叶片通道流抽吸的区域其周向速度相应较高,方向与叶片转子旋转方向相同,而在处理槽对叶片通道射流的区域周向速度相应较低,方向与旋转方向相反。

　　为了从非定常角度定性地认识凹槽导流叶片式机匣处理结构与高速 KRAIN 叶轮之间的非定常干涉现象,图 8 - 31 给出了一个叶片转子通过周期 T 内 6 个不同时刻槽道开口附近静压分布。由图 8 - 31 可以看出,转子叶顶上游区域的压力分布沿周向具有明显的高压/低压周期性交替变化,这说明处理槽内部静压分布具有很强的非定常性。在转子叶顶前缘接近处理槽槽道直至转子叶顶横跨处理槽槽道的这段时间内($t=T/6$ 到 $t=2T/6$),叶片压力面侧与吸力面侧之间存在很强的压力梯度,此时处理槽对叶片通道具有很强的抽吸作用,射流量也很大。而在叶片顶

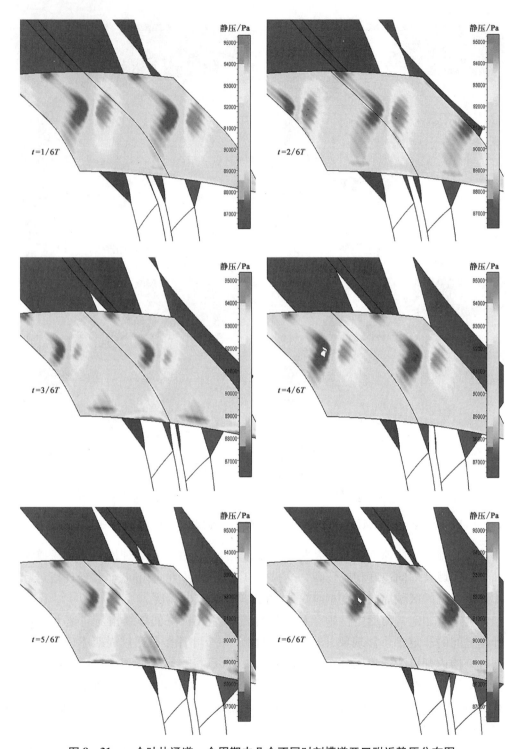

图 8 - 31　一个叶片通道一个周期内几个不同时刻槽道开口附近静压分布图

部掠过处理槽槽道的这段时间内($t=3T/6$到$t=4T/6$),处理槽内感受到的压力梯度由小慢慢变大,处理槽内抽吸和射流量也随之变化;而在叶片顶部越过处理槽槽道这段时间内($t=5T/6$到$t=6T/6$),处理槽的抽吸量逐渐减少而射流量逐渐增大。总的来说按照处理槽和叶片相对位置的不同,在转子叶尖接近处理槽的过程中将叶片压力面附近的流体抽吸进入处理槽,而在转子叶尖通过处理槽这段过程中将流体射向叶片通道,叶片通道流体进出处理槽的频率相当于叶片通过处理槽的频率,可知该机匣处理结构回流产生的原因主要是叶轮对处理槽的冲压作用以及叶片通道内存在的法向压力梯度,而叶片通道内的流向压力梯度的影响相对较小。该结果的产生主要是方案编号1的处理槽所处的位置决定的,其轴向叠合量仅为40%,有相当大的部分处于叶轮通道以外。如果该处理槽完全置于叶轮通道内部时,随着轴向叠合量的增大,使该机匣处理结构产生回流的主要动力就将变为叶轮对处理槽的冲压作用及叶片通道内的流向压力梯度影响,以叶片通道内存在的法向压力梯度作用为辅。

　　总的来说,对于凹槽导流片式机匣处理结构来说,可通过使离心叶轮转子叶尖的一部分气流沿机匣处理倒流回转子前部流场,加大了转子进口处叶片尖部的气流流量,使得气流以较小的冲角流过转子叶尖通道,并且借助叶轮对处理槽的冲压作用以及叶片通道内存在的法向压力梯度的影响,使失速分离减轻,延迟了该叶轮失速的发生,扩稳效果十分明显,然而转子叶顶区域流场改善所得到的加工量的提升不足以弥补由于机匣处理的采用而造成的加工量的损失,因此随之伴随着原叶轮效率的下降。并且凹槽导流叶片机匣处理结构相对叶轮通道所处的位置不同,其产生回流的主导因素也将有所变化。

8.3.2　周向槽机匣处理对压气机性能的影响

　　本节将对8种不同参数结构的周向槽式机匣处理,在高速离心叶轮 KRAIN 叶轮上进行详尽的数值模拟研究,比较分析了不同机匣结构对其性能和稳定性的影响。表8-3中给出了8种不同的周向槽机匣处理的结构参数。这8种不同周向槽结构具有相同的起始位置,只是槽深、槽宽、槽数这3个变量不同,图8-32绘出了周向槽式机匣处理结构示意图。

表8-3　8种不同的周向槽机匣处理的结构参数

编号	1	2	3	4	5	6	7	8
槽宽/mm	3	3	3	2	4	3	4	3
槽深/mm	5	2	10	5	5	2	5	5
槽片宽/mm	1	1	1	1	1	1	1	1
槽数	3	3	3	3	3	5	8	5

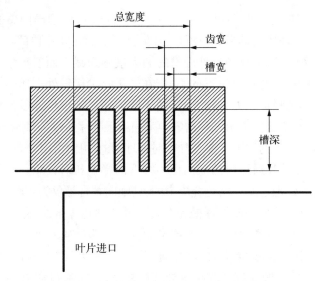

图 8－32　周向槽式机匣处理结构示意图

将编号 1 作为本次数值模拟周向槽式机匣处理的基准方案。编号 1 通过与编号 2、3 的比较用于考察槽深尺寸的变化对于周向槽式机匣处理扩稳性能的影响；与编号 4、5 的比较可用于考察周向槽机匣的槽宽尺寸变化对于周向槽式机匣处理扩稳性能的影响，编号 6、7、8 为处理槽数的变化对于周向槽式机匣处理扩稳性能的影响。

1. 总性能分析

本节中稳定裕度改进量的定义为：$\Delta\Phi = (\Phi_{rs1}/\Phi_{rs2} \times \pi_{rs2}^*/\pi_{rs1}^* - 1) \times 100\%$，其中 π_{rs2}^* 和 π_{rs1}^* 分别代表周向槽机匣处理结构和实壁机匣结构的失速点压升系数，Φ_{rs2} 和 Φ_{rs1} 分别对应着周向槽机匣处理结构和实壁机匣结构的失速流量系数。8 种不同参数结构的周向槽式机匣处理和实壁机匣结构的近失速点特性计算结果见表 8－4。给定 250 000 Pa 的出口初始背压，通过改变出口流量值由设计工况点一直向失速工况点逼近，数值计算发散前的最后一个能够得到收敛解的工况点即对应近失速工况点。

表 8－4　8 种不同参数周向槽机匣处理和实壁机匣结构的近失速点性能计算结果

编　号	质量流量/(kg/s)	效　率	总压比	失速裕度/%
1	3.4	0.820 4	4.308 3	3.19
2	3.4	0.820 4	4.304	3.1
3	3.4	0.820 6	4.31	3.25
4	3.4	0.820 2	4.300 7	3.01

编　号	质量流量/(kg/s)	效　率	总压比	失速裕度/%
5	3.4	0.820 7	4.312 6	3.29
6	3.4	0.821 2	4.320 9	3.49
7	3.3	0.815 1	4.335 7	6.97
8	3.3	0.815	4.33	6.85
实壁	3.5	0.826 6	4.297 9	—

通过对表 8-4 中 8 种不同参数周向槽机匣处理结构近失速点性能的计算结果进行比较分析,发现随着周向槽槽深的增加,绝热效率几乎不变,而总压比与失速裕度有所提高;随着槽宽的增大,绝热效率变化不大,总压比与失速裕度随着槽宽的增大而增大,这是因为处理槽槽宽的增大会加大处理槽内的低能气团的输运量;在小槽深的情况下增加处理槽数会使绝热效率、总压比及失速裕度都有所提高。在中槽宽的情况下,增加槽数会使总压比与失速裕度有较大提高,绝热效率有所降低,在大槽宽的情况下增加处理槽数也会使总压比和失速裕度有更大提升,但绝热效率会降低更多,这是由于处理槽槽宽的增大和处理槽数的增多会加大处理槽内的低能气团的输运量以及增大了由处理槽内射流出的低能气团与叶轮通道主流气流之间的掺混损失,这样做有利于增大离心叶轮的稳定工作裕度,但同时伴随着更大的效率降低。所以合适的处理槽几何参数的选择对于找到最优的周向槽式机匣处理结构将起到重要的作用。

通过对图 8-33 的分析可以看出,数值模拟结果与实验结果符合较好。在高转速离心叶轮中采用周向槽机匣结构后最高效率点绝热效率略有降低,总压比则变化不大;在近失速工况时绝热效率与总压比的变化都不大。采用周向槽机匣处理后,该叶轮的稳定工作范围由原先的流量 3.5 kg/s 进入失速工况变为机匣处理后的流量 3.4 kg/s 时进入失速工况,周向槽机匣处理结构的引入使得叶轮的特性线向左延伸,这是扩稳的体现,其稳定裕度改进量为 3.19%。

2. 压气机内部流场分析

图 8-34 为 8 种不同结构参数周向槽机匣处理结构与实壁机匣结构在近失速工况下叶片顶部流场间隙泄漏流线图。从图中可看出通过机匣处理后转子叶片尖部的间隙泄漏流动的强度和范围都已明显地减小。实壁机匣时大范围的混乱无章的泄漏流动流线,变为机匣处理后贴近叶片压力面侧,流动较为有规律的间隙泄漏流动;低相对马赫数区域的范围也比实壁机匣时几乎覆盖满整个叶片顶部通道的情况有所缩小,变为仅存在于叶片通道中游区域压力面侧与叶顶机匣交汇处。这说明周向槽机匣处理有效地削弱了该离心叶轮转子叶顶区域间隙泄漏流动的强

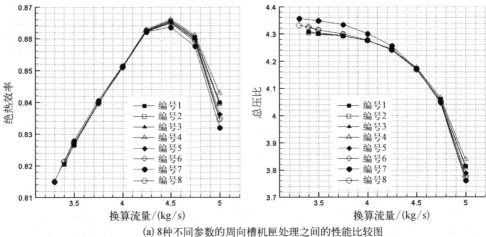

(a) 8种不同参数的周向槽机匣处理之间的性能比较图

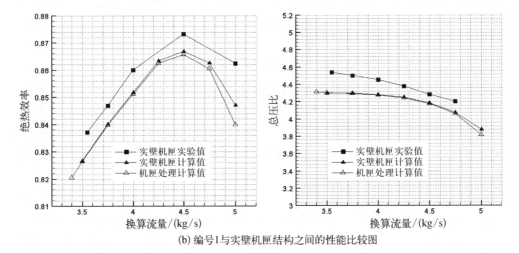

(b) 编号1与实壁机匣结构之间的性能比较图

图 8-33　8 种不同参数的周向槽式机匣处理结构及与实壁机匣之间的性能曲线比较图

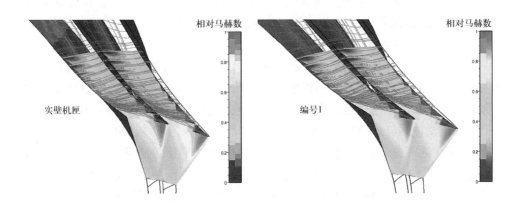

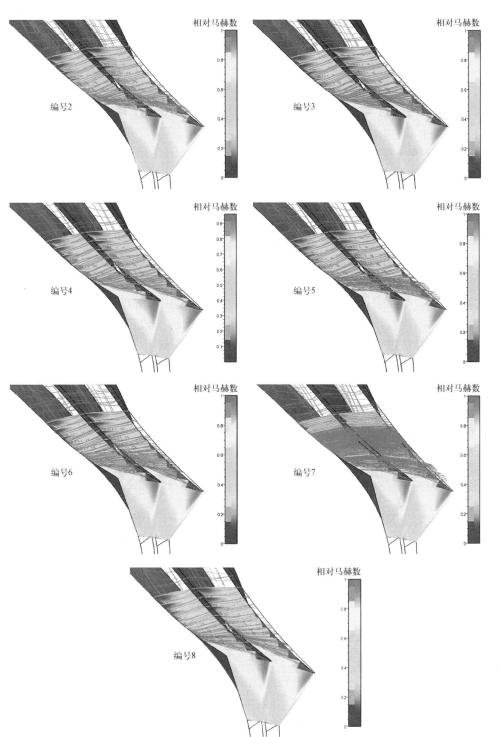

图 8-34　8 种不同结构参数周向槽机匣与实壁机匣近失速工况叶顶间隙泄漏流线图

度,并且较好地梳理了叶顶间隙气流泄漏流动,使之贴近叶片压力面并沿叶片通道主流流动方向流动,有效减小叶片通道内的堵塞,避免了该离心叶轮过早地进入失速状态。从图 8-34 中还可看出,处理槽槽深的变化对于叶顶间隙泄漏流动的影响并不大;从编号 5 和编号 7 叶顶区域密集的流线可看出,处理槽槽宽的增大会加剧处理槽内的低能气团的输运流动;处理槽槽数的增多,会使得周向槽式机匣处理结构影响叶轮叶顶流场的有效范围增大,有利于增大离心叶轮的稳定工作裕度,但同时伴随着更大的效率降低。

图 8-35 为近失速工况下叶片通道内的总压损失分布图。从图中可看出实壁工况时,叶片通道内部进口截面附近叶顶区域高总压损失的区域从叶片吸力面侧到相邻叶片压力面侧几乎覆盖满整个叶片顶部通道。随着间隙泄漏涡的发展,当到达叶轮通道中后部位置时,总压损失大于 0.25 的区域面积越来越大,覆盖满70% 叶高以上的叶片顶部流场,这意味着该区域存在较强的间隙泄漏涡,形成较强的堵塞;采用周向槽式机匣处理结构后,高总压损失的区域相比实壁机匣状态时大大减少,原先叶轮进口截面附近的高总压损失区域已由原先的覆盖满整个叶轮顶部流场变为仅覆盖从叶片吸力面侧到叶轮通道中间这一段范围,并且原先叶轮中后部位置,总压损失大于 0.25 的区域的总压损失值降到了 0.2 以下。这说明采用周向槽式机匣处理结构后能有效减小了叶顶区域的堵塞,抑制了叶顶间隙泄漏涡的发展,从而扩大该离心叶轮的稳定工作范围。

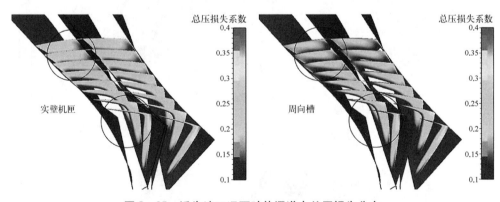

图 8-35　近失速工况下叶片通道内总压损失分布

图 8-36 为在离心叶轮转子进口截面处实壁机匣和周向槽式机匣处理结构在近失速工况下沿 S_3 流面的子午速度三维分布图,由于叶片通道顶部流场附面层的黏性作用和叶轮转子叶片叶顶间隙泄漏流动等的综合影响,从图中可看出,在离心叶轮进口截面处,实壁机匣工况下靠近转子叶片叶顶区域的流道中间部分的子午速度较低;然而采用周向槽式机匣结构后,靠近转子叶片压力面侧附近叶顶区域流场的子午速度值较实壁机匣时有所增加,而在其他叶高区域,子午速

度在经过机匣处理后变化不大。由此可看出此周向槽机匣结构将叶片压力面侧的低能流体抽吸进入处理槽,并将进入周向槽内的气流在槽内加速后,从叶片通道内吸力面侧低压区域流出周向槽,射向转子通道,吹除该低压区域的低能堵塞团,有效消除叶片通道内的堵塞。改善了转子叶片叶顶区域的气流流动状况,推迟失速的发生。

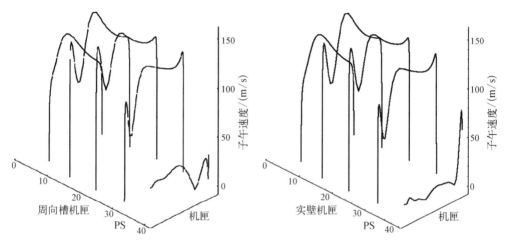

图 8-36　叶片进口截面附近 S_3 流面子午速度分布图

总的来说,采用周向槽机匣结构后,叶顶区域的气流借助该离心叶轮转子通道内的压差,将转子通道内高压区域的间隙泄漏流与边界层内的低能堵塞团抽吸进入处理槽并在周向槽内沿周向运动,减小了低能堵塞团的径向强度,使叶片压力面附近的堵塞减缓;同时进入周向槽内的气流在槽内加速后,在叶片通道吸力面侧的低压区域流出周向槽,射向转子通道,吹除叶片吸力面侧低压区域的低能堵塞团,同时使得间隙泄漏涡产生的原动力消失,有效消除叶片通道内堵塞。然而转子叶顶区域流场改善所得到的加工量的提升不足以弥补由于机匣处理的采用而造成的加工量的损失,因此总的来说效率会有所降低。

8.3.3　放气型周向槽机匣处理对压气机性能的影响

为了验证放气型周向槽机匣在高速离心 KRAIN 叶轮上是否能起到与在低速 LSCC 叶轮相同的同时提高该离心叶轮稳定工作裕度和效率的作用,本节对带放气型周向槽的高速 KRAIN 叶轮进行了详细的数值模拟研究。通过对比不同机匣工况的叶顶流场,以及该放气型周向槽机匣结构对叶轮通道内部非稳定三维紊流流动的影响,最终得出该机匣结构在高速 KRAIN 叶轮上的扩稳机制。

1. 总性能分析

表 8-5 中给出了放气型周向槽机匣通过数值计算所得的性能结果。

表 8 - 5　放气型周向槽机匣计算后所得的性能结果（近失速工况）

	质量流量/(kg/s)	效　率	总压比	失速裕度/%
编号 6 周向槽	3.4	0.821 2	4.320 9	3.49
编号 6 放气型周向槽	3	0.786	4.478	21.3
实壁	3.5	0.826 6	4.297 9	——

　　本节采用综合考虑压比和流量的综合裕度定义公式：$\Delta\Phi = (\Phi_{rs1}/\Phi_{rs2} \times \pi_{rs2}^{*}/\pi_{rs1}^{*} - 1) \times 100\%$，其中 π_{rs2}^{*} 和 π_{rs1}^{*} 分别代表采用机匣处理结构后和实壁机匣结构的失速点压升系数，Φ_{rs2} 和 Φ_{rs1} 分别对应着采用机匣处理结构后和实壁机匣结构的失速流量系数。从表 8 - 5 中可清晰地看出，对原有周向槽机匣处理结构增加放气处理后可有效拓展原有离心叶轮实壁机匣状态时以及仅仅采用周向槽机匣处理状态时的稳定工作范围，使其由原先实壁机匣时流量 3.5 kg/s 及周向槽机匣结构时 3.4 kg/s 进入失速工况，变为采用放气型周向槽机匣结构后当流量 3 kg/s 进入失速工况，并且使得该离心叶轮的失速裕度较仅仅采用周向槽式机匣处理时有了较大提升。由于最大放气量为实壁机匣近失速流量值的 5%，采用放气型周向槽机匣结构后该叶轮的绝热效率有所降低。

　　2. 压气机内部流场分析

　　图 8 - 37 为近失速工况下三种不同机匣结构的叶顶间隙泄漏流线图。实壁机匣时大范围高强度的间隙泄漏流动流线，由叶片吸力面侧流向相邻叶片压力面侧，随着其在靠近叶片压力面侧叶顶区域不断地发展壮大会在叶轮通道中游区域的叶顶流场形成较大范围的低相对马赫数区域，最终堵塞整个叶轮顶部流场。仅采用周向槽式机匣处理结构后，虽然还是有很大范围的间隙泄漏流线由叶片吸力面侧流向相邻叶片压力面侧，但间隙泄漏流动的强度已较实壁机匣时有所降低，抑制了叶顶间隙泄漏涡的发展，最终带周向槽机匣处理的离心叶轮进入近失速工况时，还是会在叶轮通道中游区域的叶顶流场形成较大范围的低相对马赫数区域并形成堵塞。采用放气型周向槽结构后，原先由叶片吸力面侧流向相邻叶片压力面侧叶顶间隙泄漏流线被更多地抽吸进入周向槽，使得只有很少一部分间隙泄漏流线流向相邻叶片压力面侧，间隙泄漏流动的强度大大降低，与此同时被抽入周向槽的一部分低能气团经由放气孔放出。原先叶轮通道中游区域叶顶流场大范围的低相对马赫数区域的范围有所减小。可见放气型周向槽机匣结构，能够更为有效地抑制叶顶间隙泄漏涡的发展，有效减小叶片通道内的堵塞，避免了该离心叶轮过早地进入失速状态。

　　图 8 - 38 为近失速工况下三种不同机匣结构叶片通道内 S_3 流面的总压损失分布图。从图中可看出实壁工况时，叶片通道内部进口截面附近高总压损失的区域从叶片吸力面侧到相邻叶片压力面侧几乎覆盖满整个叶片顶部通道。随着间隙

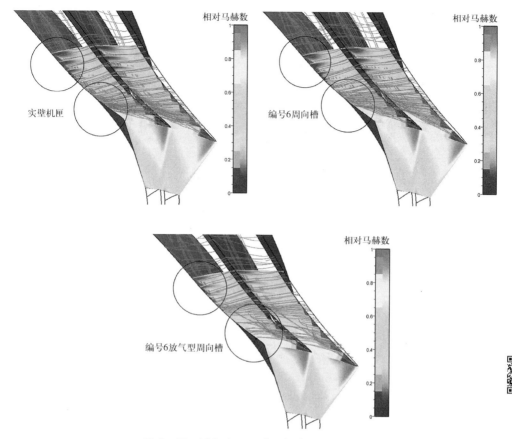

图 8-37 近失速工况叶顶间隙泄漏流线图

泄漏涡的发展,当到达叶轮通道中后部区域时,在叶轮通道叶顶区域流场会存在大范围的高总压损失区,这意味着该区域存在较强的间隙泄漏涡,形成了较强的堵塞;采用周向槽式机匣处理结构后,原先叶轮进口截面附近的高总压损失区域已由原先的覆盖满整个叶轮顶部流场变为仅覆盖从叶片吸力面侧到叶轮通道中间这一段范围。并且原先叶轮中后部位置,高总压损失区域也有所减小。当采用放气型周向槽式机匣结构后,叶轮进口截面附近叶顶流场的高总压损失区域进一步减小,变为仅在靠近叶片吸力面侧附近存在,并且在叶轮中下游区域的叶顶流场,原先高总压损失区域的总压损失值有了更大降低,减小了该区域原先较强的堵塞。这说明采用放气型周向槽式机匣处理结构后能更进一步减小叶顶区域的堵塞,抑制了叶顶间隙泄漏涡的发展,从而更大地扩大该离心叶轮的稳定工作范围。然而不同于低速 LSCC 叶轮,当在 KRAIN 叶轮上采用放气型周向槽后,转子叶顶区域流场改善所得到的加工量的提升不足以弥补由于该机匣处理结构的采用而造成的加工量的损失,造成其效率会有所降低。

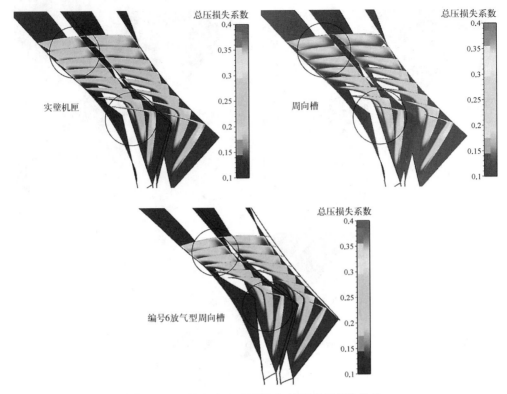

图 8-38　近失速工况不同 S_3 流面总压损失分布

　　图 8-39 为三种不同机匣结构近失速工况 99.7%叶高截面相对马赫数分布图。实壁机匣时,大范围的低马赫数区域存在于转子叶片进口截面附近叶顶区域流场,该处相对马赫数值约为 0.3,这表示大量的低能气体团占据着转子叶片通道的叶顶区域,当离心叶轮背压增大,进一步节流时,该处的堵塞情况会进一步恶化,使得叶轮内部出现流动失稳。当采用周向槽机匣处理结构后,转子叶片叶顶区域的低能气体团由于转子叶片两边压力梯度的原因,将压力面侧的低能流体抽吸进入处理槽,并被输运从转子叶片吸力面侧射入主流通道,吹除了叶片吸力面侧叶顶的低能流体,使得原先 0.3 左右的相对马赫数提升到 0.4 以上,改善了此处气流主流流动。采用放气型周向槽后,不但提升了叶片进口后叶顶区域的相对马赫数,还增大了叶片进口前的相对马赫数值,使得原先相对马赫数值大于 0.9 的区域的范围有了进一步的增大,从而改善整个离心叶轮叶顶区域流场。

　　图 8-40 为在离心叶轮转子进口截面处实壁机匣、周向槽式机匣和放气型周向槽机匣这三种不同结构在近失速工况下沿 S_3 流面的子午速度的三维分布图,由于叶片通道顶部流场附面层的黏性作用和离心叶轮转子叶片叶顶间隙泄漏流动等

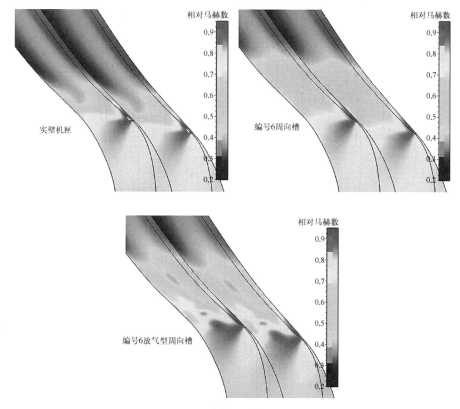

图 8 - 39　99.7%叶高流面相对马赫数分布图

的综合影响,从图中可看出,在该离心叶轮进口截面处,实壁机匣工况下靠近转子叶片叶顶区域的流道中间部分的子午速度较低;采用周向槽式机匣结构后,靠近转子叶片压力面侧附近叶顶区域流场的子午速度值较实壁机匣时有所增加;当采用放气型周向槽机匣结构后,整个叶顶区域流场的子午速度值有了很大提升,这说明放气型周向槽有效地抑制了该叶轮叶顶间隙泄漏涡的发展,减小了叶顶区域流场的堵塞。而在其他叶高区域,子午速度在经过机匣处理后变化不大。由此可看出对于该叶轮来说周向槽机匣结构主要影响范围是靠近叶片压力面侧叶顶区域,然而放气型周向槽机匣结构可影响整个叶轮通道叶顶区域流场,这主要是其通过放气,增大了周向槽对叶顶低能气团的抽吸量,使得更多的叶顶低能气团进入周向槽内,有效消除叶片通道内的堵塞。改善了转子叶片叶顶区域的气流流动状况,推迟失速的发生。

通过上面的分析发现,由于高速离心叶轮放气型周向槽机匣中相对放气量较大,虽然可使失速裕度相比仅仅使用周向槽时有了较大提升,但采用放气型周向槽后,转子叶顶区域流场改善所得到的加工量的提升不足以弥补由于该机匣处理结构的采用而造成的加工量的损失,造成其效率会有所降低。

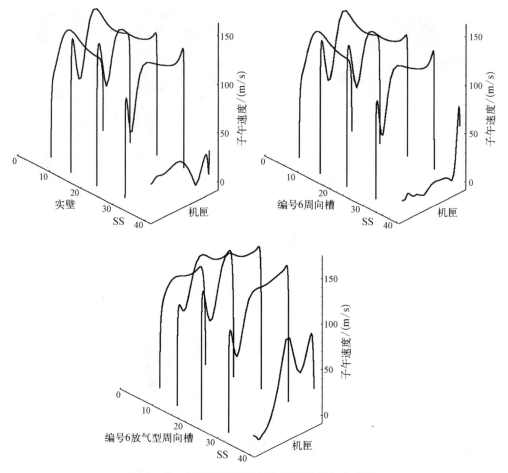

图 8－40　进口截面附近子午速度沿径向分布图

8.3.4　梯状间隙结构处理对压气机性能的影响

国内外许多学者研究了叶片顶部间隙大小以及梯状间隙结构对轴流压气机的影响[33-36]。研究表明该叶顶间隙结构能够有效地减小顶部区域堵塞团的负面影响，从而提高离心叶轮的压比和稳定工作范围，但在改进离心叶轮稳定裕度的同时会降低该叶轮效率。为了验证梯状间隙结构应用于离心式叶轮领域的可行性，本节将对 6 种梯状间隙机匣处理结构，在高速离心叶轮上进行数值模拟研究，比较分析了不同机匣结构对其性能和稳定性的影响。

梯状间隙就是在叶轮机匣的相应位置加工出一系列具有一定深度和宽度的周向槽，如图 8－41 所示，转子叶片尖部间隙的径向变化主要由特征尺寸 Y_1、Y_2 和 Y_3 决定，而轴向变化主要由特征尺寸 X_1、X_2 和 X_3 决定。本次数值模拟所用的 6 种梯状间隙机匣处理结构的具体几何数据可见表 8－6。方案 2 为本次数值模拟梯状间隙机匣处理的基准方案。方案 2 通过与方案 1、方案 5 的比较用于考察间隙的径向尺寸的变化对于离心叶轮性能的影响。与方案 3 的比较可用于考察梯状间隙的轴向尺寸变化对离心叶轮性能的影响,方案 4、方案 6 为方案 2 的两种特殊变化形式。

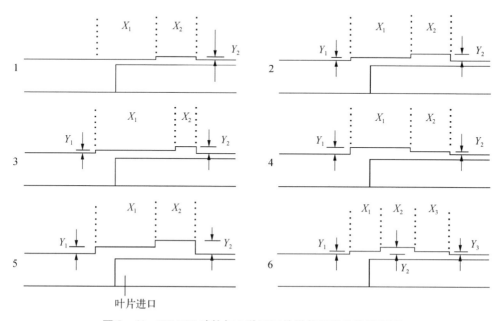

图 8－41　KRAIN 叶轮与 6 种不同的梯状间隙结构示意图

表 8－6　梯状间隙机匣处理方案的几何数据(单位：mm)

	方案 1	方案 2	方案 3	方案 4	方案 5	方案 6
X_1	20	20	25	20	20	10
X_2	10	10	5	10	10	10
X_3	—	—	—	—	—	10
Y_1	0	0.2	0.2	0.4	0.4	0.2
Y_2	0.2	0.4	0.4	0.2	0.8	0.4
Y_3	—	—	—	—	—	0.2

1. 总性能分析

本节中稳定裕度改进的定义为：$\Delta\Phi = (\Phi_{rs1}/\Phi_{rs2} \times \pi^*_{rs2}/\pi^*_{rs1} - 1) \times 100\%$，其中 π^*_{rs2} 和 π^*_{rs1} 分别代表梯状间隙机匣处理结构和实壁机匣结构的失速点压升系数，Φ_{rs2} 和 Φ_{rs1} 分别对应着梯状间隙机匣处理结构和实壁机匣结构的失速流量系数。6 种梯状间隙机匣处理结构和实壁机匣结构的近失速点特性计算结果见表 8－7。给定 250 000 Pa 的出口初始背压,通过改变出口流量值由设计工况点一直向失速工况点逼近,数值计算发散前的最后一个能够得到收敛解的工况点即对应近失速工况点。通过对方案 1、方案 2、方案 5 的比较可见随着梯状间隙结构径向尺寸的加大,近失速点效率会随之逐渐下降,而稳定裕度值和近失速点压比则有所提高。当梯状间隙结构径向尺寸减小时,近失速点效率有所提高,而稳定裕度值与近失速点压比略有降低。通过方案 2、方案 3 的比较可见,梯状间隙结构大径向间隙区域的轴向尺寸变小,会使近失速点效率、压比以及稳定裕度值都略有增大。方案 4 增大了叶片进口处的间隙大小,由计算结果可见该离心叶轮增压比、效率和稳定裕度值较方案 2 时都有所下降。通过以上分析可认为,随着梯状间隙结构径向尺寸的增大,近失速点效率会随之逐渐下降,而稳定裕度值和近失速点压比则有所提高。当梯状间隙结构径向尺寸减小时,近失速点效率有所提高,而稳定裕度值与近失速点压比略有降低。梯状间隙结构大径向间隙区域的轴向尺寸变小,会使近失速点效率、压比以及稳定裕度值都略有增大。

表 8-7　6 种梯状间隙机匣结构和实壁机匣结构的叶轮近失速点特性计算结果比较

方　案	质量流量/(kg/s)	效　率	总压比	失速裕度/%
1	3.303	0.814 8	4.321 6	6.646
2	3.301	0.814 6	4.323 1	6.682
3	3.304	0.814 6	4.324 8	6.724
4	3.301	0.814 2	4.318 1	6.56
5	3.297	0.811 9	4.342 4	7.158
6	3.306	0.814 5	4.320 2	6.61
实壁	3.502	0.826 6	4.297 9	—

图 8-42 为梯状间隙机匣处理结构方案 2 与实壁机匣结构的总性能比较图。从图中可看出,采用梯状间隙机匣处理结构后绝热效率略有降低,总压比则变化不大。通过梯状间隙机匣处理,该离心叶轮的稳定工作范围由原先的流量 3.5 kg/s 进入失速工况变为机匣处理后的流量 3.3 kg/s 时进入失速工况,梯状间隙结构的引入使得叶轮的稳定工作范围有所增大,其稳定裕度改进量为 6.682%。

2. 压气机内部流场分析

图 8-43 为近失速流量状况下离心叶轮叶顶区域间隙泄漏流线及相对总压示意图。从图中可看出通过梯状间隙机匣处理,叶片顶部流场的间隙泄漏流线的强度有所降低,流动范围有所减少,这说明一部分间隙泄漏流线被梯状间隙机匣抽吸入处理槽内,有效地削弱了叶轮转子叶顶区域间隙泄漏涡的影响,并且较好地梳理

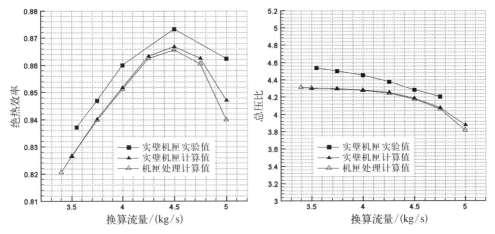

图 8‑42　梯状间隙结构基准方案 2 与实壁工况性能比较图

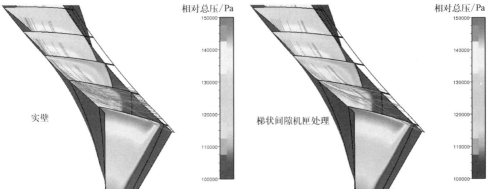

图 8‑43　叶顶间隙泄漏流线比较图

　　了叶顶间隙气流泄漏流动,使气流沿叶片通道主流流动方向流动,有效减小叶片通道内的堵塞,避免了该离心叶轮过早地进入失速状态。由于梯状间隙处理槽的槽深相对叶片转子径向尺寸来说还很小,所以对转子叶顶区域流场的影响也就很小,从图中可以看到机匣处理前后转子叶顶区域的相对总压变化不大。

　　图 8‑44 为 99%叶高流面上的相对马赫数云图。从图中可见,实壁机匣时主流气流通过叶片进口截面之后,会在转子叶片顶部通道形成大范围的相对马赫数小于 0.3 的区域,这些低速区内低能流体会在转子叶片顶部通道形成严重的堵塞。当叶轮出口压力提升后,会进一步恶化叶顶区域的堵塞,使离心叶轮过早地进入失速状态。经过梯状间隙机匣处理后,原先叶顶马赫数小于 0.3 的区域的相对马赫数有所提升达到 0.5 左右,这是由于梯状间隙结构将该区域的低能流体抽吸入处理槽内,改善了转子叶顶区域流场,减小叶顶区域的堵塞,抑制了失速状态过早地发生。

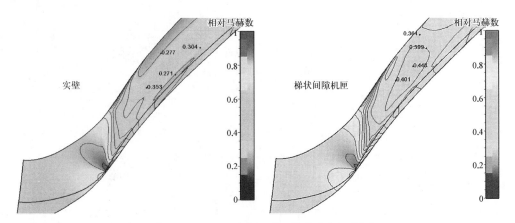

图 8 - 44   99%叶高相对马赫数分布云图

图 8 - 45 给出近失速流量点采用不同的机匣结构后几个横截面(近似垂直叶片顶部)上的总压损失云图实壁机匣工况时,在叶片进口截面的叶片吸力面和机匣面的交汇处形成总压损失值高于 0.36 的高总压损失区域,且高总压损失区域在叶片顶部区域沿周向和流向扩展。采用梯状间隙机匣处理结构后,原先在叶片进口截面的叶片吸力面和机匣面的交汇处形成的总压损失高于 0.36 的区域已几乎无法被发现,且高总压损失区域的范围及总压损失强度都有所减小。这些区域的变化意味着叶顶间隙泄漏涡和叶顶区域相对总压的变化,因此该离心叶轮的失速被抑制。

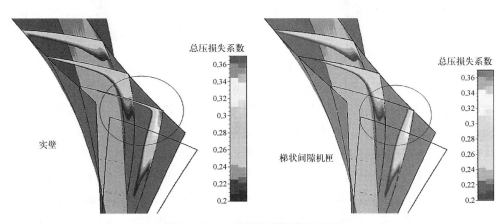

图 8 - 45 S_3 流面总压损失分布图

图 8 - 46 为实壁机匣和梯状间隙机匣处理在近失速工况下在转子进口截面处的沿 S_3 流面的子午速度的三维分布图,由于叶片通道顶部附面层的黏性作用和叶轮转子叶片叶顶间隙泄漏流动等的综合影响,从图 8 - 46 可看出,在离心叶轮进口截面处,实壁机匣工况下靠近转子叶片叶顶区域的子午速度值很小;然而采用梯状

间隙机匣结构后,靠近转子叶片叶顶区域的子午速度值明显增加,而在其他叶高区域,经过机匣处理后靠近叶片压力面侧子午速度也有所增加。由此可看出此梯状机匣结构主要影响范围是靠近叶片叶顶的区域及叶片通道靠近叶片压力面侧区域,通过梯状间隙机匣结构的抽吸作用,抽吸了该离心叶轮转子叶顶区域的低能黏性气流团和叶顶区域由于叶片压力面和吸力面之间压差而产生的间隙泄漏流动气流团,改善了转子叶片叶顶区域的气流流动状况,推迟失速的发生。

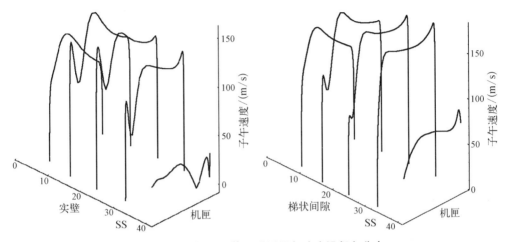

图 8-46　叶轮进口截面附近子午速度沿径向分布

总的来说,离心叶轮叶顶间隙大小对其性能和工作稳定性有很大影响,在一定的径向间隙尺寸内的小叶尖间隙条件下改变梯状间隙机匣处理的轴向宽度比改变梯状间隙机匣处理的径向尺寸对离心叶轮性能和稳定性的影响明显;当叶尖径向间隙增大到超过这一特定值时,该叶轮增压比、效率和稳定工作裕度均有明显的下降。利用转子叶片通道内的压差,梯状间隙结构的处理槽抽吸了转子叶顶区域的叶顶间隙泄漏涡和黏性低能流体,有效改善了叶顶区域流场,减小堵塞,延迟了失速状态的发生。然而转子叶顶区域流场改善所得到的加工量的提升不足以弥补因机匣处理的采用而造成的加工量的损失,因此总的来说效率会有所降低。

8.3.5　小结

本节对带各种不同机匣处理结构的高速离心 KRAIN 叶轮转子内部流场进行了详细的数值模拟研究,并对处理槽内部流动以及机匣处理与叶顶复杂流动机制之间的相互作用进行深入分析,主要得到以下结论。

(1) 对于凹槽导流片式机匣处理结构来说,可通过使离心叶轮转子叶尖的一部分气流沿机匣处理倒流回转子前部流场,加大了转子进口处叶片尖部的气流流量,使得气流以较小的冲角流过转子叶尖通道,并且借助叶轮对处理槽的冲压作用以及叶片通道内存在的法向压力梯度的影响,使失速分离减轻,延迟了该离心叶轮失速的发生,扩稳效果十分明显,但随之伴随着原离心叶轮效率的明显下降。然而凹槽导流叶片机匣处理结构相对叶轮通道所处的位置不同,其产生回流的主要因素也将有所变化。

（2）采用周向槽机匣结构后,叶顶区域的气流借助离心叶轮转子通道内的压差,将转子通道内高压区域的间隙泄漏流与边界层内的低能堵塞团抽吸进入处理槽并在周向槽内沿周向运动,减小了低能堵塞团的径向强度,使叶片压力面附近的堵塞减缓;同时进入周向槽内的气流在槽内加速后,从叶片通道内低压区域流出周向槽,射向转子通道,吹除低压区域的低能堵塞团,同时使得间隙泄漏涡产生的原动力消失,有效消除叶片通道内的堵塞。

（3）通过在周向槽机匣处理结构上添加放气处理,增大了周向槽对叶顶低能气团的抽吸量,使得更多的叶顶低能气团进入周向槽内,相较仅仅采用周向槽机匣处理时能更为有效抑制叶顶间隙泄漏涡的发展,消除叶片通道内的堵塞。然而不同于低速 LSCC 叶轮,当在 KRAIN 叶轮上采用放气型周向槽后,转子叶顶区域流场改善所得到的加工量的提升不足以弥补由于该机匣处理结构的采用而造成的加工量的损失,造成其效率会有所降低。与此同时合适的放气量的选取也是十分重要的,过小的放气量使其对于增加周向槽对低能气团的抽吸量的影响不大,但过大的放气量可能导致原有离心叶轮性能的更大降低。

（4）离心叶轮叶顶间隙大小对其性能和工作稳定性有很大影响,在某特定的径向间隙尺寸以内的小叶尖间隙条件下改变梯状间隙机匣处理的轴向宽度比改变梯状间隙机匣处理的径向尺寸对离心叶轮性能和稳定性的影响明显;当叶尖径向间隙增大到超过这一特定值时,叶轮增压比、效率和稳定工作裕度均有明显的下降。利用转子叶片通道内的压差,梯状间隙结构的处理槽抽吸了转子叶顶区域的叶顶间隙泄漏涡和黏性低能流体,有效地改善了叶顶区域流场,减小堵塞,延迟了失速状态的发生。

8.4　本章小结

本章利用全三维的数值模拟技术对带叶片流向槽,周向槽的低转速 LSCC 离心叶轮内部流场进行了详尽的分析,对比了机匣处理引入前后离心叶轮叶顶区域流场的变化,分析了机匣处理与转子通道之间的相互作用机制,揭示了不同机匣处理结构的扩稳机制,并在周向槽机匣研究的基础上,重新设计出一种适用于 LSCC 的可同时提升该离心叶轮性能与稳定工作范围的新型放气型周向槽机匣处理结构。

本章同时利用全三维的数值模拟技术对带凹槽导流叶片式机匣、周向槽、放气型周向槽以及梯形间隙式机匣的高转速 KRAIN 叶轮进行了研究,对高转速情况下的机匣处理内部流动的本质以及其与转子通道之间的作用机制进行了深入的分析,揭示了机匣处理结构提高高转速离心叶轮失速裕度的机制。

本章的主要研究结论如下:

1. 低转速的离心叶轮 LSCC

(1)叶片流向槽式机匣处理结构可抑制叶顶间隙泄漏流发展,并通过将转子叶片中后部区域的叶顶间隙泄漏流动的大部分流体抽吸进入处理槽,同时将这部分流体向转子叶片上游输运,有效吹除叶片通道上游区域由于间隙泄漏流所导致的堵塞,抑制了叶片前缘附近间隙泄漏流溢流的出现,提高了叶轮的稳定裕度。

(2)周向槽机匣处理结构的引入借助于转子通道内固有的压力梯度,将叶顶压力面附近由于顶部间隙泄漏流所导致的堵塞吸除,同时抑制叶顶间隙泄漏流,改变间隙泄漏流的方向,抑制了相邻叶片压力面前缘附近的间隙泄漏流溢出的出现,扩大了该离心叶轮的失速裕度。通过在周向槽机匣上增加放气孔处理,将被周向槽所抽吸间隙区域低能气流通过放气孔放出一部分,降低原先只采用周向槽时流入通道后与主流发生掺混的射流流量,减小掺混损失,改善了离心叶轮的效率。

(3)各种不同的机匣处理结构都是通过对叶顶间隙泄漏流的控制来抑制叶顶间隙泄漏流所导致的堵塞,或者将由于叶顶间隙泄漏流所导致的堆积在叶片压力面附近的堵塞吸除,将来流/间隙泄漏流交接面向转子叶片尾缘推移。

2. 高转速的 KRAIN 叶轮

(1)对于凹槽导流片式机匣处理结构来说,可通过使叶轮转子叶尖的一部分气流沿机匣处理倒流回转子进口前的通道上游区域,加大了转子进口处叶片尖部的气流流量,使得气流以较小的冲角流过转子叶尖通道,并且借助叶轮对处理槽的冲压作用以及叶片通道内存在的法向压力梯度的影响,使失速分离减轻,延迟了该离心叶轮失速的发生,扩稳效果十分明显,但随之伴随着原离心叶轮效率的明显下降,而且凹槽导流叶片机匣处理结构相对叶轮通道所处的位置不同,其产生回流的主要因素也将有所变化。

(2)叶顶区域的气流借助离心叶轮转子两侧固有的压差,将转子通道内高压区域的间隙泄漏流与边界层内的低能堵塞团抽吸进入周向槽并在槽内沿周向输运,减小了低能堵塞团的强度,使叶片压力面附近的堵塞减缓;同时进入周向槽内的气流在槽内加速后,从叶片通道内低压区域流出周向槽形成射流,吹除低压区域的低能堵塞团,使得间隙泄漏涡产生的原动力消失,有效消除叶片通道内的堵塞。通过增加放气孔研究表明,降低射流量减小掺混损失是有可能增加原有离心叶轮效率的原因,但合适的放气量的选取是十分重要的,过小的放气量使其对于减小射流量的影响不大,但过大的放气量会导致因掺混损失增大而造成原有离心叶轮性能的较大降低。

（3）离心叶轮叶顶间隙大小对其性能和工作稳定性有很大影响，在某特定的径向间隙尺寸以内的小叶尖间隙条件下改变梯状间隙机匣处理的轴向宽度比改变梯状间隙机匣处理的径向尺寸对离心叶轮性能和稳定性的影响明显；当叶尖径向间隙增大到超过这一特定值时叶轮增压比、效率和稳定工作裕度均有明显的下降。梯状间隙结构的机匣处理利用转子叶片通道内的压差，抽吸了转子叶顶区域的叶顶间隙泄漏涡和黏性低能流体，有效地改善了叶顶区域流场，减小堵塞。

参考文献

[1] Niazi S, Stein A, Sankar L N. Development and application of a CFD solver to the simulation of centrifugal compressors [C]. Reno：36th AIAA Aerospace Sciences Meeting and Exhibit, 1998.

[2] Stein A, Niazi S, Sankar L N. Computational analysis of stall and separation control in centrifugal compressor [J]. Journal of Propulsion and Power, 2000, 16(1)：65 – 71.

[3] Stein A, Niazi S, Sankar L N. Computational analysis of centrifugal compressor surge control using air injection [J]. Journal of Aircraft, 2001, 38(3)：513 – 520.

[4] Stein A, Niazi S, Sankar L N. Numerical analysis of stall and surge in a high-speed centrifugal compressor [C]. Reno：38th Aerospace Sciences Meeting and Exhibit, 2000.

[5] Stein A, Niazi S, Sankar L N. Numerical studies of stall and surge alleviation in a high-speed transonic fan rotor [C]. Reno：38th Aerospace Sciences Meeting and Exhibit, 2000.

[6] 戴四敏. 导风轮轮罩引气对离心式压气机性能影响的数值研究[J]. 航空动力学报, 2005, 20(1)：125 – 129.

[7] 戴冀, 耿少娟, 黄伟光. 离心压气机顶部进口条件对叶轮内部流动的影响[J]. 工程热物理学报, 2005, 26(5)：755 – 757.

[8] Skoch G J. Experimental investigation of centrifugal compressor stabilization techniques [C]. Atlanta：International Gas Turbine and Aeroengine Congress and Exhibition, 2003.

[9] Amann C A, Nordenson G E, Skellenger G D. Casing modification for increasing the surge margin of a centrifugal compressor in an automotive turbine engine [J]. Journal of Engineering for Power, 1975, 97(3)：329 – 336.

[10] Elder R L, Gill M E. A discussion of the factors affecting surge in centrifugal compressor [J]. Journal of Engineering for Gas Turbines and Power-Transactions of the ASME, 1985, 107(2)：499 – 506.

[11] Fisher F B. Application of map width enhancement devices to turbocharger compressor stages [C]. Peoria：Earthmoving Industry Conference, 1989.

[12] 赵鲁宁, 孙颖, 师晓栋, 等. 轴向槽机匣处理提高离心压气机失速裕度的数值研究[J]. 飞机设计, 2009, 29(5)：50 – 53.

[13] Barton M T, Mansour M L, Liu J S, et al. Numerical optimization of a vaned shroud design for increasing operability margin in modern centrifugal compressors [C]. Reno：ASME Turbo-Expo, 2005.

[14] Ishida M, Surana T, Ueki H, et al. Suppression of unstable flow at small flow rates in a centrifugal blower by controlling tip leakage flow and reverse flow [J]. Journal of

Turbomachinery-Transactions of the ASME,2005,127(1):76 - 83.

[15] Ishida M, Surana T, Ueki H, et al. Optimization of inlet ring groove arrangement for suppression of unstable flow in a centrifugal impeller [C]. Reno: ASME Turbo-Expo, 2005.

[16] Ishida M, Surana T, Ueki H, et al. Effect of pre-whirl on unstable flow suppression in a centrifugal impeller with ring groove arrangement [C]. Barcelona: ASME Turbo-Expo, 2006.

[17] Xiao J, Xu W, Gu C G, et al. Self-recirculating casing treatment for a radial compressor [J]. Chinese Journal of Mechanical Engineering, 2009, 22(4): 567 - 573.

[18] Ma Y, Xi G, Wu G. An impact of self-recirculation casing treatment (SRCT) configurations on impeller stall margin and the flow field [C]. Copenhagen: ASME Turbo Expo, 2012.

[19] Numakura R, Tamaki H, Hazby H, et al. Effect of a recirculation device on the performance of transonic mixed flow compressors [C]. Dusseldorf: ASME Turbo Expo: Turbine Technical Conference and Exposition, 2014.

[20] Yang M, Martinez-Botas R, Zhang Y, et al. Effect of self-recirculation-casing treatment on high pressure ratio centrifugal compressor [J]. Journal of Propulsion and Power, 2016, 32(3): 602 - 610.

[21] He X, Zheng X. Roles and mechanisms of casing treatment on different scales of flow instability in high pressure ratio centrifugal compressors [J]. Aerospace Science and Technology, 2019, 84: 734 - 746.

[22] Hathaway M D, Chriss R M, Strazisar A J, et al. Laser anemometer measurements of the three dimensional rotor flow field in the NASA low-speed centrifugal compressor [R]. Cleveland: NASA Lewis Research Center, 1995.

[23] Krain H. Swirling impeller flow [J]. ASME Journal of Turbomachinery, 1988,110(1): 122 - 128.

[24] Krain H, Hoffman W. Verification of an impeller design by laser measurements and 3D-viscous flow calculations [C]. Toronto: ASME,Gas Turbine and Aeroengine Congress and Exposition, 1989.

[25] Clayton R P, Leong W. A numerical study of the three-dimensional turbulent flow in the impeller of a high speed centrifugal compressor [C]. Stockholm: International Gas Turbine & Aeroengine Congress,1998.

[26] Yang C, Li Z G, Jiang Z K. Numerical investigation of a high-speed centrifugal compressor impeller [J]. Tsinghua Science and Technology,1999,4(4): 1678 - 1682.

[27] 席光,王尚锦.半开式离心式压缩机叶轮三维湍流流场数值分析[J].西安交通大学学报, 1997,31(2): 90 - 96.

[28] Hirsch C, Kang S, Pointer G. A numerically supported investigation of the 3D flow in centrifugal impeller, Part I: The validation base [C]. New York: Asme International Gas Turbine & Aeroengine Congress & Exhibition, 1996.

[29] Hirsch C, Kang S, Pointer G. A numerically supported investigation of the 3D flow in centrifugal impeller, Part II: Second flow structure [C]. New York: Asme International Gas Turbine & Aeroengine Congress & Exhibition, 1996.

[30] Ziabasharhagh M, Mckenzie A B, Elder R L. Recess vane passive stall control [C]. Cologne: ASME,International Gas Turbine and Aeroengine Congress and Exposition,1992.

［31］ Akhlaghi M, Elder R L, Ramsden K W. Effects of a vane-recessed tubular-passive stall control technique on a multistage, low-speed, axial-flow compressor: results of the tests on the first stage with the rear stages removed［C］. Atlanta: ASME Turbo Expo, 2003.

［32］ 杜辉,朱俊强,楚武利."凹槽导流片式"机匣处理的结构尺寸优化研究［J］.推进技术, 1998,19(1): 70－74.

［33］ Beheshti B H, Teixeira J A, Ivey P C, et al. Parametric study of tip clearance-casing treatment on performance and stability of a transonic axial compressor［J］. Journal of Turbomachinery-Transactions of The ASME, 2004, 126(4): 527－535.

［34］ 王如根,楚武利,朱俊强.梯状尖部间隙机匣处理对轴流压气机性能影响的实验研究［J］. 西北工业大学学报,2004,22(6): 811－815.

［35］ 卢新根,楚武利,朱俊强,等.梯状间隙结构对轴流压气机影响的试验与数值模拟［J］.工程热物理学报,2005,26(2): 234－236.

［36］ Thompson D W, King P I, Rabe D C. Experimental investigation of stepped tip gap effects on the performance of a transonic axial-flow compressor rotor［J］. Journal of Turbomachinery-Transactions of The ASME, 1998, 120(3): 477－486.